畜牧兽医类专业适用

畜禽营养与饲料利用技术

程　凌　主编

苏州大学出版社

图书在版编目(CIP)数据

畜禽营养与饲料利用技术/程凌主编. —苏州:苏州大学出版社, 2012.8(2013.10重印)
(畜禽生产新技术丛书)
畜牧兽医类专业适用
ISBN 978-7-5672-0104-0

Ⅰ.①畜… Ⅱ.①程… Ⅲ.①家畜营养学-高等职业教育-教材②家禽-营养学-高等职业教育-教材③畜禽-饲料加工-高等职业教育-教材 Ⅳ.①S816

中国版本图书馆 CIP 数据核字(2012)第154257号

畜禽营养与饲料利用技术
程 凌 主编
责任编辑 陈孝康

苏州大学出版社出版发行
(地址:苏州市十梓街1号 邮编:215006)
江苏淮阴新华印刷厂印装
(地址:淮安市淮海北路44号 邮编:223001)

开本 787×960 1/16 印张 16.75 字数 325 千
2012年8月第1版 2013年10月第2次印刷
ISBN 978-7-5672-0104-0 定价:32.00元

苏州大学版图书若有印装错误,本社负责调换
苏州大学出版社营销部 电话:0512-65225020
苏州大学出版社网址 http://www.sudapress.com

《畜禽生产新技术丛书》编委会

总 序

随着社会主义新农村建设的顺利推进以及现代畜牧业的发展，畜禽养殖不仅逐步走上了规模化、标准化和产业化的道路，而且成为了增加农民收入的重要支柱产业之一。但是，畜禽生产中良种普及率的提高不快、科学养殖方法的普及不广、疫病防治制度的落实不够等问题仍然在一定程度上制约着畜牧业的发展。为此，编者结合多年生产和教学实践经验，从实际、实用、实效出发，本着服务农村、服务农民、服务农业的精神编写了这套畜禽生产新技术丛书。

丛书分为《畜禽营养与饲料利用技术》、《牛高效生产技术》、《禽高效生产技术》、《猪高效生产技术》、《动物防疫与检疫技术》、《宠物疾病防治技术》、《畜禽产品加工与贮藏技术》、《畜禽养殖基础》等分册。丛书编写中吸收和采用了本领域的生产新技术，尤其是根据畜禽养殖的实际生产过程并参照国家相关的职业资格标准，重构了学习内容和编排了学习顺序，以期使学习内容和学习过程更加贴近生产实际，以培养学习者科学组织畜禽生产以及解决生产中实际问题的能力。

丛书的编写遵循项目课程教学的要求，总体上采取了模块化的体例结构，以生产任务引入理论知识，通过案例分析讲解知识，指导实践操作。各分册的体例略有不同，大多附有知识目标、技能目标、单元小结和复习思考题等相关栏目，以便于学习者掌握知识重点、实践操作技能并巩固提高。

丛书的编写充分考虑了学习者的知识背景、学习习惯、认知能力。理论知识的阐述简明扼要，深入浅出，技能培养以养殖生产任务为主线，贴近生产，针对性强，在重要的学习环节穿插了必要的图表，图文并茂，具有很强的实用性、科学性和先进性。

丛书可为各类规模养殖场畜牧兽医技术人员、广大养殖专业户提供生产指导，也可作为职业教育畜牧兽医类专业的教学用书，还可以作为职业农民以及大学生村官的专业培训教材使用。

本书的编写得到了诸多生产企业的生产一线技术专家的热情指导和帮助，在此一并表示感谢。

由于编者的水平与能力有限，不足之处在所难免，敬请指正。

丛书编委会

前 言

《畜禽营养与饲料利用技术》是依据教育部《关于全面提高高等职业教育教学质量的若干意见》中有关加强学生职业技能培养，高度重视实践和实训教学环节，突出“做中学、做中教”的职业教育教学特色的精神而编写的。

在《畜禽营养与饲料利用技术》一书的编写过程中，实行了对原学科体系中的动物营养与饲料课程的解构，并根据畜禽生产技术岗位工作过程的需要和参照国家《饲料检验化验员职业资格标准》重构了学习内容。本书从畜禽营养物质及其营养作用、畜禽营养物质及其利用规律、畜禽营养需要及其饲养标准、畜禽常用饲料及其加工利用、畜禽配合饲料及其配方设计等方面入手设计学习情境，引导学习者将动物营养基本知识，各类畜禽的营养消化、吸收、代谢特点和各类饲料的营养特征应用于生产实践，以达到学习者会调制青、粗饲料，能检测常规饲料营养成分含量，能设计畜禽配合饲料配方，会组织配合饲料加工及鉴定饲料质量的技能目标。

本书采用了学习导航、知识引擎、技能指导等框架栏目。学习导航即单元学习的总体目标，知识引擎是单元学习的具体内容，技能指导是重点培养的技能项目指导。

本书在编写时考虑了职业院校学生的知识背景、学习习惯、认知能力等特点，故理论知识的阐述力求简明扼要、深入浅出，技能培养以养殖生产任务为主线，贴近生产、针对性强。本书在一些重要的知识点还加了插图，以有助于理解和记忆。本书图文并茂，具有很强的实用性、科学性和新颖性，不仅可作为职业院校畜牧兽医类专业的教学用书，也可以作为广大养殖专业户和畜牧兽医类技术人员的参考用书。

本书在编写中得到了中粮肉食（宿迁）公司、淮安正昌饲料有限公司生产一线技术专家的热情指导，在此致谢。

由于编者的水平有限，不足之处在所难免，敬请指正。

编 者

目录

单元五　畜禽配合饲料及其配方设计

实 训 指 导

单元一

畜禽营养物质及其营养作用

学习导航

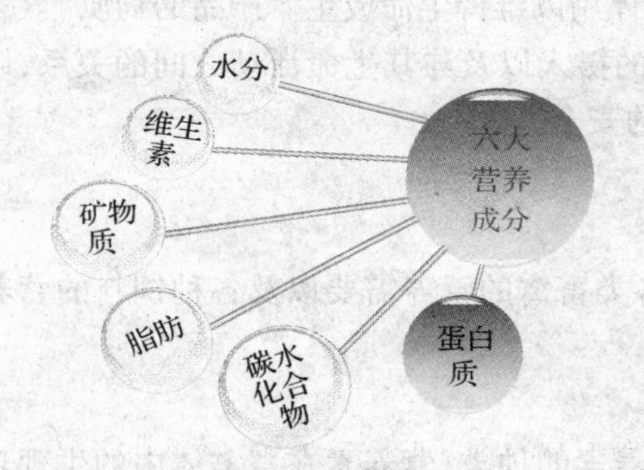

认识营养物质及其营养作用

了解畜禽营养需要与提高生产效益的关系

现代畜禽生产是将低质量的农副产品等自然资源转变成优质的动物性食品。人们在追求提高生活质量的同时,也在不断追求畜禽生产的高效率。实现畜禽生产高效率的条件之一是满足畜禽的营养需要。为此,认识营养物质,了解动物与植物的相互关系,理解动物与植物营养物质的组成及其异同,掌握饲料中各种营养物质的基本概念和营养生理功能,是实现科学、高效养殖的主要条件。

知识引擎

一、畜禽营养与营养研究的内容

（一）营养与营养物质

1. 营养

营养是有机体消化吸收食物并利用食物中有效成分以维持生命活动、生长和生产的全过程。

2. 营养物质

也称营养素或养分，指食物中能够被有机体用以维持生命或生产产品的物质。

研究畜禽营养是为了揭示畜禽营养物质的摄入以及与其生命活动之间的关系，以达到畜禽饲养的高产、经济，以及保证畜禽产品的安全。

（二）畜禽营养研究的对象与内容

1. 畜禽营养研究的对象

畜禽营养研究的对象是畜禽和饲料，即各类畜禽的营养需要以及各种饲料的营养特点与合理利用。

2. 畜禽营养研究的内容

畜禽营养研究的内容主要有畜禽所需营养素的种类；营养素在畜禽体内的生理功能以及与畜禽健康的关系；畜禽摄入的营养素是如何消化、吸收、代谢的；畜禽营养物质的摄入量与生产效率的关系；畜禽营养与人体健康及环境控制的关系；等等。

二、动植物体营养物质组成及概念

动植物体内有60余种化学元素，这些元素绝大多数不是以游离状态存在的，而是相互结合成无机化合物或有机化合物并构成各种组织器官和组成成分。我们了解这些元素的功能以及含量，可以为畜禽的营养供应以及饲料营养价值评定提供依据。通常我们按其含量的多少将这些元素分成两大类：含量大于或等于0.01%的元素称为常量元素，如碳、氢、氧、氮、钙、磷、钠、钾、氯、镁、硫等；含量小于0.01%的元素称为微量元素，如铁、铜、钴、锰、硒、锌、碘、钼、铬和氟等。以上元素中碳、氢、氧、氮四种元素所占的比例最大，它们在植物体、动物体中约占95%和91%，由此可见，植物、动物体中矿物质元素分别约占5%和9%。

(一) 植物性饲料的营养物质组成

营养揭示的是营养物质的摄入与生命活动之间的关系。畜禽营养物质的载体是饲料，其中少数来源于动物、矿物质及人工合成，绝大多数来源于植物。为此，我们需要首先认识植物性饲料的营养物质组成。

1. 饲料营养物质的概念

用常规分析[概略分析(proximate analysis)]法测定饲料中的营养物其概念是：

(1) 水分(moisture)：

饲料在100℃～105℃烘至恒重所失去的重量。

(2) 干物质(dry matter, DM)：

从饲料中扣除水分后的物质。

(3) 风干样品(air-dried sample)：

是指水分含量在15%以下的饲料样品。

(4) 粗蛋白质(crude protein, CP)：

通常饲料蛋白质包括真蛋白质和非蛋白质含氮物，统称为粗蛋白质。

由于常规分析法测定的是饲料中的含氮量，需要换算成蛋白质含量。因蛋白质的含氮量平均为16%，其倒数$\frac{100}{16}=6.25$则为蛋白质系数，即饲料中含氮量乘以6.25得粗蛋白质含量。

(5) 粗脂肪(crude fat)：

粗脂肪又称乙醚浸出物(ether extract, EE)，指饲料中可溶于乙醚的物质的总称。由于可溶于乙醚的物质除脂肪外，还有磷脂、脂溶性维生素、有机酸等，因而测定结果统称为粗脂肪。

(6) 粗灰分(crude ash)：

饲料经灼烧后的残渣。残渣中主要是氧化物、盐类等物质，也包括混入饲料的沙石等，故统称粗灰分。

(7) 粗纤维(crude fiber, CF)：

饲料经稀酸、稀碱处理、脱脂后的有机物(如纤维素、半纤维素、木质素等)的总称。

(8) 无氮浸出物(nitrogen free extract, NFE)：

碳水化合物中除去粗纤维的剩余物质，通常由饲料干物质总量减去粗蛋白质、粗脂肪、粗纤维和粗灰分后求得。

2. 植物性饲料的营养物质组成

自19世纪中叶开始，人们就采用常规分析法分析各种植物性饲料的营养物质并一直沿用至今。

无论哪种植物性饲料，一般都含有水分、粗灰分、粗蛋白质、粗脂肪、碳水化合物和维生素六种营养物质（图 1-1）。

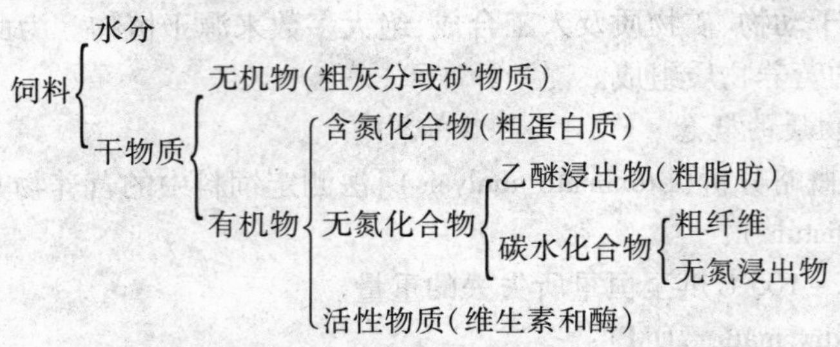

图 1-1　植物体中营养物质的组成

（二）动物体的营养物质组成

动物体和植物类似，也由水分、粗灰分、粗蛋白质、粗脂肪、碳水化合物和维生素六种营养物质组成（图 1-2）。

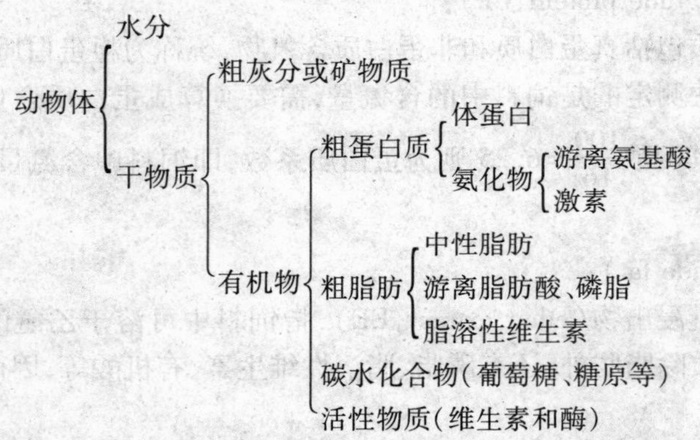

图 1-2　动物体中营养物质的组成

（三）动、植物体营养物质组成的异同

动物体与植物体虽然都由六种营养物质组成，但其同名营养物质在成分上有明显的差别（表 1-1）。

表 1-1　动、植物体营养物质组成的异同

营养成分	植物性饲料	动　物　体
水分	含量 5% ~95%	比较稳定，一般为动物体重的 1/2 ~ 1/3
粗蛋白质	蛋白质含量比动物体少，且一部分以氨化物的形式存在	除体蛋白以外，还有一些游离的氨基酸和激素
粗脂肪	除了中性脂肪、脂肪酸、脂溶性维生素和磷脂外，还有树脂和蜡质	不含树脂和蜡质
碳水化合物	约占植物干物质的 70%，包括无氮浸出物和粗纤维	没有粗纤维，只含有少量的葡萄糖、糖原，仅占动物体重的 1% 以下

畜禽从饲料中摄取六种营养物质后，必须经过体内的新陈代谢才能将饲料中的营养物质转化为机体成分或产品。

三、营养物质的营养生理功能

（一）水分的营养作用

图 1-3 形象地说明了水分的重要性。

动物如若绝食，即使消耗体内全部脂肪、50% 的蛋白质和 40% 的体重时仍可以生存。但是，当动物体丧失 10% 的水分时就会导致机体代谢紊乱，丧失 20% 的水分时就会死亡。因此，水对于畜禽极为重要。

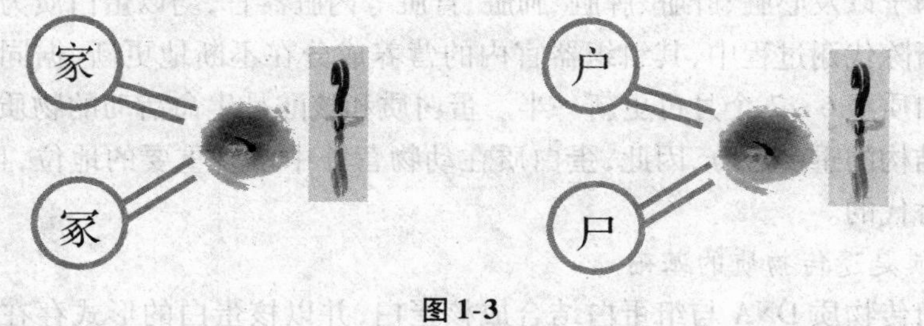

图 1-3

1. 水是重要的溶剂

各种营养物质的消化吸收、运输利用及其代谢废物的排出均需要溶于水之后完成。以猪体内蛋白质代谢过程为例：饲料蛋白质$\xrightarrow{\text{在胃肠酶作用下水解}}$氨基酸$\xrightarrow{\text{溶于水经小肠吸收}}$血液$\xrightarrow{\text{输送}}$肝脏，在组织细胞内液中合成体蛋白，在肝脏合成的尿素到肾脏溶于水并排出体外。

2. 水是各种生化反应的媒介

动物体内所有的生化反应都是在水中进行的，水也是多种生化反应的参与者，如参与动物体内的水解反应、氧化还原反应、有机物质的合成等。

3. 水参与体温调节

水的比热大，蒸发热高，故水能吸收动物体内的热能并迅速传递和蒸发散热。动物可通过排汗和呼气，蒸发体内的水分，排出多余的体热，以维持体温的恒定。

4. 水有润滑作用

如关节囊液可以润滑关节，使其活动自如并减少摩擦；唾液可润滑饲料和咽部，使之便于吞咽；泪液可润滑眼球，可防止眼球干燥并减少感染；各组织器官间的组织液可减少器官间的摩擦力；等等。

5. 水能维持组织器官的形态

动物体内的水大部分与亲水胶体结合成为结合水，直接参与细胞和组织器官的构成，从而使组织器官具有一定的形态、硬度以及弹性，使其能够发挥各自的功能。

（二）蛋白质的营养作用

蛋白质是由氨基酸组成的一类数量庞大的物质的总称。通常饲料蛋白质包括真蛋白质和非蛋白质类含氮物，统称为粗蛋白质。

1. 蛋白质是构成动物体的基本成分

动物体的被毛、角、蹄、喙等是由角蛋白与胶质蛋白构成的。动物的皮肤、肌肉、神经、腺体、精子、卵子以及心脏、肝脏、脾脏、肺脏、肾脏等内脏器官，均以蛋白质为基本成分。

动物在新陈代谢过程中，其组织器官内的营养成分在不断地更新，据同位素测定，动物全身的蛋白质经6~7个月可更新一半。蛋白质和核酸是生命活动的物质基础，是一切细胞和组织结构的重要成分，因此，蛋白质在动物营养中占有重要的地位，且是其他营养物质所不能替代的。

2. 蛋白质是遗传物质的基础

动物的遗传物质DNA与组蛋白结合成核蛋白，并以核蛋白的形式存在于染色体上，将本身所蕴藏的遗传信息，通过自身的复制过程遗传给下一代。DNA的复制过程就需要30多种酶和蛋白质的参与和协同。

3. 蛋白质是体液、酶、激素、抗体的重要组成成分

蛋白质是体液的重要组成成分，体液是细胞进行各种生化反应的场所，是组织细胞与外界环境进行物质交换的媒介。酶本身就是具有特殊催化活性的蛋白质，可促进细胞内生化反应的顺利进行。激素中的多肽或蛋白质类，在新陈代谢中起重要的调节作用。具有抗病力和免疫作用的抗体本身也是蛋白质。

4. 蛋白质是动物产品的重要成分

蛋白质是形成肉、奶、蛋、皮、毛和羽绒等畜产品的重要成分。

5. 蛋白质可以分解供能

当机体能量供应不足时，蛋白质可氧化产生部分能量，尤其是当蛋白质供应过量或氨基酸供应不平衡时，多余的氨基酸可转化为体脂肪贮存，以备机体能量供应不足时动用。但是，蛋白质的主要营养作用不是氧化供能，故生产实践中应尽量避免蛋白质作为能源物质利用，以免造成浪费。

（三）碳水化合物的营养作用

1. 碳水化合物的组成

植物性饲料中的碳水化合物又称糖，其种类繁多，性质各异，除个别糖的衍生物中含有少量的氮、硫等元素外，一般都由碳、氢、氧三种元素组成，其中氢、氧原子的比例为2∶1，与水的组成相同，故称其为碳水化合物，其分类见图1-4。

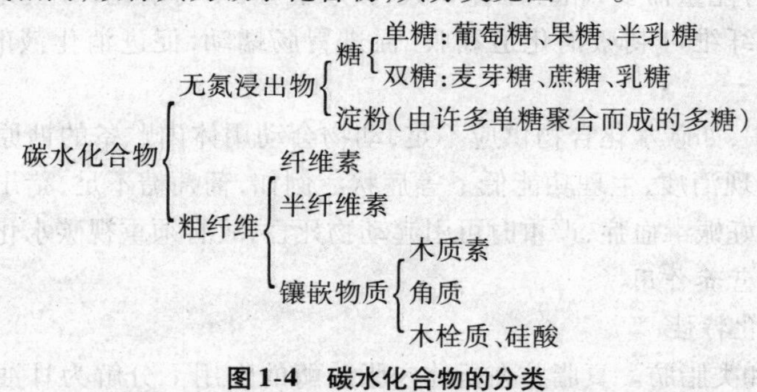

图1-4　碳水化合物的分类

碳水化合物中的无氮浸出物主要存在于细胞内容物中，植物中以块根茎类和籽实类含量最高。纤维素、半纤维素与木质素相结合构成细胞壁，在植物中以茎秆和秕壳中含量最多，其中纤维素、半纤维素和果胶需要经动物消化道中的微生物酵解后才能被其消化吸收，而木质素则不能被动物利用。

2. 碳水化合物的营养

（1）碳水化合物是体组织的构成物质。碳水化合物作为细胞的构成成分，普遍存在于动物体的各种组织中，参与多种生命活动，在组织生长的调节上起着重要作用。

（2）碳水化合物是供给动物能量的主要来源。动物体的生命活动，如心脏跳动、血液循环、胃肠蠕动、肌肉运动等都需要能量。动物所需能量的80%来源于碳水化合物；同时，碳水化合物广泛存在于植物性饲料中，价格低廉，作为能量供应的主要来源最为经济。

（3）碳水化合物是机体的能量贮备物质。当碳水化合物在机体内供应能量并有多余时，可转变为肝糖原和肌糖原。当肝脏和肌肉中的糖原贮满时，血糖量达到0.1%并有多余时,则转变为体脂肪。

(4) 寡聚糖与多聚糖的特殊作用。寡聚糖又称低聚糖或寡糖,是由2~10个单糖通过糖苷键连接起来形成直链或支链的一类糖;10个糖单位以上的则称为多聚糖,包括淀粉、纤维素、半纤维素、果胶、黏多糖等。纤维素、半纤维素、果胶为非淀粉多糖(NSP)。根据非淀粉多糖(NSP)的可溶性,将溶于水的称为可溶性非淀粉多糖,如β-葡聚糖、阿拉伯木聚糖和果胶;不溶于水的则称为不溶性非淀粉多糖,如纤维素。

目前,在动物营养中常用的寡聚糖主要有:寡果糖(也称果寡糖或蔗果三糖)、寡甘露糖、异麦芽寡糖、寡乳糖及寡木糖等。寡聚糖可作为有益菌的基质,改变肠道菌相,有消除消化道内病原菌、激活机体免疫系统等作用;同时,作为一种安全、环保、稳定的抗生素替代物,有着广阔的发展前景。

(5) 粗纤维是动物营养不可缺少的成分。粗纤维是草食动物主要的能量来源,可满足草食动物的维持能量需要;粗纤维体积大,吸水性强,不易消化,可填充胃肠容积,使动物食后有饱感;粗纤维可刺激消化道黏膜,促进胃肠蠕动,促进消化液的分泌和粪便的排出。

在养殖实践中,如碳水化合物供应不足,动物会动用体内贮备的糖原、体脂肪甚至体蛋白,随即动物出现消瘦、生理功能低下等症状。例如,葡萄糖不足,猪出现低血糖症,牛产生酮病,羊产生妊娠毒血症,严重时可引起动物死亡,故必须重视碳水化合物的供应。

(四) 脂肪的营养作用

1. 脂肪的理化特性

(1) 真脂肪和类脂肪。真脂肪在机体内脂肪酶的作用下分解为甘油和脂肪酸;类脂肪除了分解产生以上物质以外,还有磷脂、糖和含氮化合物。

(2) 饱和脂肪酸与不饱和脂肪酸。构成脂肪的脂肪酸的种类很多,目前已发现有100余种,包括脂肪酸结构中不含双键的饱和脂肪酸与含双键的不饱和脂肪酸。脂肪酸的饱和程度不同,脂肪酸和脂类的熔点和硬度就不同。脂肪中含不饱和脂肪酸越多,其硬度越小,熔点也越低。植物油脂中不饱和脂肪酸含量高于动物油脂,故在常温条件下,植物油脂呈液态,动物油脂呈固态。

(3) 脂肪的水解。脂肪可在酸和碱的作用下水解成甘油和脂肪酸。水解产生的游离脂肪酸大多无臭无味,但丁酸和乙酸具有强烈的气味,影响动物的适口性,动物营养中将这种水解看成影响脂肪利用的因素。动物体内脂肪的水解是在脂肪酶的催化下进行的。多种细菌和真菌均可产生脂肪酶,当饲料保管不当时,所含有的脂肪易发生水解而使饲料品质下降。

(4) 脂肪的酸败。脂肪暴露在空气中,经光、热、水和空气的作用,或者经微生物的作用,可逐渐产生一种特有的臭味,称为酸败。存在于植物性饲料中的脂肪氧化酶或微生物产生的脂肪氧化酶最易使不饱和脂肪酸氧化酸败。酸败产生的醛、酮、酸等化合物不仅具有刺激性的气味,影响动物的适口性,还会破坏一些脂溶性维生素,降低饲料的营养价值。

脂肪的酸败程度可用酸价表示。酸价是指中和1g脂肪中的游离脂肪酸所需要的氢氧化钾的毫克数。通常酸价大于6的脂肪即可能对动物健康造成不良影响。

(5) 氢化作用。在催化剂或酶的作用下,不饱和脂肪酸的双键可与氢发生反应,其双键消失转变为饱和脂肪酸,致使脂肪的硬度增加而不易酸败,从而有利于贮存。

反刍动物进食的饲料脂肪可在瘤胃中发生氢化作用,故反刍动物体脂肪中饱和脂肪酸较多,体脂肪的硬度较大。

2. 脂肪的营养

(1) 脂肪是动物体组织和动物产品的重要成分。动物的皮肤、骨骼、肌肉、神经、血液以及内脏器官均含有脂肪(主要为磷脂和固醇类)。因脂肪和蛋白质按一定的比例构成细胞膜和细胞原生质,所以脂肪也是组织细胞增殖、更新和修补的原料。动物产品如肉、奶、蛋以及皮毛、羽绒等均含有一定的脂肪。动物如若缺乏脂肪,则会对产品的形成以及品质产生影响。

(2) 脂肪是供给动物体能量和贮存能量的最好形式。脂肪在体内氧化产生的能量为同等重量的碳水化合物的2.25倍,其分解产物游离脂肪酸和甘油是动物维持生命和生产的重要能量来源。以脂肪作为供能营养素,热消耗低,消化能或代谢能转变为净能的利用效率比蛋白质和碳水化合物高5%~10%。同时,体脂肪能够以较小体积含藏较多能量,因此,脂肪是动物贮备能量的最好形式。

(3) 脂肪是脂溶性维生素的溶剂。脂溶性的维生素A、维生素D、维生素E、维生素K和胡萝卜素,进入动物体内必须溶于脂肪后才能被消化吸收和利用。例如,母鸡饲料含4%脂肪时,能吸收60%的胡萝卜素;当脂肪含量降至0.7%时,胡萝卜素只能被吸收20%。因此,畜禽饲料脂肪含量不足,可能导致脂溶性维生素缺乏。

(4) 脂肪对动物具有保护作用。脂肪不易传热,皮下脂肪能够防止体热的散失,在寒冷季节有利于动物维持体温恒定和抵御严寒。动物的脏器周围填充脂肪,可以固定和保护器官并有效缓和外力的冲击。

(5) 脂肪为动物提供必需脂肪酸。脂肪可为动物提供三种必需脂肪酸,即亚油酸(十八碳二烯酸)、亚麻酸(十八碳三烯酸)和花生油酸(二十碳四烯酸)。必需脂肪酸是不饱和脂肪酸,在动物体内不能合成,必须由饲料供给。但必须脂肪酸的概念不适合成年反刍动物,因成年反刍动物瘤胃微生物能够合成必需脂肪酸,无需依赖饲料供应。

必需脂肪酸是动物体细胞膜和细胞质的组成成分,幼龄反刍动物以及猪、鸡等动物饲料中缺乏时,会引起皮肤细胞对水的通透性增强,毛细血管变脆,动物出现皮肤病变,皮下出血、水肿;必需脂肪酸与动物的精子形成有关,长期缺乏可导致动物繁殖能力降低,公畜精子形成受到影响,第二性征发育迟缓,母畜出现不孕;种鸡产蛋率、受精率和孵化率降低,胚胎死亡率升高;必需脂肪酸与类脂肪的代谢密切相关,胆固醇必须和必需脂肪酸结合才能在动物体内转运和代谢。

畜禽所需要的三种必需脂肪酸中的亚油酸必须通过日常饲料来供给,而亚麻酸和花生油酸可通过日粮来直接供给,也可以通过供给足量的亚油酸使其在动物体内转化来满足需要。因此,养殖实践中通常仅考虑亚油酸的供应。

饲养实践中,日粮所含脂肪达到3%即可满足需要,通常情况下各种饲料的脂肪含量均能满足需要。

(五) 矿物质的营养作用

1. 矿物质元素与必需矿物质元素

矿物质是一类无机营养物质,除碳、氢、氧、氮四种元素主要以有机化合物形式存在外,其余各种元素无论含量多少,统称为矿物质或矿物质元素。矿物质元素存在于动物的各种组织中,尽管占体重的比例很小,但广泛参与体内的各种代谢过程,在机体生命活动过程中起着十分重要的调节作用,一旦缺乏动物的生长或生产受阻,甚至死亡,养殖实践中必须给予足够的重视。

在动物体内有确切的生理功能和代谢作用,供给不足或缺乏时可引起动物生理功能和结构异常并导致缺乏症发生,当补给相应的元素,缺乏症即可消失的元素,称为必需矿物质元素。

至今,已知的动物必需的常量矿物质元素有钙、磷、钠、钾、氯、镁、硫7种;微量元素主要有铁、铜、钴、锰、锌、硒、碘、氟、钼、铬10种。

2. 矿物质的营养

(1) 矿物质是构成动物体组织的重要成分。例如,钙、磷、镁是构成骨骼和牙齿的主要成分;磷和硫是组成体蛋白的重要成分。

(2) 矿物质是维持神经肌肉正常功能所必需的物质。例如,钾和钠促进神经、肌肉的兴奋性,钙和镁抑制神经、肌肉的兴奋性。在矿物质元素中,尤其是钾、钠、钙、镁离子保持适宜的比例,可维持神经、肌肉的正常功能。

(3) 矿物质是体内多种酶的成分或激活剂。例如,磷是辅酶Ⅰ、Ⅱ的成分;铁是细胞色素酶的成分;铜是细胞色素氧化酶等多种酶的成分;氯是胃蛋白酶的激活剂;钙是凝血酶的激活剂;等等。

(4) 矿物质在维持体液渗透压恒定和酸碱平衡中起重要作用。动物体中1/3的细胞外液和2/3的细胞内液之间的物质交换必须在等渗的情况下才能进行，而维持细胞内液渗透压的恒定主要靠钾，细胞外液则主要靠钠和氯。动物体各种酸性离子（如Cl^-）和碱性离子（如K^+、Na^+）之间保持适宜的比例可维持体液的酸碱平衡。

（5）矿物质是乳、蛋等动物产品的成分。例如，牛奶的干物质中含有5.8%的矿物质，钙是禽蛋壳的主要成分，禽蛋黄中也含有丰富的矿物质。

（六）维生素的营养作用

1. 维生素的定义与基本特征

维生素是维持动物正常生理功能所必需的低分子有机化合物。

与其他养分相比，维生素既不是动物的能量来源，也不是构成动物组织器官的物质。动物对维生素的需要量极微（通常以毫克计），且维生素可以直接被动物完整地吸收。维生素作为生物活性物质、养分利用的调节剂，能促进能量物质、蛋白质、矿物质等营养的高效利用。由于各种维生素有其特殊的作用，相互间不能替代，也不能被其他养分所替代，动物缺乏维生素将导致特异性缺乏症。在现代养殖业中，维生素添加剂已作为饲料中必需的营养成分，用以保证动物的健康，促进动物的生长与繁殖，提高动物产品的产量和质量，提高养殖业的经济效益。

维生素具有以下特征：存在于天然食物或饲料中，含量很少；易被光、热、酸、碱、氧化剂等破坏；动物体内含量很少，大多数维生素必须从饲料中摄取；在一定程度上，动物体组织或产品中的维生素含量随着饲料中含量的增加而增加；饲料中缺乏维生素或动物吸收利用能力差时，可导致维生素的特异缺乏症或缺乏综合征。

2. 维生素的分类与特点

维生素分为脂溶性维生素和水溶性维生素两大类。脂溶性维生素包括维生素A、维生素D、维生素E和维生素K。水溶性维生素包括B族维生素和维生素C。

脂溶性维生素与水溶性维生素的特点见表1-2。

表 1-2 脂溶性维生素与水溶性维生素的特点

脂溶性维生素	水溶性维生素
分子中仅含有碳、氢、氧三种元素	分子中除碳、氢、氧三种元素外，多数含有氮，还有的含有硫和钴
溶于脂肪和大部分有机溶剂，不溶于水	溶于水，可随水分由肠道很快吸收
有相当数量贮存在动物的脂肪组织中，过多易产生中毒症（尤其是维生素 A、维生素 D_3）或影响有关养分的代谢	体内不贮存。未利用的水溶性维生素主要由尿液很快排出体外，故一次使用较大剂量不易中毒，短期缺乏即对动物有影响
动物缺乏时引起特异性缺乏症（但短期缺乏不易表现临床症状）	多数情况下，缺乏症无特异性。有采食量降低，生长和生产受阻的共同缺乏症表现
维生素 K 可在动物肠道内经微生物合成，当动物皮肤经紫外线照射后可转变为维生素 D_3。动物体内不能合成维生素 A 和维生素 E，必须由饲料供应	动物体可合成维生素 C，但应激条件下维生素 C 应额外补充。反刍动物的瘤胃微生物可合成维生素 B 族，成年反刍动物不需通过饲料提供

3. 维生素的营养

（1）调节营养物质的消化、吸收和代谢。维生素作为调节因子或酶的辅酶或辅基的成分，参与蛋白质、脂肪、碳水化合物三种有机物的代谢过程，促进其合成和分解。

（2）维生素是影响动物免疫和抗应激能力的重要因素。维生素 A、维生素 D、维生素 E 和维生素 C 均是影响动物免疫和抗应激能力的重要因素。例如，在高温条件下，蛋鸡饲料中添加维生素 C，能够提高产蛋率，改善蛋壳质量，降低高温对蛋鸡的不良影响；补充维生素 C，可以使仔猪尽快适应环境。

（3）激发和强化动物的免疫机能。几乎所有的维生素均可以提高动物的免疫机能，其中以维生素 A、维生素 D、维生素 K、维生素 B_6、维生素 B_{12} 和维生素 C 的作用最为明显。饲料中高水平的维生素 A（6×10^4IU/kg）或维生素 E（300IU/kg）能够增强机体对细菌感染的抵抗力。

（4）抗应激作用。现代养殖业中，存在诸多应激因素，如接种疫苗、运输、转群、换料、有害气体侵袭等，应激致使动物的生产性能下降，自身的免疫机能降低，发病率上升，甚至引起大量死亡。因此，通过应用抗应激营养物质，加强动物自身的抗应激能力，是可行的抗应激手段。

（5）提高动物的繁殖性能。与动物繁殖性能有关的维生素有维生素 A、维生素 E、维生素 B_2、维生素 B_{12}、泛酸、烟酸、叶酸和生物素等，繁殖期的动物其维生素的需要量高于同等体重的商品动物。

（6）改善动物产品品质。例如，维生素 E 可防止肉中脂肪的酸败，防止和减少“PSE”

肉的产生，提高肉品贮存的稳定性，延长其货架寿命，维生素 A、维生素 D_3 和维生素 C 有助于改善蛋壳的强度和色泽。研究表明，鸡蛋中的维生素含量，在一定范围内取决于饲料中维生素的含量。

（7）预防规模生产条件下的动物疫病。添加高水平的维生素具有一定的预防动物代谢病的作用，如高水平的生物素、叶酸、烟酸和胆碱，可以部分纠正快速生长的肉鸡的腿病；烟酸可防止产蛋鸡脂肪肝的发生。

满足维生素的供应，是提高动物生产水平和养殖业经济效益的有效措施。目前证实，超量添加维生素所增加的成本远低于动物增产所增加的收入。

四、满足畜禽营养与生产效益的关系

（一）营养在现代畜禽生产中的作用

与50年前相比，现代动物生产水平提高了80%～200%，其中营养的贡献率占50%～70%。目前营养的研究已经确定了50余种必需养分，揭示了养分的主要代谢过程，掌握了养分的基本功能，弄清了畜禽营养缺乏症和某些养分的中毒症，制订了畜禽的营养需要量，掌握了主要养分的利用效率，使畜禽生产能够在比较准确的营养调控下进行。

为此，营养保障了现代畜禽生产以及畜禽健康，有效地提高了生产水平，改善了产品质量，降低了生产成本，保护了生态环境。

（二）畜禽营养需要与饲料工业的关系

畜禽营养的供应是通过饲料以及饲料生产与加工技术来实现的，可见，饲料是畜禽赖以生存和生产的物质基础。畜禽营养研究的新成果不断应用于饲料工业与饲料生产，饲料工业的蓬勃发展有力地推动了养殖业的规模化生产，促进了畜禽生产效率的显著提高。

单元二

畜禽营养物质及其利用规律

学习导航

单胃动物蛋白质代谢特点

- 单胃动物蛋白质消化的场所为何处？
- 单胃动物吸收蛋白质的形式为何种？
- 对于真蛋白与氨化物而言，单胃动物能大量利用哪一种？

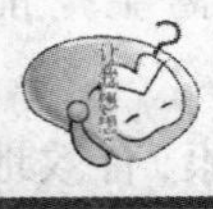

认识畜禽营养物质及其利用规律

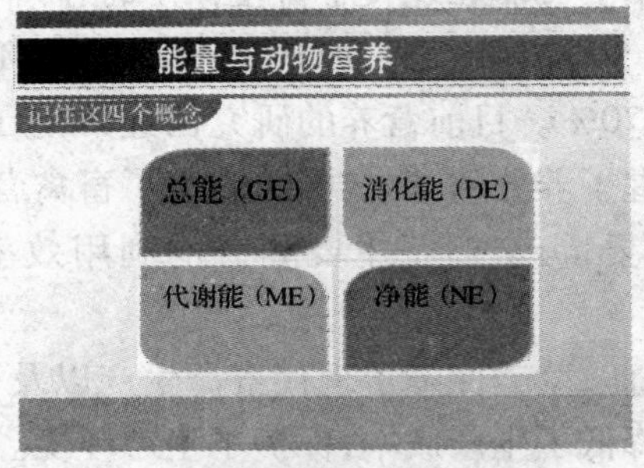

掌握能量转化规律及其实践意义

仅仅了解动植物体的营养物质组成以及水分、粗灰分、粗蛋白质、粗脂肪、碳水化合物和维生素六种营养物质的营养、生理功能是不够的，动物的营养摄入是和生命活动密切相关的，为此，我们还需要进一步掌握不同动物摄入、利用营养物质的过程与规律，学会判断养殖中出现的营养缺乏症，综合分析营养缺乏症产生的原因，了解营养素过量造成的危害，并结合实际提出解决问题的方法。

动物在维持生命活动中都需要能量。饲料中蛋白质、碳水化合物、脂肪三种有机物在动物体的代谢过程即伴随着能量的转化过程。为此，我们不仅要掌握营养物质代谢，而且要掌握能量转化这一动物体新陈代谢同一过程的不同表现形式。

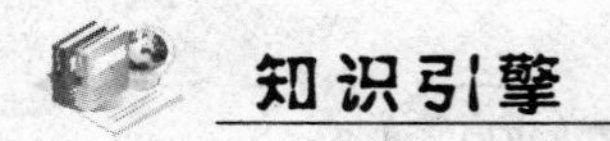

一、畜禽对饲料蛋白质的消化代谢及其利用规律

（一）单胃动物对饲料蛋白质的消化代谢与利用

1．消化的概念

消化是饲料中养分大分子变成可以被动物吸收的小分子的形式的过程。

2．猪消化道的结构

猪消化道的结构见图 2-1。

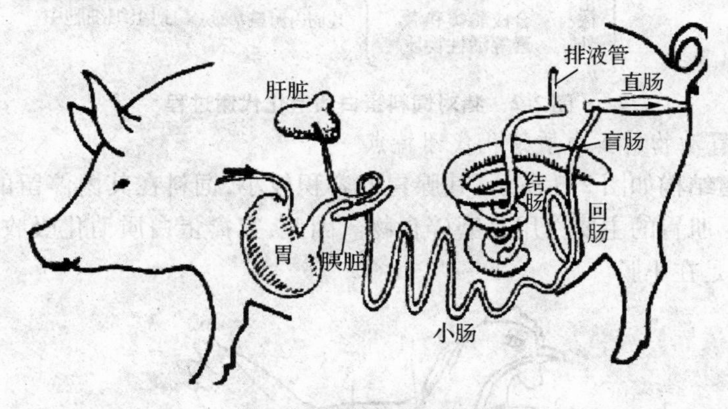

图 2-1　猪的消化道结构

3．猪对饲料蛋白质消化代谢过程

（1）猪对蛋白质的消化从胃开始，在胃酸和胃蛋白酶的作用下，部分蛋白质被分解为分子量较小的蛋白质和多肽。

（2）未消化的蛋白质与分子量较小的蛋白质和多肽进入小肠，在胰蛋白酶、糜蛋白酶等酶的作用下，最终被分解为氨基酸和部分寡肽并被小肠黏膜吸收。

（3）被吸收的氨基酸进入肝脏，一部分合成肝脏蛋白和血浆蛋白，大部分经过肝脏由体循环转送到各组织细胞中，连同内源氨基酸（体组织蛋白分解的氨基酸和由糖等非蛋白质物质在体内合成的氨基酸）一起进行代谢。在代谢过程中，氨基酸可以用于合成组织蛋白供机体利用，也可用来合成酶、激素以及转化成含氮的活性物质。没被细胞利用的氨基酸在肝脏中脱氨，转变成尿素，由肾脏以尿的形式排出体外（图 2-2）。

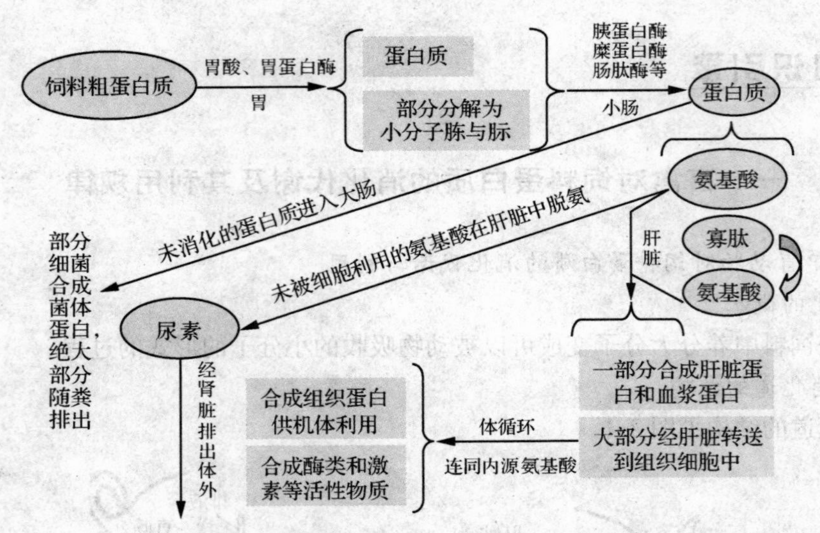

图 2-2　猪对饲料蛋白质消化代谢过程

4．其他单胃动物对蛋白质消化代谢特点

鸡的消化道结构如图 2-3 所示，其腺胃的容积较小，饲料在其内停留的时间较短，故消化作用不大。肌胃的主要作用是磨碎食物。因此，家禽蛋白质消化吸收的主要场所与猪大致相同，也是在小肠。

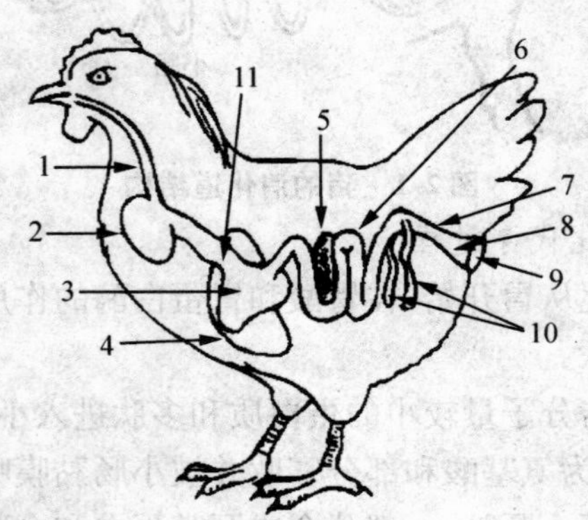

图 2-3　鸡的消化道结构

1. 食管；2. 嗉囊；3. 肌胃；4. 肝脏；5. 胰脏；6. 小肠；
7. 结肠；8. 直肠；9. 泄殖腔；10. 盲肠；11. 线胃

马属动物和单胃食草动物具有发达的盲肠和结肠，在蛋白质消化代谢过程中，由盲肠和结肠微生物酶消化的饲料蛋白质可占被消化蛋白质总量的 50%（消化过程类似反刍动物），其胃和小肠对蛋白质的消化吸收过程与猪相似。

综上所述，单胃动物的蛋白质营养过程就是饲料蛋白质的营养过程，动物所吸收的氨基酸种类和数量在很大程度上取决于饲料蛋白质本身的氨基酸的组成与比例。因此，必须注意饲料蛋白质的品质。

5. 单胃动物对饲料蛋白质品质的要求

由于氨基酸是组成蛋白质的基本单位，饲料蛋白质品质的优劣，取决于组成蛋白质的各种氨基酸的平衡状况。

（1）必需氨基酸（EAA）：在机体内不能合成，或合成的速度慢、数量少，不能满足动物需要，必须由饲料供给的氨基酸。各类动物所需要的必需氨基酸见表2-1。

表2-1　各类动物所需要的必需氨基酸

动物种类	所需要的必需氨基酸种类
成年动物	赖氨酸、蛋氨酸、色氨酸、苯丙氨酸、亮氨酸、异亮氨酸、缬氨酸、苏氨酸
生长家畜	以上8种再加上精氨酸、组氨酸
雏禽	以上10种再加上甘氨酸、胱氨酸、酪氨酸

（2）非必需氨基酸（NEAA）：指动物体能够利用含氮物质和酮合成，或可由其他氨基酸转化代替，无需饲料提供即可满足动物需要的氨基酸，如丙氨酸、谷氨酸、丝氨酸、瓜氨酸、天冬氨酸等。

必需氨基酸和非必需氨基酸是从饲料供应的角度划分的，从营养的角度考虑，二者都是动物必需的营养，且二者之间的关系密切。如果饲料中某些非必需氨基酸供应不足，动物则可能用必需氨基酸转化来替代。例如，蛋氨酸脱甲基后可转变成胱氨酸和半胱氨酸，若给猪和鸡提供充分的胱氨酸，即可节省蛋氨酸；在雏鸡生产中，丝氨酸可完全替代甘氨酸参与体内的合成反应。

（3）限制性氨基酸。当饲料（日粮）缺乏一种或几种必需氨基酸时，就会限制其他氨基酸的利用，致使整个日粮的蛋白质利用率下降，这些必需氨基酸称为限制性氨基酸。

饲料中必需氨基酸缺乏程度越大，对其他氨基酸利用的限制作用就越强。通常缺乏最严重的称为第一限制性氨基酸，其余的相应称为第二、第三……限制性氨基酸。

饲料种类不同，所含有的必需氨基酸的种类和数量差异显著；动物种类和生产性能不同，对必需氨基酸的需要量也有明显差异。因此，同一种饲料对不同动物或不同饲料对同一种动物，限制性氨基酸的种类、数量和顺序则不同。

通常谷类饲料中，赖氨酸为猪和肉鸡的第一限制性氨基酸。

大多数玉米-豆粕型日粮中，蛋氨酸和赖氨酸分别是家禽和猪的第一限制性氨基酸。

蛋白质饲料一般较为缺乏蛋氨酸。

6. 单胃动物的理想蛋白

理想蛋白指该蛋白质的氨基酸在组成和比例上与动物所需蛋白质的氨基酸的组成和比例一致,包括必需氨基酸之间以及必需氨基酸和非必需氨基酸之间的组成和比例,因此,动物对该种蛋白质的利用率为100%。理想蛋白质的实际意义是:

(1) 确定动物的氨基酸需要量。

(2) 指导饲料配制,合理利用饲料资源。

(3) 评定饲料的营养价值。

(4) 实现饲料低蛋白,高效率,降低成本,减少氮排泄。

7. 提高饲料蛋白质转化效率的措施

(1) 饲料原料多样化并合理搭配。饲料种类不同,其蛋白质中所含的必需氨基酸的种类和数量也不同,饲料多样化可使氨基酸互补,促进饲粮中氨基酸的平衡。饲料的合理搭配可有效提高蛋白质的利用率,如将豆饼和芝麻饼混合饲喂雏鸡,在粗蛋白质水平相同的条件下,雏鸡的生长速度高于单独喂豆饼和芝麻饼。

(2) 力求氨基酸的平衡。氨基酸的不平衡主要是比例问题,缺乏则主要是量的不足。饲料的氨基酸不平衡通常同时存在氨基酸的缺乏,生产实践中可考虑向饲料中直接添加所缺少的限制性氨基酸。在补饲氨基酸的同时,要注意氨基酸之间存在相互转化与相互颉颃等复杂的关系。例如,在雏鸡饲料中,胱氨酸可替代1/2的蛋氨酸,丝氨酸可完全代替甘氨酸。而赖氨酸与精氨酸、苏氨酸与色氨酸、亮氨酸与异亮氨酸和缬氨酸、蛋氨酸与甘氨酸、苯丙氨酸与苏氨酸和缬氨酸之间在代谢中都存在一定的颉颃作用。但颉颃作用只有在两种氨基酸的比例相差较大时影响才明显。

平衡饲料中的氨基酸时,要防止氨基酸过量。添加过量的氨基酸会引起动物中毒,且不能通过补加其他氨基酸加以消除,尤其是蛋氨酸过量可引起动物生长抑制,降低蛋白质的利用率。

(3) 日粮蛋白质与能量的比例要合适。通常情况下,被吸收的蛋白质中有70% ~80%被动物合成体组织和产品,20% ~30%被分解供应能量。当饲料中碳水化合物和脂肪不足时,蛋白质供应能量的比例增大,合成体蛋白与动物产品的比例减少,导致蛋白质的转化效率降低。

(4) 控制饲粮中粗纤维的水平。单胃动物饲料中粗纤维每增加1%,蛋白质的消化率则降低1.0% ~1.5%。因此,要严格控制单胃动物饲料中粗纤维的水平。

（二）反刍动物对饲料蛋白质的消化代谢与利用

1. 反刍动物瘤胃结构

见图2-4。

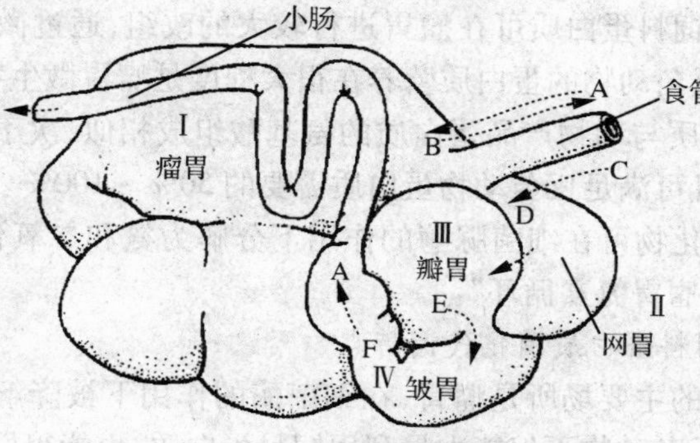

图 2-4　反刍动物瘤胃结构

2. 反刍动物对饲料蛋白质消化代谢过程

（1）反刍动物对饲料中蛋白质的消化是从瘤胃开始的，在瘤胃微生物蛋白水解酶的作用下，分解为寡肽和氨基酸，部分氨基酸在细菌脱氨基酶作用下降解为氨。寡肽、氨基酸、氨被微生物利用合成菌体蛋白。

（2）在瘤胃被微生物降解的饲料蛋白质称为瘤胃降解蛋白（RDP），未被瘤胃降解的饲料蛋白质称为过瘤胃蛋白质（RBPP）或称未降解蛋白质（UDP）。过瘤胃蛋白与瘤胃微生物蛋白一同由瘤胃转至真胃，随后进入小肠，其蛋白质的消化、吸收以及利用过程与单胃动物基本相同。

（3）在瘤胃中被细菌降解生成的氨，除被合成菌体蛋白以外，还经瘤胃、真胃、小肠吸收后转运到肝脏合成尿素，尿素大部分经肾脏排出，一部分被运送到唾液腺随唾液返回瘤胃，再次被细菌利用。氨这一循环反复利用的过程称为“瘤胃氮素循环”（图2-5）。

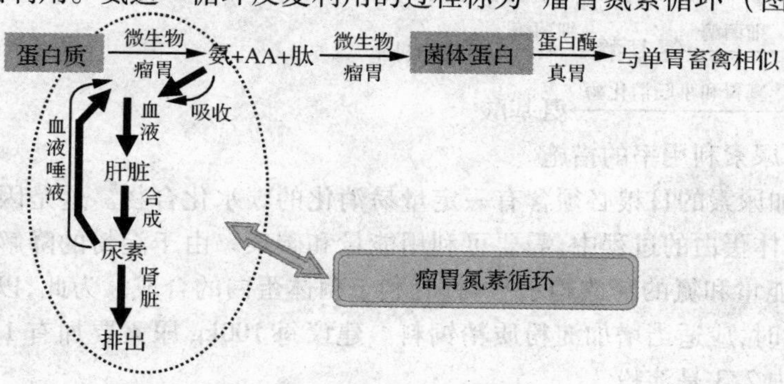

图 2-5　瘤胃氮素循环示意图

（4）瘤胃氮素循环在反刍动物蛋白质营养中具有重要意义，既提高了饲料中粗蛋白质的利用率，又可将摄入的植物性蛋白反复转化为菌体蛋白供动物体利用，有效地提高了饲料蛋白质品质。即饲料蛋白质可在瘤胃进行较大的改组，通过微生物合成饲料中不曾有的氨基酸。因此，反刍动物的蛋白质营养在很大程度是瘤胃微生物的蛋白质营养。

瘤胃微生物蛋白质与动物产品蛋白质的氨基酸组成相似，次于优质的动物蛋白而优于大多数谷物蛋白，且可满足反刍动物蛋白质需要的50%～100%。

（5）饲料中的氨化物可在细菌脲酶的作用下分解为氨和二氧化碳，其中氨同样可被合成菌体蛋白，进入"瘤胃氮素循环"。

3. 反刍动物对饲料蛋白质消化代谢特点

蛋白质消化吸收的主要场所是瘤胃，在细菌酶的作用下被降解，其次是小肠，在酶的作用下进行。因此，反刍动物不仅能大量利用饲料蛋白质，也能很好地利用氨化物。

4. 反刍动物对非蛋白氮（NPN）的利用

根据反刍动物能够很好地利用氨化物这一特点，在养殖实践中可考虑对反刍动物使用氨化物（如尿素、双缩脲等）。其目的主要是：在饲粮蛋白质不足的情况下，补充NPN以提高动物的采食量和生产性能；在不影响动物生产性能的前提下，用NPN适量代替价格较高的蛋白质饲料，以降低生产成本。例如，尿素的含氮量为42%～46%，按照70%的氮被细菌利用合成菌体蛋白计算，1kg尿素经转化后，可提供相当于4.5kg豆饼的蛋白质。故非蛋白氮可用于平衡日粮中可降解蛋白和过瘤胃蛋白，以促进整个日粮的有效利用。

（1）尿素的利用机制。瘤胃细菌利用尿素作为氮源，以碳水化合物作为能量来源合成菌体蛋白，其作用机制如下所示：

$$\text{尿素}\xrightarrow{\text{细菌脲酶}}\text{氨}+\text{二氧化碳}$$

$$\text{碳水化合物}\xrightarrow{\text{细菌酶}}\text{酮酸}+\text{挥发性脂肪酸}$$

$$\text{氨}+\text{酮酸}\xrightarrow{\text{细菌酶}}\text{氨基酸}\xrightarrow{\text{细菌酶}}\text{菌体蛋白}$$

$$\text{菌体蛋白}\xrightarrow{\text{真胃和小肠消化酶}}\text{氨基酸}$$

（2）提高尿素利用率的措施。

第一，补加尿素的日粮必须含有一定量易消化的碳水化合物。这是因为瘤胃细菌在利用氮合成菌体蛋白的过程中，需要可利用能量和碳架。由于淀粉的降解速度与尿素分解速度相近，能量和氮的释放趋于平衡，有利于菌体蛋白的合成。为此，以粗饲料为主的日粮添加尿素时，应适当增加淀粉质精饲料。建议每100kg尿素要加有1kg易消化的碳水化合物，其中2/3是淀粉。

第二，补加尿素的日粮必须有适宜的蛋白质水平。为了提高尿素的利用率，日粮的蛋白质水平应适宜。当日粮蛋白质含量超过 13% 时，尿素转化为菌体蛋白的速度和利用程度显著降低；当日粮蛋白质水平低于 8% 时，可能影响细菌的生长繁殖而导致尿素的利用率降低。因此，通常认为补加尿素的日粮蛋白质水平应不低于 13%。

第三，保证微生物生命活动必需的矿物质供应。如果日粮中钴的含量不足，则维生素 B_{12} 的合成受阻，继而影响细菌对尿素的利用。硫是合成菌体蛋白中蛋氨酸、胱氨酸等含硫氨基酸的原料，为此，要保证硫的供应。同时，要注意氮硫比和氮磷比，含尿素日粮的最佳氮硫比为(10 ~ 14)∶1，氮磷比为 8∶1。此外，还要保证细菌生命活动所必需的钙、磷、镁、铁、铜、锌、锰及碘等矿物质的供应。

第四，控制喂量和讲究喂法。尿素的利用是从细菌分泌的脲酶将其分解为氨开始的，由于脲酶的活性很强，致使尿素在瘤胃中分解为氨的速度很快。而细菌利用氨合成菌体蛋白的速度仅为尿素分解速度的 1/4，一旦尿素喂量过大，细菌来不及利用分解产生的氨，一部分氨则经胃壁吸收随血液进入肝脏合成尿素，后经肾脏排出，造成浪费。如果动物吸收的氨超过肝脏将其转化为尿素的能力，氨则在动物血液中积蓄而出现氨中毒。

氨中毒的表现

运动失调，肌肉震颤，痉挛，呼吸急促，口吐白沫等，上述症状一般在饲喂后 0.5 ~1h 内发生，如不及时治疗，动物可能在 2~3h 内死亡。

为此，尿素的喂量应控制在日粮粗蛋白质的 20% ~30% 或不超过日粮干物质的 1%。通常成年牛每天饲喂 60 ~ 100g，成年羊每天饲喂 6 ~ 12 g，犊牛和羔羊严禁饲喂尿素。如果日粮中含有 NPN 高的饲料种类，尿素喂量应减半。

尿素饲喂时，必须和精饲料拌匀混喂，或用精料拌尿素后再和粗饲料拌匀混喂。开始少喂，逐渐增加，使反刍动物有 5 ~ 7d 的适应期。注意不要和含脲酶高的生豆类和生豆饼、苜蓿草籽等一起饲喂。严禁将尿素单独饲喂或溶于水中饲喂，动物饲喂尿素后 3 ~ 4h 方可饮水。

（3）反刍动物对必需氨基酸的需要。在通常的饲养管理条件下，反刍动物需要的必需氨基酸的 50% ~100% 来自于瘤胃微生物蛋白质。如果是中等以下生产水平的反刍动物，瘤胃微生物蛋白和少量过瘤胃蛋白所提供的氨基酸即可满足需要。但对高产反刍动物，上述来源的氨基酸远不能满足需要。研究确认，蛋氨酸是反刍动物最主要的限制性氨基酸。

(三) 蛋白质不足或过量对动物的影响

1. 蛋白质不足的后果

饲料中蛋白质不足或品质低下,影响动物的健康、生长繁殖和生产性能,主要表现有:消化机能紊乱,动物食欲下降,采食量减少,营养不良及出现慢性腹泻等。由于幼龄动物处于迅速生长和组织器官发育的盛期,蛋白质的需要量大,若供应不足,可导致幼小动物生长停滞、增重减缓甚至死亡。成年动物缺乏蛋白质则影响繁殖机能,公畜性欲减低,精液品质下降;母畜则不发情,性周期异常,受孕率低,易产生弱胎、死胎或畸形胎。所有动物缺乏蛋白质时,其抗病力均减弱,容易感染各种疾病。

2. 蛋白质过量的危害

饲料蛋白质供应超过动物的需要量时,一是造成浪费,二是加重肝肾的负担,因多余的氨基酸在肝脏内脱氨,形成尿素经肾脏随尿排出体外,严重时可能引发肝肾疾病。

二、畜禽对饲料碳水化合物的消化代谢及其利用规律

(一) 单胃动物对饲料碳水化合物的消化代谢与利用

1. 单胃动物(猪)对无氮浸出物的消化代谢过程

如图2-6所示。

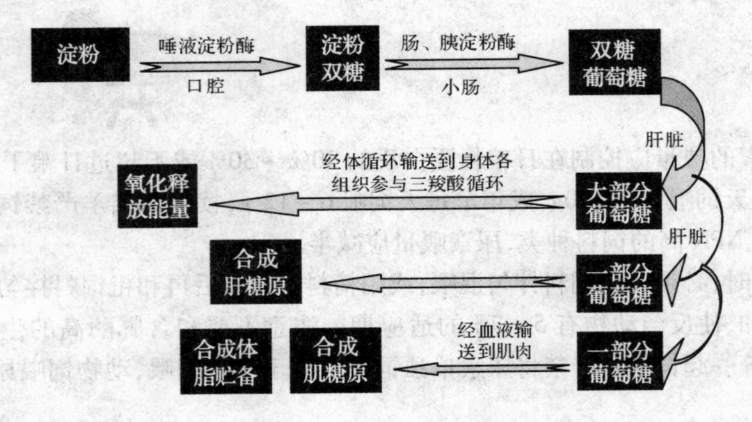

图2-6 猪体内无氮浸出物消化代谢示意图

(1) 饲料中的碳水化合物进入猪的口腔后,少部分淀粉在唾液淀粉酶的作用下分解为麦芽糖等。

(2) 猪胃大部分为酸性环境,淀粉酶失去活性,只有在贲门腺区和盲囊区,一部分淀

粉在唾液淀粉酶的作用下，分解为麦芽糖。

（3）猪的小肠中含有淀粉酶、麦芽糖酶、蔗糖酶等，无氮浸出物最终被分解为各种单糖。大部分单糖由小肠壁吸收，经血液输送到肝脏。

（4）在肝脏中单糖转变为葡萄糖，其中大部分经体循环输送到身体各组织，参与三羧酸循环，氧化释放能量供动物需要；一部分葡萄糖在肝脏合成肝糖原，一部分经血液输送到肌肉形成肌糖原，过多的葡萄糖在动物的脂肪组织及细胞中合成体脂肪贮存。

2. 单胃动物对粗纤维的消化代谢过程

（1）单胃动物的小肠不分泌纤维素酶和半纤维素酶，饲料中的粗纤维不能在小肠中酶解。

（2）粗纤维进入单胃动物的大肠后，依靠盲肠和结肠中的细菌发酵，产生乙酸、丙酸、丁酸等挥发性脂肪酸以及甲烷、氢气、二氧化碳等气体。其中部分挥发性脂肪酸可被肠壁吸收，进而被动物利用，气体则排出体外（图 2-7）。

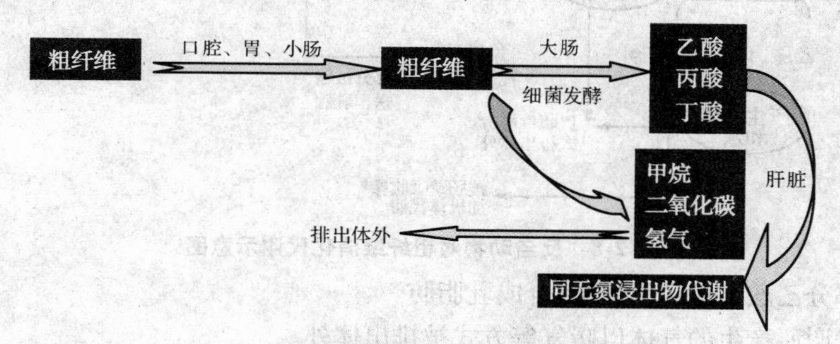

图 2-7　单胃动物对粗纤维的消化代谢示意图

3. 单胃动物对饲料碳水化合物消化代谢特点

猪对饲料碳水化合物的代谢以葡萄糖代谢为主，消化吸收的主要场所是小肠，在酶的作用下进行；以挥发性脂肪酸代谢为辅，在大肠中依靠细菌发酵进行，其营养作用较小。因此，猪能大量利用淀粉和各类单糖、双糖，但不能大量利用粗纤维。

4. 其他动物对饲料中碳水化合物的消化代谢特点

单胃草食动物对碳水化合物的代谢与猪基本相似，但由于其盲肠、结肠较发达，细菌对纤维素和半纤维素的消化能力较强，因此，对粗纤维的消化能力比猪强，但低于反刍动物。马属动物在碳水化合物消化代谢过程中，既可进行挥发性脂肪酸代谢，又能进行葡萄糖代谢。

（二）反刍动物对饲料碳水化合物的消化代谢与利用

1. 反刍动物对饲料粗纤维的消化代谢过程

（1）饲料中粗纤维在瘤胃被细菌降解为乙酸、丙酸和丁酸等挥发性脂肪酸，同时产生甲烷、氢气和二氧化碳等气体(图 2-8)。

(2) 挥发性脂肪酸大部分被胃壁吸收,由血液输送至肝脏。

(3) 在肝脏中,丙酸转变成葡萄糖,参与葡萄糖代谢;丁酸转变为乙酸,随体循环到机体各组织中参与三羧酸循环,氧化释放能量供动物体所需,同时也产生二氧化碳和水。

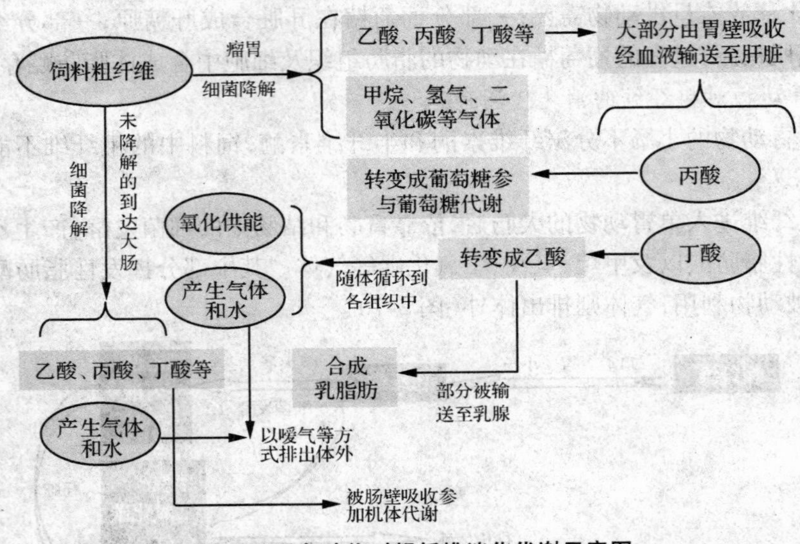

图 2-8　反刍动物对粗纤维消化代谢示意图

(4) 部分乙酸被输送至乳腺,合成乳脂肪。

(5) 代谢所产生的气体以嗳气等方式被排出体外。

(6) 瘤胃中未降解的粗纤维,通过小肠无变化,当到达结肠和盲肠时,部分粗纤维被细菌降解为挥发性脂肪酸和气体。挥发性脂肪酸可被肠壁吸收参加机体代谢,气体被排出体外。

2. 反刍动物对无氮浸出物的消化代谢过程

(1) 反刍动物因口腔中淀粉酶少,饲料淀粉在口腔中变化不大。

(2) 大部分淀粉和糖进入瘤胃后被细菌降解为挥发性脂肪酸和气体,挥发性脂肪酸被瘤胃壁吸收参与机体代谢,气体排出体外。

(3) 瘤胃中未降解的淀粉和糖进入小肠,在淀粉酶、蔗糖酶、麦芽糖酶等的作用下,分解为葡萄糖等单糖,被肠壁吸收并参与机体代谢。

(4) 在小肠未消化的淀粉和糖进入结肠和盲肠,被细菌降解为挥发性脂肪酸和气体,挥发性脂肪酸被肠壁吸收参与机体代谢,气体排出体外。

(5) 整个消化道中未被消化吸收的无氮浸出物(包括粗纤维)最终随粪便排出体外。

3. 反刍动物对饲料中碳水化合物的消化代谢特点

反刍动物对饲料中碳水化合物的消化代谢以生成挥发性脂肪酸为主，在瘤胃和大肠细菌的发酵作用下进行；以葡萄糖代谢为辅，在小肠依靠酶的作用进行。因此，反刍动物不仅能大量利用无氮浸出物，也能大量利用粗纤维。

瘤胃发酵生成的各种挥发性脂肪酸的数量，因日粮的组成和微生物区系等的影响而异。若提高饲粮中精料的比例或将粗饲料磨碎饲喂，瘤胃产生的乙酸减少，丙酸增加，这对于肉用牛来说有利于合成体脂肪，促进增重和改善肉质。若增加饲粮中优质粗饲料的比例，瘤胃则形成的乙酸增多，对于奶牛有利于形成乳脂肪，提高乳脂率。

(三) 合理利用粗纤维

合理利用粗纤维是指在日粮中保持适宜的粗纤维水平。

畜禽饲料的粗纤维水平

猪饲料粗纤维水平不宜过高，一般为4%~8%。瘦肉型猪应控制在7%以下。

鸡利用粗纤维的能力比猪低，饲料粗纤维水平应以3%~5%为宜。

奶牛日粮按干物质计，粗纤维含量约17%。

成年兔饲料中粗纤维水平不宜高于14%，幼龄、妊娠、哺乳期母兔不宜低于8%。

1. 动物的种类和年龄不同，对粗纤维的消化能力则不同

反刍动物消化粗纤维的能力最强(其次是马、兔、猪、鸡)，可达50% ~90%，粗纤维是反刍动物必需的营养素，粗饲料应该是反刍动物日粮的主体，一般应占整个日粮干物质重量的50%以上。如奶牛粗饲料供应不足或粉碎过细，即影响产奶量，降低乳脂率，严重时引发奶牛酸中毒、蹄叶炎、瘤胃不完全角化症等。成年动物对粗纤维的消化率高于同种幼龄动物。

2. 粗纤维本身的消化率与日粮粗纤维的含量有关

由于粗纤维可刺激胃肠蠕动，减少食糜在消化道停留的时间，阻碍消化酶对营养物质的接触，故日粮中粗纤维的含量越高，粗纤维本身的消化率就越低，同时也影响饲料中蛋白质、碳水化合物、脂肪和矿物质的消化。随着日粮中粗纤维含量的减少，淀粉含量的增加，日粮中包括粗纤维在内的各种营养物质的消化率均有提高的趋势。

3. 饲料的种类和加工方法的不同影响粗纤维的消化率

畜禽对干草、秸秆、精饲料、叶菜类饲料中的粗纤维的消化率依次提高。单一饲料粗纤维的消化率低于混合饲料。

粗饲料在饲喂前进行加工调制,可改变饲料原有的理化特性,提高粗纤维的消化率和自身的营养价值。粗饲料的物理加工调制方法有秸秆的切短与粉碎、秸秆的浸泡与蒸煮。化学调制方法有碱化处理和氨化处理。目前,使用较多的方法是氨化法和微生物发酵法。

4. 注意日粮蛋白质水平和矿物质营养的供应

适当保持反刍动物日粮蛋白质水平,是改善瘤胃对粗纤维消化能力的重要因素。同时,在反刍动物的日粮中添加适量的食盐和钙、磷、硫等矿物质,可促进瘤胃微生物的繁殖,提高对粗纤维的消化率。

三、畜禽对饲料脂肪的消化代谢及其利用规律

(一) 单胃动物对脂肪的消化吸收

1. 单胃动物对脂肪的消化代谢过程

(1) 单胃动物的胃脂肪酶虽然可将脂肪水解为甘油和游离脂肪酸,但脂肪须先乳化,使脂肪球的直径小于0.5μm 方可水解,而单胃动物胃中的酸性环境不利于脂肪的乳化,故脂肪在胃中不能被消化。

(2) 脂肪进入小肠后,在胆汁、胰脂肪酶和肠脂肪酶的作用下,水解为甘油和脂肪酸。

(3) 脂肪经水解吸收后,家禽主要在肝脏、家畜主要在脂肪组织(皮下和腹腔)合成体脂肪。

2. 饲料脂肪性质对单胃动物体脂肪品质的影响

(1) 单胃动物不具有经细菌的氢化作用将不饱和脂肪酸转化为饱和脂肪酸的能力。因此,饲料脂肪的性质直接影响动物体脂肪的品质。例如,以植物性饲料为主的日粮中,饲料脂肪中不饱和脂肪酸居多,可使猪的体脂肪变软,易于酸败,不适宜制作腌肉和火腿等肉制品。因此,猪的肥育期应少喂脂肪含量高的饲料,多喂富含淀粉的饲料(淀粉转变成的体脂肪中饱和脂肪酸较多),既可提高猪肉的品质,又能够降低饲养成本。

(2) 饲料脂肪性质对鸡体脂肪的影响与猪相似。由于仅半数的蛋黄脂肪是在卵黄发育过程中摄取血液脂肪而合成的,因此蛋黄脂肪的质和量受饲料脂肪的影响较大,添加油脂(主要为植物油)可促进蛋黄的形成,增加蛋重。

(3) 马属动物的盲肠虽然可将饲料中不饱和脂肪酸氢化为饱和脂肪酸,但饲料脂肪在进入盲肠以前,大部分在小肠以不饱和脂肪酸的形式被吸收。故马属动物的体脂肪仍然是不饱和脂肪酸多于饱和脂肪酸。

（二）反刍动物对脂肪的消化吸收

1. 反刍动物对脂肪的消化代谢过程

（1）反刍动物的饲料主要是牧草和秸秆类。饲料脂肪在瘤胃微生物的作用下，水解为甘油和脂肪酸。

（2）大量的不饱和脂肪酸经细菌的氢化作用变为饱和脂肪酸，饱和脂肪酸经小肠吸收后合成体脂肪。

2. 饲料脂肪性质对反刍动物体脂肪品质的影响

反刍动物瘤胃微生物的氢化作用决定了其体脂肪中饱和脂肪酸较多，体脂肪较为坚硬。即反刍动物体脂肪的品质受饲料脂肪的性质影响较小。

由于饲料脂肪在一定程度上可直接进入乳腺，脂肪的某些成分也可不经变化直接形成乳脂肪，因此，饲料脂肪性质与乳脂肪的品质关系密切。但通常不能通过添加油脂的方法改善奶牛的乳脂率。

（三）饲粮中添加油脂的应用

油脂是高能饲料，具有"增能效应"，高温季节可降低动物的应激反应。添加油脂能显著提高动物的生产性能并降低饲养成本。

（1）为满足肉鸡对高能饲料的需求，通常需要在饲料中添加油脂。建议在肉鸡前期饲料中添加2% ~4% 的动物油脂，后期饲料中添加必需脂肪酸含量高的豆油、玉米油等油脂，以改善肉质。

（2）奶牛精饲料中油脂的添加量为3% ~5%。

（3）蛋鸡饲料中油脂的添加量为3%左右。

（4）肉猪饲料油脂的添加量为4% ~6%，仔猪为3% ~5%。3 周龄前断奶仔猪脂肪的添加量可提高至9%，且添加植物油的效果优于动物油。

饲料中添加油脂的注意事项

为防止添加油脂可能造成的采食量降低，添加油脂后的饲料能量水平不能变化太大。
应满足含硫氨基酸的供应。
常量元素、微量元素及维生素 B_2、维生素 B_6、维生素 B_{12} 和胆碱的供应量增加10%~20%。
肉鸡的粗纤维控制在最低量，蛋鸡、笼养鸡的粗纤维比标准高1%~1.5%。
长期添加油脂的饲料应添加硒0.05~0.1mg/kg。
将油脂均匀混合于饲料，并在短期内喂完以防脂肪氧化。

四、畜禽对主要矿物质元素的利用及其合理供应

（一）钙和磷

1. 钙和磷营养生理功能

（1）钙的生理功能：机体中约99%的钙构成骨骼和牙齿；钙有抑制神经肌肉兴奋性的作用，当动物血钙含量低于正常值时，其神经肌肉的兴奋性增强，引起动物抽搐；钙参与正常的血凝过程，是多种酶的活化剂或抑制剂。

（2）磷的生理功能：机体中约80%的磷构成骨骼和牙齿；磷参与糖、脂肪酸、蛋白质等多种物质的代谢；是细胞膜和血液中缓冲物质的成分；是RNA、DNA及辅酶Ⅰ、Ⅱ的成分，与蛋白质的合成和动物的遗传有关；磷还以ADP、ATP的成分在能量贮存与传递过程中起重要作用。

2. 钙和磷的缺乏症及其表现

（1）食欲不振和生产力下降。动物食欲不振，严重时废食（缺磷时更为明显）、消瘦、生长停滞；母畜不发情或屡配不孕、胎儿畸形或死胎；公畜性机能下降，精子活力差；母鸡产软壳蛋或蛋壳破损率高，产蛋率和孵化率下降。

（2）异嗜癖。动物喜啃食泥土、石块、破布等异物，相互啃咬被毛、羽毛，母鸡啄食鸡蛋等。缺磷时异食癖的表现更为明显。

（3）骨骼病变。

幼年动物易患的“佝偻病”，在饲料中缺乏钙、磷或者钙、磷比例不当，或维生素D缺乏时可引发。动物表现为骨端粗大，肋骨有“念珠状”突起（图2-9），关节肿大，四肢弯曲并呈“O”形或“X”形，弓背等，幼猪多呈犬坐姿势（图2-10、图2-11）。

钙和磷缺乏时，成年动物易患软骨症，常见于高产奶牛和产蛋鸡、妊娠后期和产后的母畜。此时，因动物胎儿生长或产蛋、产奶，对钙、磷的需要量大，若饲料中缺乏钙、磷或者钙、磷比例不当，动物则会过多地动用骨骼中的钙、磷贮备，因此造成骨质疏松，骨壁变薄，动物的骨盆骨、腰部椎骨处易骨折（图2-12），母牛、母猪常发生分娩前后瘫痪，母鸡胸骨变软，翼、足易折断，严重时可引起死亡。

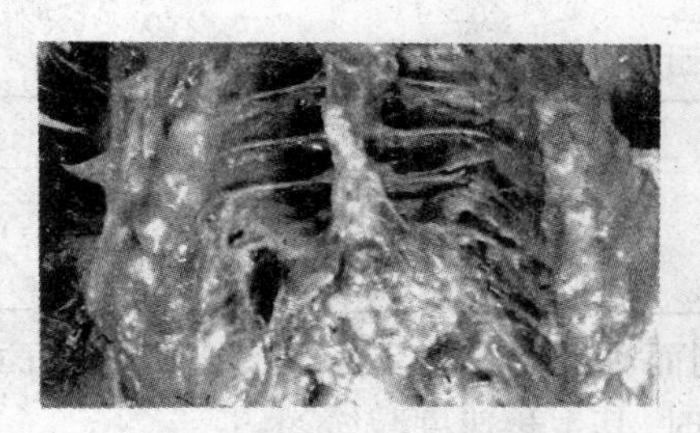
图 2-9　肋骨念珠状突起

图 2-10　猪犬坐姿势

图 2-11　猪的严重佝偻病

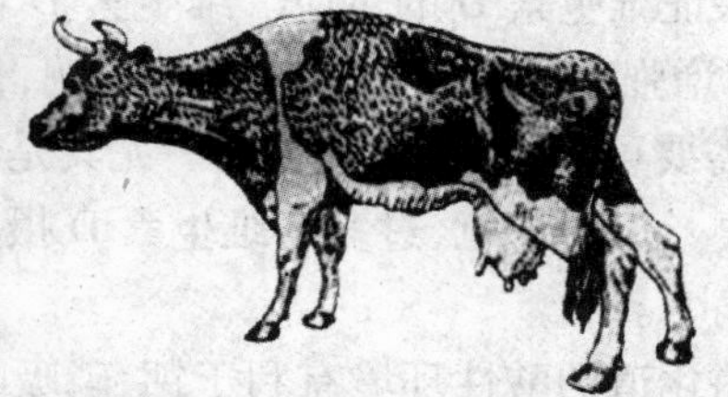
（前肢负重，腰部下沉，后肢后拉并弯曲）
图 2-12　牛软骨症

3. 钙、磷的合理供应

钙、磷的合理供应首先满足钙、磷的需要量，同时，还需要采取促进钙、磷吸收的措施。

（1）饲喂富含钙、磷的天然饲料。饲喂如鱼粉、肉骨粉等含有动物骨骼的动物性饲料；饲喂大豆、苜蓿草、花生秧等含钙丰富的豆科植物。

（2）补饲矿物质饲料。植物性饲料通常不能满足动物对钙、磷的需要，必须在饲料中添加矿物质，如富钙的石灰石粉、蛋壳粉、贝壳粉、石膏粉等；或者添加钙、磷含量丰富的蒸骨粉、磷酸氢钙等。

（3）钙、磷比例合适。一般动物的钙、磷比例在(1～2)∶1之间吸收率最高。若钙、磷比例失调且钙过多时，饲料中的磷易在动物小肠内更多地结合成磷酸钙沉淀；若磷过多，同样易与钙结合成磷酸钙沉淀被排出体外。因此，饲粮中钙过多易造成磷不足，磷过多易造成钙缺乏。

若饲料中钙、磷的供应充足以致过量，直接造成动物中毒的现象较少见，但动物对钙、磷的耐受力也有一定的限度，超过限度时会降低其生产性能。反刍动物摄入过量的钙时，可抑制瘤胃微生物的活动而降低日粮的消化率。单胃动物摄入过量的钙时，脂肪消化率下降，磷、镁、铁、锰和碘的代谢紊乱。磷过多可使血钙降低，而机体为了调节血钙，甲状旁腺分泌增多，时间久了易引起甲状旁腺机能亢进，骨中磷大量分解，动物易发生跛行和长骨骨折（表 2-2）。

注：图 2-9 至图 2-12 引自《动物营养研究与应用》，计成、许万根主编，中国农业科技出版社出版。

表 2-2　动物对钙、磷的耐受力(日粮中的含量)

	猪	禽	产蛋禽	牛	绵羊	兔	马
钙/%	1.0	1.2	4.0	2.0	2.0	2.0	2.0
磷/%	1.5	1.0	0.8	1.0	0.6	1.0	1.0

非反刍动物能忍受小于1∶1的钙、磷比例而不能忍受大于3∶1的比例;反刍动物能忍受7∶1的钙、磷比例,但当钙、磷比例小于1∶1时,其生长速度减缓。

(4) 保证维生素 D 的供应。维生素 D 在肝脏、肾脏羟化后的产物 1,25-二羟基维生素 D_3,具有增强小肠酸性,调节钙、磷比例,促进钙、磷吸收的作用。因此,保证动物对维生素 D 的需要可促进钙、磷的吸收。尤其是冬季,在动物舍饲情况下,满足维生素 D 的供应尤为重要。但要注意,过多的维生素 D 摄入致使动物过量动员骨骼中的钙、磷,也可能产生骨骼病变。

(5) 消化道的酸性环境有利于钙、磷吸收。饲料中的钙与动物胃中的盐酸作用生成易溶解的氯化钙,可被胃壁吸收。由于小肠前端为弱酸性环境,是饲料中的钙和无机盐吸收的主要场所,小肠后端偏碱性,不利于钙、磷的吸收。因此,增强小肠酸性环境有利于钙、磷的吸收。蛋白质在小肠内分解为氨基酸,葡萄糖在肠内发酵成乳酸,均可增强小肠的酸性和有利于钙、磷的吸收。

(6) 脂肪、草酸、植酸不利于钙、磷的吸收。饲料中脂肪过多,其水解产物易与钙结合成难溶性钙皂,钙皂随粪便排出体外。某些青绿饲料(甜菜、菠菜等)含有较多的草酸,易与钙结合成草酸钙沉淀。但反刍动物瘤胃可分解草酸,当草酸盐含量不大时不至于影响钙的吸收。

谷实类及其加工副产品中的磷,大多以植酸(六磷酸肌醇)或植酸钙镁磷复盐的有机磷形式存在。反刍动物瘤胃微生物水解植酸磷的能力很强,不影响其对钙、磷的吸收,但单胃动物对该复盐的水解能力弱,很难吸收。植酸与钙结合成不易溶解的植酸钙会影响动物对钙的吸收。

因单胃动物对植酸磷的利用率低,因此对猪和家禽提出了有效磷的供应问题。有效磷又称为可利用磷,一般认为,矿物质饲料和动物性饲料中的磷 100% 为有效磷,植物性饲料中的磷 30% 为有效磷。为保证单胃动物对磷的需要,饲料中无机磷的比例最好占总磷需要量的 30% 以上。

禾谷类籽实和糠麸中缺钙而含磷高,但 60% 以上的磷是以植酸磷的形式存在,因此,生产中在猪、鸡饲料中添加植酸酶促进植酸磷分解释放出活性无机磷,以降低饲料成本,减少因动物排磷对环境造成的污染,消除植酸的抗营养作用,提高饲粮中其他养分的消化率和利用率。

单胃动物添加植酸酶的措施

通常饲料中植酸磷的含量在0.2%以上时才有必要使用植酸酶。

推荐添加量为300~500IU/kg饲料，猪每千克饲料中添加500IU植酸酶可替代1.2g的无机磷供应。

(7) 加强动物的舍外运动。动物被毛、皮肤、血液中的7-脱氢胆固醇经紫外线照射可转化为维生素 D_3,维生素 D_3 在钙、磷吸收中有重要的调节作用;也可在饲料中直接添加维生素 D_3。优良或贵重的种用畜禽可通过注射维生素 D 和钙制剂来满足动物需要。

(8) 增加饲料中钙、磷含量。对牧草、饲料种植地多施含钙、磷的肥料以增加饲料中钙、磷的含量。

(二) 钠和氯

1. 营养生理功能

钠和氯具有维持细胞外渗透压和调节酸碱平衡的功能。其中钠可促进神经肌肉的兴奋性,可抑制反刍动物瘤胃产生过多的酸。氯是胃液中盐酸的成分,能激活胃蛋白酶,活化唾液淀粉酶,具有杀菌和助消化作用。

2. 缺乏症及中毒的表现

(1) 食盐缺乏症:食欲不振,被毛脱落,生长停滞,生产力下降。役用动物使役时由汗液排出大量的钠和氯,当缺少食盐时,可发生急性食盐缺乏症,表现为神经肌肉活动异常,心脏功能紊乱,甚至引起死亡。

(2) 异嗜:动物有舔脏物,相互啃咬尾巴,喝尿,掘土毁圈等行为。

(3) 食盐中毒:当食盐的摄入量过多时,容易发生食盐中毒,如日粮中食盐的含量为2%时且在给水少的情况下,动物可出现食盐中毒。表现为极度口渴,步态不稳,剧烈抽搐,甚至死亡。尤其是猪和鸡对食盐过量较为敏感,因此,要严格控制食盐给量。

3. 钠和氯的合理供应

通常,猪的食盐供应为混合精料的0.25% ~0.5%,鸡为0.35% ~0.7%(含盐高的饲料中的盐必须计算在内)。草食动物不易发生食盐中毒,养殖实践中可取自由舔食的供应方式。

(三) 镁

1. 营养生理功能

机体中70%的镁参与骨骼和牙齿的构成;镁具有抑制神经肌肉兴奋性以及维持心脏

正常功能的作用；镁还是焦磷酸酶、三磷腺苷酶和肽酶等多种酶的活化剂；镁还参与了遗传物质 DNA 和 RNA 的合成。

2. 缺乏症及中毒的表现

（1）缺镁痉挛症。主要症状为痉挛，是因为长期饲喂缺镁日粮，致使动物体内的镁消耗殆尽而发生的缺镁症。这种类型的缺镁症主要发生于土壤缺镁地区的犊牛和羔羊。

（2）草痉挛。这种类型的缺镁症多发于早春放牧的反刍动物，由于采食含镁量低（低于干物质的0.2%）和吸收率低（低于17%）的青牧草而发生的急性缺镁症。动物表现为神经过敏，肌肉痉挛，抽搐，呼吸弱，甚至死亡。幼龄动物若食用低镁人工乳时，会引起低血镁，其临床症状与草痉挛相似。

（3）镁中毒。主要表现为昏睡，运动失调，采食量下降，生产力下降，拉稀，严重时死亡。鸡若采食含镁高于0.1%的日粮时，可出现生长缓慢，产蛋率下降，蛋壳变薄的现象。

3. 镁的合理供应

非反刍动物对镁的需要量低，约占日粮的0.5%，一般饲料均能满足动物的需要，不必另外补加。对于缺镁地区的反刍动物，可采用氧化镁、硫酸镁或碳酸镁进行补饲。患“草痉挛”的反刍动物，早期采用注射硫酸镁或将两份硫酸镁混合一份食盐让其自由舔食可治愈。

镁普遍存在于各种饲料中，尤其是糠麸、饼粕和青饲料中含量丰富。谷实类，块根、块茎类饲料中也含有较多的镁。

（四）硫

1. 营养生理功能

硫以含硫氨基酸的形式参与动物的被毛、羽毛、蹄爪等角蛋白的合成；参与碳水化合物、胶原蛋白和结缔组织代谢；硫还是硫胺素、生物素和胰岛素的成分。

反刍动物的瘤胃能够利用无机的含硫化合物如硫酸钾、硫酸钠、硫酸钙等合成含硫氨基酸和维生素。因此，无机硫对动物有一定的营养意义。

2. 缺乏症及中毒的表现

缺硫通常在动物缺乏蛋白质时发生。动物表现为消瘦，角、蹄、爪、被毛、羽毛生长缓慢。反刍动物利用尿素作为唯一的氮源而不补充硫时，可能出现缺硫症状，致使体重减轻，利用粗纤维的能力降低，生产性能下降。禽类缺硫易发生啄食癖。

3. 硫的合理供应

鱼粉、肉粉、血粉等动物性饲料含硫丰富，可达0.35%～0.85%。故动物日粮中的硫一般都能满足需要，不必另外添加。但当动物脱毛和换羽期间，为尽早恢复正常生产，可补饲硫酸盐，如硫酸钠、硫酸钙或硫酸镁。

（五）钾

钾和钠、氯都称为电解质元素。钾在维持细胞内液渗透压稳定和调节酸碱平衡方面起重要作用；钾能促进神经肌肉的兴奋性；参与蛋白质和糖代谢。植物性饲料，尤其是幼嫩植物中含钾丰富，故通常动物不会缺钾。但钾过量影响钠、镁的吸收，甚至引起"缺镁痉挛症"。

（六）铁

1. 营养生理功能

铁是合成血红蛋白和肌红蛋白的原料。血红蛋白是运输氧和二氧化碳的载体，肌红蛋白是缺氧条件下肌肉做功的供氧源。铁还作为细胞色素氧化酶、过氧化物酶、过氧化氢酶以及碳水化合物代谢酶类的激活剂，参与物质代谢和生物氧化过程，催化各种生化反应。铁还有预防机体感染疾病的作用。

2. 缺乏症及中毒的表现

一般情况下饲料中铁的含量超过动物的需要量，同时机体内红细胞分解释放的铁90%可被机体再利用，因而成年动物不易缺铁。

（1）幼畜的缺铁症。哺乳幼畜尤其是仔猪容易发生缺铁症。初生仔猪正常生长每天约需要7～8mg铁，其体内贮铁量为30～50mg，每天从母乳中获铁约1mg，如不及时补铁，3～5日龄即可出现贫血症状：食欲降低，皮肤和可视黏膜苍白，血红蛋白含量下降，呼吸困难，轻度腹泻，体弱。严重的3～4周龄死亡。

（2）铁的慢性中毒。日粮干物质中含铁量达1000mg/kg，可导致慢性中毒，动物出现消化功能紊乱，增重缓慢，腹泻，严重者死亡。

（七）铜

1. 营养生理功能

铜是红细胞的成分，可促进红细胞的成熟；铜是骨骼的重要成分，参与骨形成并促进钙、磷在软骨基质上的沉积；铜可促进垂体释放生长激素、促甲状腺激素、促黄体激素和促肾上腺皮质激素，在维持中枢神经系统功能上起重要作用；铜影响被毛的生长，参与被毛中黑色素的形成过程；铜作为多种酶的成分直接参与机体代谢；铜对于畜禽的妊娠过程、繁殖率、孵化率均有影响，并有增强机体免疫力的功能。

2. 缺乏症及中毒的表现

（1）贫血。由于缺铜影响动物正常的造血功能，当血铜低于0.2μg/mL时，可引起动物贫血，红细胞的寿命缩短，铁的吸收和利用率降低。

（2）血管弹性降低。缺铜时血管弹性硬蛋白合成受阻，血管弹性降低，导致动物的血管破裂而死亡。

（3）骨骼畸形。缺铜时长骨外层很薄，易造成骨骼畸形或骨折。

（4）影响被毛生长。缺铜时被毛中含硫氨基酸代谢、色素形成过程受阻，导致被毛生长缓慢，失去正常弯度，有色毛褪色，黑色毛变为灰白色（图2-13）。

图2-13　水貂严重脱毛

（5）免疫力下降，繁殖力降低。

（6）铜的中毒。铜过量可造成动物中毒，过量的铜在肝脏中蓄积到一定程度时，释放进入血液使红细胞溶解，动物出现血尿和黄疸症状，组织坏死，甚至死亡。通常，1kg饲料干物质的含铜量上限：绵羊500mg，牛100mg，猪250mg，雏鸡300mg。

3．铜的合理供应

近年证明，铜有促进生长的作用，在生长期猪的饲料中补饲大剂量的铜（150～250mg/kg）可促进生长，改善肉质，提高饲料转化率，且铜与抗生素之间有协同作用。但铜对猪以外的动物应用效果不明显。

豆科牧草、大豆饼、禾本科籽实及副产品中铜的含量较为丰富，故动物一般不易缺铜。但缺铜地区或饲料中锌、钼、硫过多时，可影响铜的吸收，缺铜地区可在牧草地施用硫酸铜化肥或直接给动物补饲硫酸铜。

（八）钴

1．营养生理功能

钴是维生素B_{12}的成分，维生素B_{12}促进血红素的形成，在蛋白质、氨基酸和叶酸等的代谢中起重要作用；钴是一些酶的激活剂，与蛋白质和碳水化合物的代谢有关。

2．缺乏症及中毒的表现

缺钴时，维生素B_{12}合成受阻，动物表现为食欲不振、生长停滞、体弱消瘦、黏膜苍白等贫血症状。

天然饲料钴过量的可能性很小，且各种动物对钴的耐受力较强，当日粮中钴的含量超过需要量的300倍时，动物才可能出现中毒反应。非反刍动物主要是红细胞增多，反刍动物则采食量和体重下降，消瘦和贫血。

3. 钴的合理供应

各种饲料均含有微量的钴，可满足动物的需要。缺钴地区可给动物补饲硫酸钴、碳酸钴和氯化钴。

预防仔猪贫血的措施

1.仔猪出生2d内，颈侧肌肉分点注射铁钴合剂。

2.将0.25%的硫酸亚铁和0.1%的硫酸铜混合溶液滴于母猪乳头，让仔猪吸吮。

3.设置矿物质补饲槽，供给红黏土、食盐、贝壳、硫酸亚铁、硫酸铜、氯化钴等盐类让仔猪自由采食。

（九）硒

1. 营养生理功能

硒是谷胱甘肽过氧化酶的成分，此酶可避免对红细胞、血红蛋白、精子原生质膜等的氧化破坏；硒促进蛋白质 DNA 与 RNA 的合成并对动物的生长有刺激作用；硒与动物的繁殖与肌肉生长密切相关；硒影响脂类和维生素 E 吸收时所需要的胰脂肪酶的形成；硒可促进免疫球蛋白的合成，增强白细胞的杀菌能力；硒在体内有颉颃和降低汞、镉、砷等元素的毒性的作用，并可减轻维生素 D 中毒症状。

2. 缺乏症及中毒的表现

（1）渗出性素质病。3 ~ 6 周龄雏鸡胸腹部皮下有蓝绿色的体液聚集，皮下脂肪变黄，心包积水。

（2）白肌病。缺硒使肌球蛋白合成受阻，动物的骨骼肌和心肌退化萎缩，肌肉表面出现白色条纹似熟肉样（图 2-14、图 2-15）。

（3）繁殖机能障碍。缺硒的公畜精子数量少、活力差、畸形率增高；母畜空怀或出现死胎。

（4）肝细胞坏死。猪和兔缺硒时多发生肝细胞大量坏死而突然死亡。

（5）硒中毒症。当日粮硒的含量达 5 ~ 8mg/kg 时，动物可发生慢性中毒，表现为消瘦、贫血、脱毛、脱蹄，关节僵直，心脏和肝脏机能损伤等。

当硒的摄入量达 500 ~ 1000mg/kg 时，动物发生急性中毒，患畜瞎眼、痉挛、瘫痪、肺部充血，因窒息致死。

图 2-14　羔羊肌肉发育不良

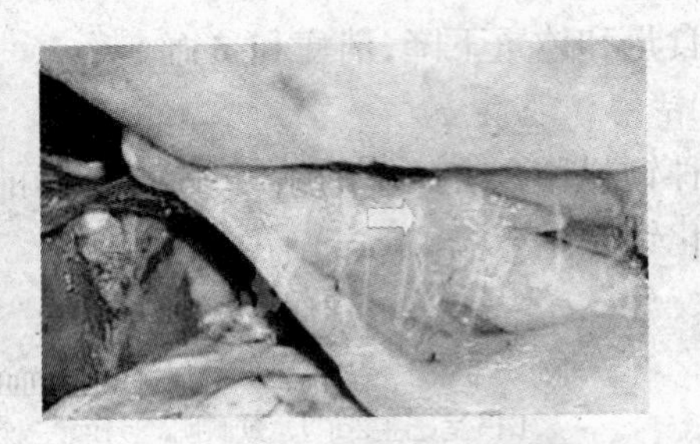

图 2-15　胸肌苍白似熟肉样

（引自西南民族大学岳华课件）

3. 硒的合理供应

我国东北、西北、西南和华东等省区为缺硒地区。预防和治疗缺硒症时，可用亚硒酸钠维生素 E 制剂作皮下或深度肌肉注射，或将亚硒酸钠稀释后拌入饲料中补饲，家禽可将亚硒酸钠溶于水中饮用。

（十）锌

1. 营养生理功能

锌是体内多种酶的成分或激活剂，参与催化各种生化反应；锌是胰岛素的成分，参与碳水化合物的代谢；锌在蛋白质和核酸的合成中起重要作用；锌维持上皮组织的健康与被毛的正常生长；锌与精子的生成有关，能促进性激素的活性；锌参与肝脏和视网膜内维生素 A 还原酶的组成，与视力有关；锌参与骨骼生长，能增强机体的免疫力，促进创伤的愈合。

2. 缺乏症及中毒的表现

（1）皮肤发炎。缺锌时，8～12 周龄的仔猪患“不全角化症”，皮肤发炎增厚，脱毛，微痒，表面覆盖容易剥离的鳞屑，下痢、呕吐。家禽羽毛末端磨损，脚趾粗糙、开裂（图 2-16）。绵羊羊毛和羊角脱落。

图 2-16　脚趾皮肤粗糙、角化

（2）繁殖机能受阻。公畜睾丸、附睾及前列腺发育受阻，母畜性周期紊乱，不孕或流产，死胚增多。

（3）骨骼发育不良。缺锌导致骨骼中长骨变短增厚。

（4）过量的锌对铁、铜的吸收不利，易导致贫血。

3. 锌的合理供应

幼嫩植物、酵母、鱼粉、麸皮、饼粕类以及动物性饲料中含锌丰富。缺乏时（猪、鸡易缺乏）常用硫酸锌、碳酸锌和氧化锌补饲。

（十一）锰

1. 营养生理功能

锰是精氨酸酶、肠肽酶等多种酶的成分和激活剂，参与蛋白质、碳水化合物、脂肪及核酸的代谢；锰参与骨骼基质中硫酸软骨素的生成并影响骨骼中磷酸酶的活性；锰还与动物的繁殖、造血等功能有关，并维持大脑的正常功能。

2. 缺乏症及中毒的表现

（1）骨骼畸形，关节肿大。生长鸡患"滑腱症"，腿骨短粗，胫骨与跖骨接头肿胀，后腿腱从踝状突滑出，病鸡不能站立，难以觅食和饮水，严重时死亡（图2-17）。

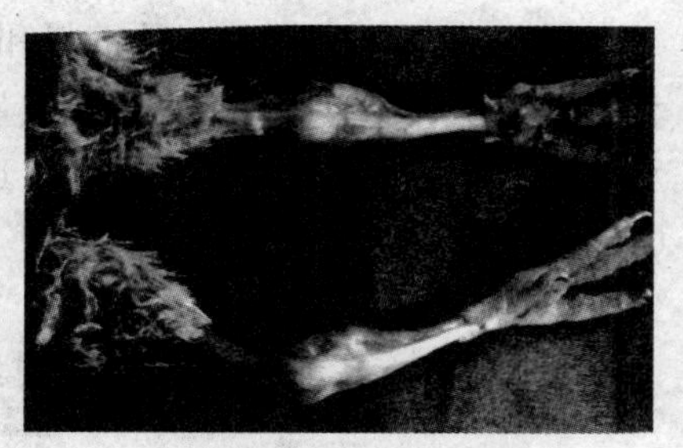

图 2-17　火鸡患"滑腱症"

（2）繁殖机能障碍。缺锰母畜性周期异常，不孕、流产或产弱胎、畸形胎、死胎。缺锰母鸡种蛋孵化时，孵化率下降，鸡胚软骨退化，死胎多，蛋壳不坚固。

（3）采食量下降。生长发育受阻。

（4）锰过量的影响。动物中禽对锰的耐受力最强，可达 2000mg/kg；牛、羊次之，可耐受 1000mg/kg；猪最敏感，只能耐受 400mg/kg。生产中锰中毒的现象非常少见。锰过量时动物胃肠道损伤，生长受阻，钙、磷的利用率降低，可导致"佝偻症"、"软骨症"。

3. 锰的合理供应

植物性饲料尤其是糠麸类、青绿饲料中含锰较为丰富。需要补饲时，通常采用硫酸锰、氧化锰等。

（十二）碘

1. 营养生理功能

碘是甲状腺的成分，甲状腺几乎参与了机体所有的物质代谢过程，碘具有促进动物生长发育、促进繁殖和红细胞生长等作用。

2. 缺乏症及中毒的表现

（1）侏儒症。碘缺乏症多见于幼龄动物，其表现是生长缓慢，骨架小，出现"侏儒症"。

（2）甲状腺肿大。甲状腺肿大是缺碘地区人畜共患的一种常见病。初生牛犊和羔羊缺碘表现为甲状腺肿大，初生仔猪缺碘时皮厚无毛，颈粗。缺碘可导致甲状腺肿大，但甲状腺肿大不全是因为缺碘，十字花科中的含硫化合物和其他来源的高氯酸盐、硫脲或硫脲嘧啶都能造成类似缺碘的症状。

（3）影响繁殖。妊娠动物缺碘，导致胎儿发育受阻或新生胎儿无毛、体弱、成活率低。

母牛缺碘发情无规律，甚至不孕，公畜精液品质下降。

（4）碘过量的影响。各种动物对碘的耐受力不同，生长猪可耐受400mg/kg，禽为300mg/kg，牛羊为50mg/kg。超过耐受量可造成不良影响，如血红蛋白下降，奶牛产奶量减少，鸡的产蛋量降低。为了防止碘中毒，饲料干物质含碘量以不超过4.8mg/kg为宜。

3. 碘的合理供应

动物所需要的碘主要从饲料和饮水中获得。各种饲料的含碘量不同，一般情况下，海洋植物含碘丰富，如某些海藻含碘量高达0.6%，沿海地区植物的含碘量高于内陆地区的植物。我国缺碘地区的面积较大，这些地区的动物需要注意补碘。常用的是碘化食盐（含0.01%～0.02%碘化钾的食盐）。

五、畜禽对维生素的利用及其合理供应

（一）维生素的分类

维生素分为脂溶性维生素和水溶性维生素两类。前者包括维生素A、维生素D、维生素E和维生素K；后者包括维生素B族和维生素C。

（二）维生素A（抗干眼症维生素、视黄醇）

1. 营养生理功能与缺乏症表现

（1）维持动物在弱光下的视力。维生素A是视紫红质的成分，而视紫红质具有维持暗视觉的功能。动物缺少维生素A，在弱光下视力减退或完全丧失，患“夜盲症”。

（2）维持上皮组织的健康。维生素A与黏液分泌上皮的黏多糖合成有关，缺乏维生素A，造成上皮组织干燥和过度角质化，易遭受细菌的侵袭而感染多种疾病。例如，泪腺上皮组织角质化，动物患“干眼症”，严重时角膜、结膜化脓溃疡，甚至失明（图2-18）；呼吸道或消化道上皮组织角质化，易患肺炎或下痢；泌尿系统上皮组织角质化，易产生肾结石和尿道结石等。

图2-18 犊牛瞎眼

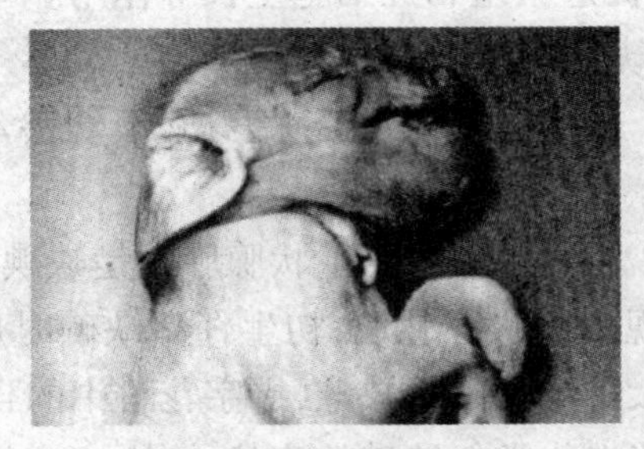

图2-19 新生仔猪畸

（3）促进幼龄动物生长。维生素 A 可调节蛋白质、碳水化合物、脂肪和矿物质代谢，缺乏时，影响体蛋白合成和骨组织的发育，幼龄动物食欲减退，精神不振，生长发育受阻，长期缺乏时肌肉脏器萎缩，严重时死亡。

（4）参与性激素的形成。维生素 A 影响动物的繁殖力，缺乏时，公畜睾丸及附睾退化，精液品质下降，性欲低下；母畜发情异常，不孕，易流产、难产、产弱胎、死胎或瞎眼胎儿（图 2-19）。

（5）维持骨骼的正常发育。维生素 A 与成骨细胞合成有关，缺乏时，影响软骨骨化过程和骨骼形成；骨造型不全且过分增厚，压迫中枢神经，动物出现运动失调、痉挛、麻痹等神经症状。

（6）具有抗癌和增强机体免疫力作用。如给动物口服或局部注射维生素 A 类物质，对某些癌症有治疗作用，但其抗癌机理尚不完全清楚。给妊娠母猪补充维生素 A，产仔数和仔猪成活率明显提高。

2. 过量的危害

长期或突然摄入过量的维生素 A 均可引起动物中毒。反刍动物中毒剂量是需要量的 30 倍，非反刍动物及禽类是需要量的 4 ~ 10 倍。如日粮中维生素 A 大于 300mg/kg 时，小公鸡表现精神抑郁，采食量下降或拒食；猪维生素 A 中毒时被毛粗糙，粪尿带血，身体发抖，最终死亡。

3. 维生素 A 的合理供应

维生素 A 只存在于动物性饲料中，植物性饲料只含有维生素 A 原——类胡萝卜素，其中以 β-胡萝卜素的生理效力最高，它们在动物体内可转变成维生素 A。动物对维生素 A 的需要量用国际单位（IU）或重量单位（mg）表示。1IU 维生素 A 相当于 0.3μg 的视黄醇或相当于 0.6μg β-胡萝卜素。

为了保证动物对维生素 A 的需要，应饲喂富含维生素 A 或胡萝卜素的饲料。其中以动物性饲料如鱼粉、肝、乳、蛋黄中含量丰富，青绿饲料和胡萝卜中含有较多的胡萝卜素，红心和黄心山芋、南瓜、黄玉米中胡萝卜素的含量也较高。优质干草和青贮饲料是冬季供应动物胡萝卜素的良好来源。

（三）维生素 D（抗佝偻症维生素）

1. 营养生理功能与缺乏症表现

维生素 D 的种类很多，但对动物有重要作用的只有维生素 D_2（麦角钙化醇）和维生素 D_3（胆钙化醇）。其天然来源：

（植物体中）麦角固醇 $\xrightarrow{\text{紫外线}}$ 维生素 D_2

(动物体中)7-脱氢胆固醇$\xrightarrow{\text{紫外线}}$维生素 D_3

维生素 D 被动物吸收后无活性，必须在肝脏、肾脏中羟化成 1,25-二羟维生素 D_3 后才能发挥作用。1,25-二羟维生素 D_3 具有增强小肠酸性，调节钙、磷比例，还可以直接作用于成骨细胞，促进钙、磷在骨骼和牙齿中的沉积，有利于钙、磷在骨骼和牙齿中的钙化。

动物缺乏维生素 D 可导致钙、磷代谢失调，幼年动物患“佝偻症”，成年动物（尤其是妊娠和泌乳母畜）患“软骨症”，骨质疏松，骨骼脆弱易折。家禽除骨骼变化外，可见喙变软，产软壳、薄壳蛋，产蛋率和孵化率降低。

2. 过量的危害

过量的维生素 D 会使早期骨骼钙化加速，后期钙又从骨组织中转移，造成骨质疏松，血钙过高，致使心脏、肾小管等软组织钙化，若肾脏严重损伤，动物常死于尿毒症。由于多数动物可耐受 100 倍的剂量，故维生素 D 的中毒在生产中比较少见。

3. 维生素 D 的合理供应

动物对维生素 D 的需要量用国际单位（IU）表示，1IU 维生素 D 相当于 0.025μg 维生素 D_3。

（1）饲喂富含维生素 D 的饲料。动物性饲料、酵母中含有丰富的维生素 D，经阳光晒制的干草也含有较多的维生素 D。

（2）加强动物的舍外活动。动物舍外活动或多晒太阳，可促使其被毛、皮肤、血液、神经以及脂肪组织中 7-脱氢胆固醇大量转变为维生素 D_3。

（3）补饲维生素 D。在饲粮中补饲维生素 D。注意：对于雏鸡来说，维生素 D_3 的效能比维生素 D_2 高 20～30 倍（维生素 D_3 的毒性也比维生素 D_2 大 10～20 倍）。因此，雏鸡应强调日光照射，可在密闭的鸡舍内，安装波长为 290～320μm 的紫外线灯进行适当照射。

（四）维生素 E（抗不育症维生素、生育酚）

1. 营养生理功能与缺乏症表现

（1）抗氧化作用。维生素 E 是一种细胞内抗氧化剂，可阻止过氧化物的产生，保护细胞膜免遭氧化破坏，从而维持膜结构的完整和改善膜的通透性。

（2）维持正常的繁殖机能。维生素 E 可促进性腺发育，调节性机能。缺乏时，公畜精细胞形成受阻，睾丸变性、萎缩甚至不育；母畜性周期异常，不孕，胎儿发育不良或死胎。公鸡睾丸萎缩，母鸡产蛋率和孵化率降低。

（3）保证肌肉正常生长发育。维生素 E 缺乏时，肌肉中能量代谢受阻，肌肉营养不良，幼龄动物易患“白肌病”。

（4）维持毛细血管结构完整。缺乏维生素 E 时，动物毛细血管的通透性增高，易患

"渗出性素质病",患病时大量渗出液积聚于皮下。

(5) 维持中枢神经系统功能。饲喂高能量饲料且缺少维生素 E 时,肉鸡易患"脑软化症",患病时小脑出血或水肿,运动失调,身体麻痹及伏地不起,死亡率高(图 2-20、图 2-21)。

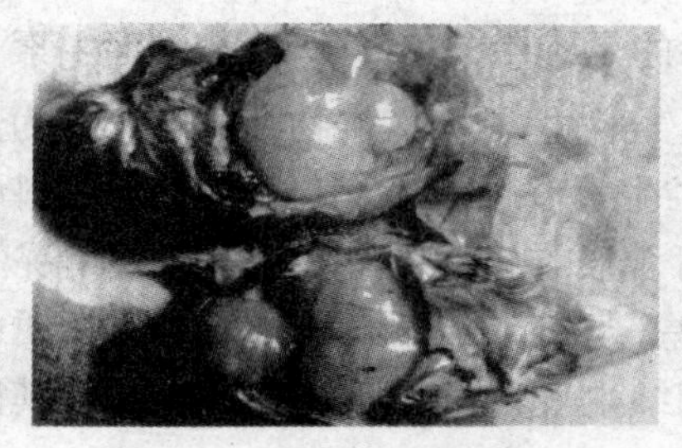

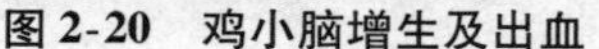
图 2-20　鸡小脑增生及出血

图 2-21　鸡患"脑软化症"

(6) 增加机体免疫力和抗病力。维生素 E 促进抗体的形成和淋巴细胞的增殖,从而提高细胞的免疫反应,提高机体的抗感染、抗肿瘤和抗应激能力。另外,添加适量的维生素 E 有利于改善和保持肉的色、香、味等品质。

2. 维生素 E 的合理供应

具有维生素 E 活性的酚类物质有 8 种,其中以 α-生育酚的效价最高。动物对维生素 E 的需要量用国际单位(IU)和重量单位(mg/kg)表示。1mg DL-α-生育酚乙酸酯相当于 1IU 维生素 E;1mg α-生育酚相当于 1.49IU 维生素 E。

谷实类的胚果中维生素 E 的含量丰富,青绿饲料和优质干草中也含有较多的维生素 E。动物对维生素 E 的需要量受饲料组成、饲料品质、饲料贮存时间以及含硫氨基酸、不饱和脂肪酸、微量元素(铁、铜、硒)和维生素 A、维生素 C 的影响。通常情况下,谷实类饲料贮存 6 个月以上,维生素 E 可损失 30% ~50%。

(五) 维生素 K(抗出血症维生素)

1. 营养生理功能与缺乏症表现

(1) 参与凝血活动。维生素 K 催化肝脏中凝血酶原和凝血质的合成,生成具有活性的凝血酶,可使血液凝固。缺乏维生素 K 导致凝血时间延长,患维生素 K 缺乏症的禽类,可在躯体的任何部位发生出血,也有的在颈、胸、腿、翅和腹腔等部位出现小血斑;雏鸡缺乏维生素 K 时皮下和肌肉间隙出血,断喙时流血不止;母鸡缺乏维生素 K 时产蛋蛋壳有血斑,孵化时鸡胚易出现死亡(图 2-22)。猪缺乏维生素 K 时,皮下出血,尿血,呼吸困难,

图 2-22　鸡的维生素 K 缺乏、贫血

仔猪去势后出血,甚至流血不止而致死。

(2) 参与蛋白质和多肽的代谢。

(3) 具有利尿和强化肝脏解毒作用。

2. 维生素K的合理供应

维生素K是一类萘醌衍生物,其中最重要的是维生素K_1(叶绿醌)、维生素K_2(甲基萘醌)和维生素K_3(钾萘醌)。维生素K_1和维生素K_2是天然产物,维生素K_3为人工合成的产品。各种植物性饲料尤其是青绿饲料中维生素K_1的含量丰富,动物性饲料中维生素K_2的含量丰富。同时,动物消化道的微生物可合成维生素K_2。因而,通常情况家畜不会缺乏维生素K。但家禽因合成维生素K能力差,尤其是笼养情况下不能从粪便中获取维生素K,故易产生缺乏症。生产中常通过补饲维生素K_3来满足家禽的需要,其需要量用重量单位mg或mg/kg表示。

(六) 维生素B族

1. 维生素B族种类

与养殖有关的主要的维生素B族有:维生素B_1(硫胺素)、维生素B_2(核黄素)、维生素PP(烟酸)、维生素B_6(吡哆醇)、泛酸(遍多酸)、维生素B_{12}(氰钴素)、叶酸、生物素等。

2. 维生素B族共性

(1) 维生素B族几乎都含有氮元素。

(2) 都以细胞酶的辅酶或辅基的形式存在,参与蛋白质、碳水化合物、脂肪三种有机物质的代谢。

(3) 很少或几乎不能在动物体内贮存(维生素B_{12}除外),故短时间缺乏或供应不足即可降低相应的酶的活性而阻碍代谢过程,影响动物的健康和生产力的发挥。

(4) 饲料来源相似,广泛存在于各种酵母、优质干草、青绿饲料、青贮饲料、籽实类饲料的种皮和胚芽中(维生素B_{12}只存在于动物性饲料中)。

(5) 可在成年反刍动物的瘤胃中大量合成,故一般不需要由饲料供给。

3. 维生素B族主要营养生理功能与缺乏症

维生素B族主要营养生理功能与缺乏症见表2-3。

表 2-3　维生素 B 族主要营养功能与缺乏症

维生素种类	主要营养生理功能	主要的缺乏症表现
维生素 B_1（硫胺素）	维持神经组织和心脏正常功能； 维持胃肠正常消化机能； 参与氧化、脱羧反应； 影响神经系统能量代谢和脂肪酸合成。	心脏和神经组织功能紊乱，雏鸡患“多发性神经炎”（图 2-23），头向后仰，神经麻痹。 猪胃肠功能紊乱，厌食，呕吐，水肿，生长缓慢，体重下降。
维生素 B_2（核黄素）	参与蛋白质、脂肪、碳水化合物代谢及生物氧化； 与维生素 C 合成和铁代谢有关； 与视觉有关； 为生长和组织修复所必需。	鸡患“卷爪麻痹症”，足爪内弯，跗关节行走，腿麻痹（图 2-24）。 猪患皮炎，皮肤粗糙、脱毛。 幼龄动物食欲减退，生长停滞，眼角分泌物多，伴有腹泻。 母鸡产蛋率、孵化率下降，鸡胚死亡率升高。
维生素 PP（烟酸）	以辅酶Ⅰ、Ⅱ的形式参与三大营养物质代谢； 促进铁的吸收和血红蛋白的生成； 维持皮肤正常功能和消化腺分泌； 多种脱氢酶的辅酶，在生物氧化中起传递氢的作用； 参与蛋白质和 DNA 合成。	生长猪患“癞皮病”，皮炎，皮肤结“黑痂”，生长缓慢，消化功能紊乱，呕吐，肠炎，腹泻。 鸡患皮炎、口腔炎，黑舌症，羽毛蓬乱，生长缓慢，下痢。 母鸡产蛋率、孵化率下降。
维生素 B_6（吡哆醇）	以辅酶的形式参与三大营养物质代谢； 参与抗体合成； 促进血红蛋白中原卟啉的合成。	猪贫血，运动失调，阵发性抽搐和痉挛，昏迷、腹泻； 鸡异常兴奋，惊跑，羽毛粗糙、脱毛，下痢；种鸡孵化率下降； 幼龄动物食欲下降、皮炎。生长发育受阻。
维生素 B_5（泛酸）	为辅酶 A 的成分，参与三大营养物质的代谢； 促进脂肪代谢即类固醇和抗体合成。	猪运动失调，腿内弯，出现“鹅行步伐”（图 2-25），胃肠功能紊乱，腹泻和便血，有鳞片状皮炎，生长缓慢。猪皮炎（图 2-26）。 鸡皮炎，羽毛生长不良，雏鸡眼分泌物增多，眼睑周围结痂（图 2-27）。 母鸡产蛋率、孵化率下降，鸡胚死亡或胚胎皮下出血及水肿。
维生素 B_{12}（氰钴素）	多种酶系统的辅酶，参与核酸、胆碱与蛋白质的生物合成以及三大营养物质的代谢； 促进红细胞的形成与发育； 维持肝脏和神经系统的正常功能。	动物贫血，神经系统损伤，运动失调，食欲减退，皮肤粗糙，抵抗力和繁殖力降低。 仔猪生长缓慢，四肢共济失调。 雏鸡生长缓慢，羽毛不丰，肾脏损伤。 母鸡孵化率下降，出壳雏鸡骨骼异常，胚胎往往在最后一周死亡。

维生素种类	主要营养生理功能	主要的缺乏症表现
叶酸	以辅酶形式参与蛋白质和核酸生物合成以及某些氨基酸的代谢； 促进红细胞、白细胞的形成和成熟。	动物营养性贫血，生长缓慢，慢性下痢，繁殖性能和免疫机能下降。 猪患皮炎，脱毛，消化、呼吸和泌尿器官黏膜损伤。 鸡孵化率降低，羽毛脱色。
生物素	以辅酶的形式参与三大营养物质代谢； 起传递二氧化碳作用，与碳水化合物和蛋白质转化为脂肪有关； 与溶菌酶活化和皮脂腺功能有关。	动物营养性贫血，生长缓慢，皮炎，繁殖机能和饲料利用率下降。 猪出现以鳞片和棕色渗出物为特征的皮炎。 鸡脚趾肿胀、开裂，脚、喙、眼周围发生皮炎，胫骨短粗，种蛋孵化率降低。

图 2-23　雏鸡患“多发性神经炎”

图 2-24　鸡患“卷爪麻痹症”

图 2-25　猪运动失调，出现“鹅行步伐”

图 2-26　幼猪皮炎

图 2-27　鸡口角与眼睑炎症

（七）胆碱

1. 营养生理功能与缺乏症表现

胆碱是细胞的组成成分，是构成和维持细胞结构，保证软骨基质成熟必不可少的物质，并防止骨短粗病的发生；胆碱参与肝脏脂肪代谢，提高脂肪酸在肝脏的氧化利用；胆碱还作为甲基的供体参与甲基代谢，作为乙酰胆碱的成分参与神经冲动的传导。

动物缺乏胆碱时，有食欲丧失、精神不振、生长缓慢、关节肿胀、运动失调、消化不良和贫血、衰竭等症状。鸡缺乏胆碱比较典型的症状是“骨短粗病”和“滑腱症”。母鸡产蛋量减少甚至停产，种蛋孵化率下降。

猪缺乏胆碱出现后腿叉开站立、运动失调的症状。

2. 胆碱的合理供应

以绿色植物、饼粕、谷实类、酵母和动物性饲料中的鱼粉、肉粉以及蛋黄中胆碱最丰富。日粮中若动物性饲料不足，缺少叶酸、烟酸、维生素 B_{12} 和锰时，常导致胆碱缺乏。低蛋白、高能量型日粮需要补饲胆碱，同时适当补充含硫氨基酸和锰。

动物体可利用甜菜碱和蛋氨酸等含硫氨基酸合成胆碱。因此，饲料中补饲廉价的胆碱和甜菜碱，对于节省蛋氨酸有一定的经济意义。

（八）维生素 C（抗坏血病维生素、抗坏血酸）

1. 营养生理功能与缺乏症表现

维生素 C 参与细胞间质胶原蛋白的合成，在机体氧化过程中，起传递氢和电子的作用；在体内具有杀灭细菌、病毒、抗氧化和缓解铅、砷、苯和某些细菌毒素毒性的作用；可促进铁的吸收、促进抗体的形成、增强机体免疫功能和抗应激能力。

动物维生素 C 缺乏时，毛细血管通透性增加，易引发皮下、肌肉、肠道黏膜出血，使创口溃疡不易愈合，易患“坏血病”。

动物缺乏维生素 C 时，食欲下降，体重减轻，活动力丧失，被毛无光，皮下与关节弥漫性出血，贫血，抗病力和抗应激能力下降。

母鸡缺乏维生素 C 时产蛋量减少，蛋壳质量下降。

2. 维生素 C 的合理供应

由于维生素 C 的毒性很低，通常动物可耐受需要量的数百倍，因此，动物对维生素 C 的需要量没有规定。加之青绿饲料、块根鲜果中含量丰富，动物体内可以合成，在养殖实践中一般不必补饲。但当动物处于高温、高产、运输、接种等应激状态，合成维生素 C 的能力下降且消耗量增加，此时应额外补充维生素 C。日粮中能量、蛋白质、维生素 E、铁和硒不足时，也会增加对维生素 C 的需要量。

养殖业的发展证实了添加维生素 C 对于提高蛋鸡产蛋率、提高肉鸡重量、提高雏鸡生长均匀度和成活率、提高公鸡授精力效果极佳。同时，对于提高仔猪成活率和公猪精液品质效果明显。

（九）维生素的理化特性与生产中需要补饲的维生素

1. 维生素的理化特性

维生素的理化特性见表 2-4。

表 2-4 维生素的理化特性

维生素种类	理化特性
维生素 A	纯净的维生素 A 为黄色片状结晶体。在阳光照射、加热或与微量元素及酸败的脂肪接触时,极易被氧化破坏而失去生理作用
维生素 D	纯维生素 D 为无色晶体。性质稳定,耐热,不易被酸、碱、氧化剂破坏。但紫外线照射、酸败的脂肪及碳酸钙等无机盐可破坏维生素 D
维生素 E	为黄色油状物。不易被酸、碱及热破坏,但极易被氧化
维生素 K	维生素 K_1 为黄色油状物,维生素 K_2 为黄色晶体。耐热,但易被光、碱和强酸所破坏
维生素 B_1(硫胺素)	在干热和酸性溶液中稳定,在碱性溶液中易被氧化
维生素 B_2(核黄素)	极易溶于碱性溶液,对酸相当稳定,对光和碱不稳定
维生素 PP(烟酸)	遇酸、碱、热及氧化剂均不易被破坏,性质稳定
维生素 B_6(吡哆醇)	在酸性溶液中稳定,在碱性溶液中极易被破坏,怕光
维生素 B_5(泛酸)	对氧化还原剂稳定,干热、酸碱中加热被破坏
维生素 B_{12}(氰钴素)	遇强酸、强碱、氧化剂以及日光照射均被破坏
叶酸	对空气和热稳定,室温保存易损失,在酸性溶液中加热易分解,能被可见光和紫外线分解
生物素	耐酸、碱和热,遇氧化剂被破坏
胆碱	对热稳定,在强酸条件下不稳定,吸湿性强
维生素 C	白色或微黄色粉状结晶。有酸味,在弱酸中稳定,遇碱或加热、遇光或金属离子(特别是 Fe^{3+}、Cu^{2+})易被氧化分解

2. 生产中需要补饲的维生素及添加量

生产中需要补饲的维生素见表 2-5。

表 2-5 生产中需要补饲的维生素

畜禽种类	需要补饲的维生素种类
猪	维生素 A、维生素 D、维生素 B_{12}、泛酸、维生素 PP、胆碱。为了防止应激和亚临床缺乏症,可添加维生素 E、维生素 K、维生素 B_6 和生物素
家禽	维生素 A、维生素 D_3、维生素 E、维生素 K、维生素 B_{12}、维生素 B_2、泛酸、维生素 PP、胆碱。维生素 B_1、维生素 B_6、生物素和叶酸一般可满足需要
反刍动物	维生素 A。出现应激或处在高生产水平时,需要补充维生素 B_1 和烟酸。断奶新生犊牛应补充所有维生素

在NRC标准中，维生素的添加量使用的是“最低需要量”，它是以不发生特定的缺乏症为供应依据的，但生产中，维生素的需要量受多种因素的影响，因此，超量使用维生素已成为国内外获得动物最佳生产效益的有效手段之一。

六、畜禽对水分的利用及其合理供应

（一）动物体内水的来源

动物体的水分主要来源于饮水、饲料水和代谢水。

1. 饮水

这是动物水分的主要来源。动物饮水水质必须符合标准与卫生要求。其中总可溶固形物浓度（可溶总盐分浓度）是检查水质的重要指标。理想的饮用水中固体物含量为150mg/L，低于500mg/L对幼龄动物无害，高于7000mg/L可导致动物腹泻，高于10000mg/L则不能饮用。1000～5000mg/L为安全范围。

2. 饲料水

饲料种类不同，水分含量差异很大。由高向低依次为青绿多汁饲料（水分75%～95%）、青贮饲料（水分80%）、新鲜糟渣（水分65%～75%）、籽实类饲料（水分12%～15%）、配合饲料（水分10%～15%）、干粗饲料（水分5%～12%）。

3. 代谢水

指蛋白质、碳水化合物、脂肪三种有机物在体内氧化分解和合成过程中所产生的水分。每克碳水化合物、脂肪、蛋白质氧化分别产生0.6mL、1.07mL、0.41mL水；一个分子葡萄糖参与糖原合成可产生一个分子水，甘油和脂肪酸合成一个分子脂肪时可产生3个分子水，n分子氨基酸合成蛋白质时，产生$n-1$个分子水。代谢水仅能满足动物需水量的5%～10%。

（二）动物体内水的排泄途径

动物不断从饲料、饮水和代谢过程中获取水分，同时也将水分不断地排出体外以维持机体的水的平衡。

1. 粪尿排泄

动物随尿排出的水量占总排出量的50%左右。但动物的排尿量因饮水量增多而增多；因环境温度增高、活动量增大而降低。

随粪便排出的水量，因动物种类不同而存在差异。一般马牛的粪便含水量高，羊、猫、狗的粪便含水量少。

2. 皮肤和肺脏蒸发

皮肤失水有皮肤表面蒸发和排汗两种方式。具有汗腺的动物处在高温时，经出汗排出大量水分，如马的汗液含水量约94%。汗腺不发达或缺乏汗腺的动物，体内水的蒸发多以水蒸气的形式经肺脏呼气排出。环境温度增高和活动量增大则肺脏呼出的水量增加。

3. 动物产品排泄

如奶牛每产1kg奶可排出0.87kg水，家禽每产1枚重60g的蛋可排出42g以上的水。

（三）动物需水量与缺水的后果

因动物的需水量受多种因素的影响，故很难确切的估计动物的需水量。生产中，动物的需水量（不含代谢水）常以采食饲料干物质量来估计。牛羊3～4kg/DMkg；猪和家禽约2～3kg/DMkg，猪在高温环境下需水量可增至4～4.5kg/DMkg。

动物短期缺水即影响生产力：泌乳动物产奶量急剧下降；母鸡产蛋量迅速减少，蛋重减轻，蛋壳变薄。如母鸡断水24h，产蛋量可下降30%，在恢复供水后，需要经过25～30d才能恢复正常产蛋；若断水36h，母鸡则不能恢复正常产蛋。

动物长期饮水不足则损害健康。缺水早期动物有口渴感，食欲减退，尿量减少，继而出现严重口渴，食欲丧失，消化机能减弱，机体免疫力和抗病力减弱。

动物严重缺水可危及生命。因各组织器官缺水，动物常因组织内积蓄有毒的代谢产物而死亡。因此，生产中必须保证动物的供水。

（四）合理供水

1. 考虑影响动物需水量的因素

不同种类动物的需水量不同，一般哺乳动物的需水量相对较多。幼龄动物比成年动物的需水量大，因幼龄动物处于生长发育期，代谢旺盛，需水量多。生产性能是决定需水量的重要因素，高产动物比同类低产动物的需水量大，如日产乳40kg的奶牛，每天需水100～110kg，而日产奶10kg的奶牛，日需水量仅为45～50kg。再如妊娠母畜的需水量高于空怀期，产蛋期的母鸡比休产期母鸡的需水量高50%～70%，泌乳期母牛的需水量为体重的1/7～1/6，而干奶期母牛需水量仅为体重的1/14～1/13。

除了动物本身的因素外，气温条件对动物需水量的影响显著，气温高于30℃，动物需水量明显增加；气温低于10℃，动物需水量明显减少。饲料中粗蛋白质、粗纤维、矿物质含量高时，动物的需水量增加。

2. 采用自动饮水方法

目前，生产中已使用各种自动饮水设备，使动物需要水的时候，可随时饮用到清洁的水。

3. 饮水注意事项

如果没有自动饮水设备，需要注意：饮水次数与饲喂次数基本相同，并先饲喂后饮水；

饲喂易发酵的豆类、苜蓿草时，应在饲喂完 1 ~2h 后再给动物饮水，以防造成鼓胀；初生一周内的动物最好饮用 12℃ ~15℃的温水；放牧的动物应在出牧前给以充足的饮水，以防出圈饮脏水、冰水而引发胃肠炎或致妊娠母畜流产。

七、畜禽对能量的转化利用规律及其实践意义

动物维持生命活动需要能量。饲料中蛋白质、碳水化合物、脂肪三种有机物在动物体内的代谢过程就伴随着能量的转化。实际上，营养物质代谢和能量转化是动物体内新陈代谢同一过程的两种不同的表现形式。

（一）动物能量的来源

动物所需要的能量来源于饲料中三种有机物：碳水化合物、脂肪和蛋白质。

碳水化合物（淀粉和纤维素）是动物能量的主要来源。寡糖和各种淀粉是单胃动物能量的主要来源。动物在产奶、产蛋等过程中虽然可动用体内贮存的糖原、脂肪和蛋白质供能，但比直接使用饲料供能的效率低。反刍动物主要是通过瘤胃微生物对纤维素的发酵获取所需要的能量。脂肪是特殊情况时动物所需要能量的补充。

（二）能量在动物体内的转化规律

饲料能量在动物体内的转化过程如图 2-28 所示。

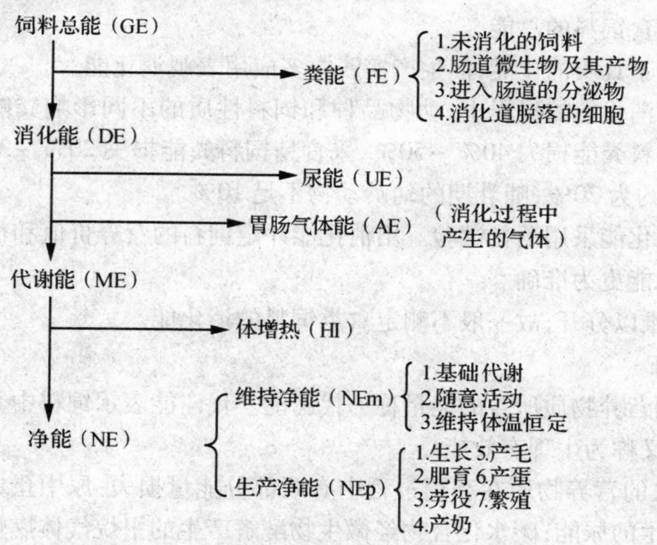

图 2-28　饲料能量在动物体内的转化过程

1．总能（GE）

饲料中三种有机物完全燃烧（体内为氧化）所产生的能量总和称为总能。三种有机物的平均能值（kJ/g）为：碳水化合物17.35，蛋白质23.64，脂肪39.54。

每种饲料（矿物质除外）都有一个总能值。但总能只表示饲料完全燃烧后化学能转变成热能的多少，并不能说明被动物利用的有效程度，如营养价值不同的植物性饲料的总能值差异不大。因此，总能不反映饲料真实的营养价值。但总能是评定能量代谢过程中其他能值的基础。

2．消化能（DE）

饲料可消化营养物质中所含有的能量称为消化能。消化能可反映饲料能量被消化吸收的程度。动物采食饲料后，未消化吸收的营养物质等随粪便排出体外，粪便燃烧所产生的能量称为粪能。进食的饲料总能减去粪能为消化能，其表示式：

$$ADE = GE - FE$$

$$TDE = GE - (FE - FmE)$$

式中：ADE为饲料表观消化能；

TDE为饲料的真实消化能；

FE为进食饲料所排出的粪能；

FmE为代谢粪能；

GE为进食饲料的总能。

表观消化能低于真实消化能，但生产实践中多应用表观消化能。

在总能转化为消化能的过程中，动物品种和饲料性质的不同影响粪能的丢失量。如反刍动物采食粗饲料粪能损失40%～50%，采食精饲料粪能损失20%～30%。马的粪能损失约为40%，猪约为20%，哺乳期的幼龄动物不足10%。

测定饲料的消化能采用消化试验。用消化能评定饲料的营养价值和估计动物的能量需要量比用饲料总能更为准确。

禽类的粪、尿难以分开，故一般不测定禽类饲料的消化能。

3．代谢能（ME）

饲料的可利用营养物质所含的能量称为代谢能。代谢能表示饲料中真正参与动物体内代谢的能量，故又称为生理有效能。

饲料中被吸收的营养物质在利用过程中有两部分能量损失：尿中蛋白质的尾产物尿素、尿酸等燃烧产生的尿能；碳水化合物经微生物酵解产生的甲烷气体燃烧所产生的胃肠甲烷气体能。因此，代谢能为消化能减去尿能和胃肠甲烷气体能。其表示式为：

$$ME = DE - UE - AE$$

或

$$ME = GE - FE - UE - AE$$

式中：ME 为饲料代谢能；

UE 为尿能；

AE 为胃肠气体能。

一般情况下，猪的尿能占采食总能的 2% ~3%，牛的尿能占总能的 4% ~5%。据测定，每克尿素（哺乳动物尿中的含氮化合物主要是尿素）含能量 23kJ，每克尿酸（禽类）含能量 28 kJ。

通常反刍动物损失的甲烷气体占总能的 6% ~8%，猪的损失量少可忽略不计。为此，不同动物代谢能的表示式为：

反刍动物：$ME = DE - UE - AE$

禽：$ME = DE - FE$

猪：$ME = DE - UE$

测定饲料的代谢能常采用代谢试验，即在消化试验的基础上增加收集尿和甲烷气体的装置。用代谢能评定饲料的营养价值和动物能量需要比消化能更明确了饲料能量在动物体内的转化利用程度。

4．净能（NE）

指饲料总能中完全用来维持动物生命活动和生产产品的能量。前者称为维持净能（NEm），后者称为生产净能（NEp）。

（1）体增热。代谢能在动物体内的转化过程中，有部分能量以体增热［也称热增耗（HI）］的形式丢失。体增热（包括发酵热和营养代谢热）是指绝食动物给饲后，短时间内体内产热量高于绝食代谢产热的那部分热能。这部分热能经体表散失。体增热代表代谢中被用于养分的转化和代谢作用所消耗的热量。一般占食入总能的 10% ~40% 不等。在冷应激时，动物可利用体增热维持体温，但在热应激环境中，体增热是一种负担。因此，设法降低体增热是提高饲料利用率和动物生产水平的主要措施之一。

（2）发酵热（HF）。指饲料在消化过程中由消化道微生物发酵产生的热量（主要对草食动物而言）。反刍动物的发酵热约为食入总能的 5% ~10%，非草食动物忽略不计。

（3）营养代谢热（HNM）。指动物采食饲料后，体内代谢加强而增加的产热量。

净能为代谢能减去体增热。其表示式为：

$$NE = ME - HI \text{ 或 } NE = GE - FE - UE - AE - HI$$

测定饲料的净能，除进行代谢试验外，还需要测定饲料在动物体内的体增热。由于净能与产品密切相连，故用净能评定饲料的营养价值比代谢能又进一步。但测定净能所需装置复杂，测定费时费工。

综上所述，GE、DE、ME、NE 均可评价饲料的能量营养价值，但由于动物采食饲料能量后，经消化、吸收、代谢及合成等过程，70% ~ 80% 的能量以粪能、尿能、气体能、体增热和维持净能的形式损失了，仅有少部分转化为不同形式的产品净能供人类利用。因此，评定饲料能量营养价值和估计动物能量需要时，其准确性以 GE 最差，NE 最高。

（三）能量转化规律的实践意义

合理利用饲料能量，提高饲料能量利用率是动物养殖业一项重要任务。

1. 饲料能量利用效率

动物食入饲料能量，在体内经过代谢转化，最终转化为产品净能，这种投入的能量与产出的能量的比例关系称为饲料能量利用效率。

$$饲料能量利用效率 = \frac{产品能值}{食入饲料总能} \times 100\%$$

饲料能量利用效率常用总效率和纯效率两种指标表示：

（1）总效率。指产出产品中所含的能量与进食饲料的有效能（消化能或代谢能）之比。其计算式：

$$总效率 = \frac{产品能值}{进食有效能值（包括维持能量）} \times 100\%$$

（2）纯效率。指喂给动物的能量水平高于维持需要时，产出的产品能值与进食有效能扣除用于维持需要的有效能值之比。其计算式：

$$纯效率 = \frac{产品能值}{进食有效能值 - 用于维持需要有效能值} \times 100\%$$

2. 影响能量利用效率的因素

总效率和纯效率受动物种类、日粮性质、能量水平、环境温度、饲养技术等多种因素的影响。有效能占饲料总能的比例愈高，用于维持需要所占的比例越小，则效率越高。

母畜对饲料能量利用率高于公畜；单胃动物用于生长发育的代谢能效率比反刍动物高。

生产目的不同，能量的利用效率不同，其转化效率由高向低的排列顺序为：维持 > 产奶 > 生长、肥育 > 妊娠和产毛。

不同营养素的体增热不同，其中蛋白质的体增热最大，饲料中缺乏某些矿物质（如钙、磷）或维生素（如核黄素）会使体增热增加，净能减少。

动物处于适宜的温度环境时，用于维持的能量最少，用于生产的能量最多。

3. 畜禽的能量供应体系

能量是动物的第一营养需要，没有能量就没有动物体的所有功能活动和生命维持，因此，充分满足动物的能量需要具有十分重要的意义。

由于净能完全用来维持动物生命活动和生产动物产品，用净能衡量动物的营养需要应是必然趋势，但考虑测定净能的数据来源的难易程度，目前我国采用的是一种简便的能量供应体系。

我国目前采用的畜禽能量供应体系

采用消化能作为猪的能量指标，以表示猪对能量的需要和猪饲料的能值。

禽采用代谢能作为能量指标。

反刍动物采用净能作为能量指标。奶牛采用奶牛能量单位，缩写为NND(汉语拼音字首)，即1kg含脂4%的标准乳能量为3138kJ，产奶净能为1个NND。

肉牛采用肉牛能量单位，缩写成RND，即1kg中等质量的玉米所含的综合净能8.08MJ，为1个RND。

单元三 畜禽营养需要及其饲养标准

学习导航

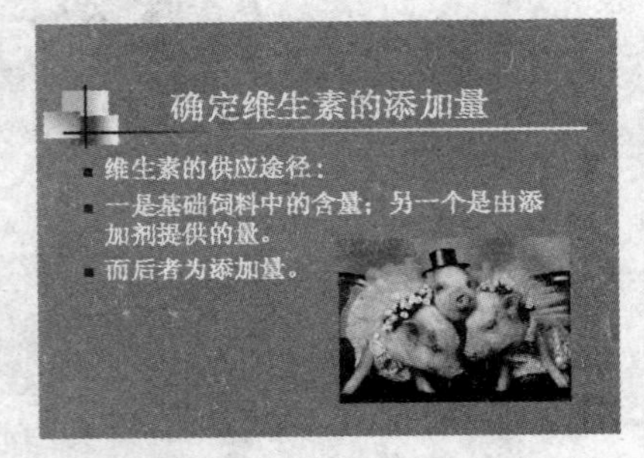

了解营养需要与饲养标准的基本概念

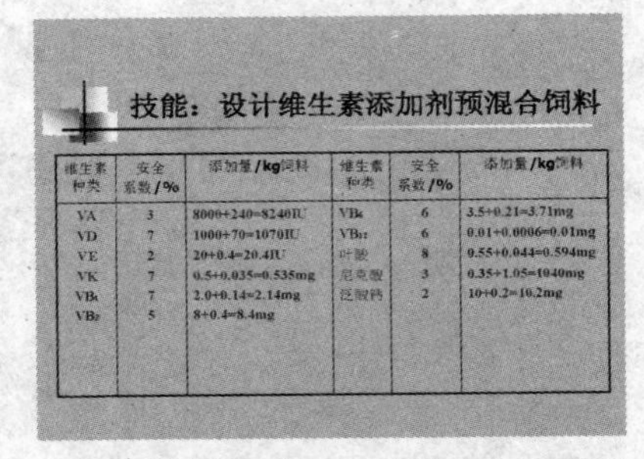

掌握饲养标准营养指标的含义与应用

动物营养学家通过不断的努力，将对合理饲养动物有定量指导意义的成果，总结成系统的文件资料由权威机关颁布，作为饲养动物的指南，这就是饲养标准。

掌握饲养标准中各营养指标的含义，正确使用饲养标准指导饲养实践，降低畜禽的维持需要和满足其生产需要，是畜牧生产的重要任务。

知识引擎

一、营养需要与饲养标准的基本概念

（一）营养需要

营养需要指动物达到预期的生产性能时，每天对能量、蛋白质、氨基酸、矿物质、维生素等养分的需要量。动物的营养需要一部分用于维持需要，以满足动物的基础代谢、自由

活动和维持体温的需要；一部分用于生产需要，摄食的总养分含量减去维持需要称为生产需要。生产需要表现为动物的生产和生长，对人类真正有用。

（二）维持需要

1. 维持需要

饲料中的营养物被畜禽摄食后，不可能百分之百地转化为畜产品，其中大部分养分被损耗了，包括：饲料中未被消化吸收的部分；虽然吸收但动物体内合成产品过程中损失的部分；维持动物本身生命活动所必需的养分部分。因此，动物处于维持状态下的养分需要就是维持需要。

2. 维持需要的意义

维持需要是指在不从事任何生产，只是维持正常的生命活动，包括维持体温、保持体重和体态、体内各种营养物质相对平衡的情况下，动物对各种营养物质的最低需要量。生产中，动物很难处于绝对的平衡状态，因此，通常将干奶或空怀的成年母畜、非配种季节的成年公畜、休产的母鸡等视为维持状态。

在动物生产中，维持需要属于非生产性活动消耗，在经济上无收效，是一项重要的支出。但畜禽不同的生产活动都是在维持的基础上进行的，因此，维持需要又是必要的损耗，因为只有在满足维持需要的基础上，多余的养分才可能用于生产。畜禽用于维持需要的比例越大，饲料转化率越低。所以，研究维持需要的目的在于尽可能地降低维持需要的份额，以期提高生产的经济效益。

3. 影响维持需要的因素

动物的年龄、生理状态、生产水平以及饲料质量、环境温度、自然条件等均可影响动物的维持需要。例如，幼龄畜禽的维持需要高于成年畜禽，公畜的代谢消耗高于母畜，体重越大的动物维持需要量越大，单位体重所具有的体表面积越大则维持需要量越多。按单位体重需要计算，鸡最高，猪次之，马、牛羊最低。动物的自由活动量越大，用于维持的能量越多，故肉用畜禽应适当限制活动。动物在“等热区”的代谢率最低，因此，在饲养中应注意调节舍温。

（三）饲养标准

饲养标准是根据科学试验结果并结合实际生产经验，规定的每头动物在不同的生产水平或生理阶段，对各种养分的需要量。饲养标准通常有两种表示方法：一是每头畜禽每日所需要的各种营养物质的数量；一是针对群体饲养且自由采食的畜禽，以每千克饲粮中各种营养物质的含量或所占百分数表示。

（四）饲料成分及营养价值表

饲养标准除了公布营养需要外，还包括常用的饲料成分及营养价值表。《中国饲料成分及营养价值表》随着时间的推移，颁布有不同的版本，即使是同一种饲料，由于来源的不同，其营养成分也可能相差很大。所以，在选用饲料营养成分数据前，应尽可能查询最新的版本，同时了解所选饲料的地域、土壤、生长、加工、贮藏等特性，有条件时，可通过实际检测获得数据。

二、饲养标准营养指标的含义与应用

（一）饲养标准中营养指标的含义

1. 能量

能量的指标因畜种不同而异。猪、羊等用消化能，家禽用代谢能作为能量指标，这与发达国家的饲养标准相一致。奶牛以产奶净能表示，并以 3138kJ 产奶净能为 1 个奶牛能量单位（NND）；肉牛用产肉性能表示，能量单位一般用 kJ/kg 或 MJ/kg 表示。

2. 蛋白质

饲养标准中蛋白质需要量的指标有粗蛋白质、可消化粗蛋白质、小肠可消化粗蛋白质，通常以百分数或克表示。

3. 能量蛋白比

指每千克饲粮中能量与粗蛋白质的比值，常以 MJ/% 表示。家禽用蛋白质与能量比值，常以 g/kJ 表示。

4. 氨基酸

标准中以百分含量或每日每头需要的克数表示。

5. 常量元素

主要考虑钙、磷（有效磷）、钠、氯、钾、镁等，饲粮中以百分数或 mg/kg 表示。

6. 微量元素

主要考虑铁、铜、锌、锰、硒、碘等，饲粮中以 mg/kg 或每日每头需要的毫克数（mg）表示。

7. 维生素

维生素 A、维生素 D、维生素 E、维生素 K 以每千克饲粮中含有多少国际单位（IU/kg）或毫克（mg/kg）表示。其他 B 族维生素多以每千克饲粮中含有多少毫克（mg/kg）或每日每头需要多少毫克表示。

（二）饲养标准的特性与应用

1. 科学性和先进性

饲养标准反映了动物生存、生产对饲养和营养物质的客观要求，体现了动物营养和饲料领域最新研究进展与研究成果，具有很强的科学性和先进性。饲养标准为畜禽生产计划中组织饲料供给、设计饲粮配方、生产平衡饲粮和实行标准化饲养提供技术指南和科学依据。

2. 权威性和指导性

饲养标准是在高度概括和总结动物营养科学和饲料科学领域研究成果的基础上，经过严格的审定程序，由权威行政部门颁布实施的，因此具有权威性。其科学性和先进性决定了可避免生产中的盲目性和随意性，对于保证畜禽健康，合理利用饲料和降低生产成本，提高生产性能和产品品质有着重要的指导意义。

3. 条件性和局限性

饲养标准所列出的营养需要量，是在理想的试验条件下，保证动物获得最高生产性能时的养分需要量的平均值，并未充分考虑实际生产情况下各种因素对营养需要量的影响，饲养实践中任何具体的情况变化均可能改变动物的营养需要量和饲料利用效率。因此，饲养标准产生和应用条件的特定性和实际生产条件的多样性以及变化性决定了饲养标准的局限性。

(1) 在实际应用饲养标准时，必须仔细分析饲养标准与应用动物的适合程度，重点把握饲养标准所要求的条件与应用动物实际的生产条件是否适宜。

(2) 饲养标准所规定的营养需要量不可能适合所有的不同条件，因此，营养“定额”并不是在任何条件下都固定不变的，实际应用时需因地制宜做出适当调整，切不可机械照搬。

(3) 饲养标准中规定的营养定额，并未考虑动物产品以及饲料的市场价格，因此，最大生产性能饲料不一定是最佳效益饲料。因此，实际应用时还需要贯彻营养、效益相统一的原则。

三、畜禽生产的营养需要

不同畜禽、同种畜禽的不同生理阶段以及不同生产目的的同种畜禽，其生产需要是不同的，根据畜禽生产类型，将生产需要划分为生长、肥育、繁殖、泌乳、产蛋、产毛、产绒及使役等。

生产需要和维持需要是相互制约的、复杂的两个方面，确定生产需要主要依据动物产品中的养分含量以及饲料转化为产品养分的利用率。从实际使用的角度出发，生产中可依据我国颁布的猪、鸡以及奶牛饲养标准（见书后附录），结合实际情况配合日粮或配合饲料。

单元四 畜禽常用饲料及其加工利用

学习导航

掌握畜禽常用饲料种类与营养特性

正确进行常用饲料的加工利用

饲料是动物赖以生存和生产的物质基础,动物产品如肉、奶、蛋、毛、皮、绒等都是动物摄食饲料中的营养物质并经体内转化而产生的。饲料中营养物质的转化利用程度是动物生产效率的具体体现。为此,了解饲料的分类方法,识别常用的饲料种类,掌握饲料的营养特性与加工利用方法,是科学饲养的重要保证。

知识引擎

一、饲料与饲料分类

(一) 饲料与饲料原料

1. 饲料

饲料是指能提供饲养动物所需养分,保证健康,促进生长和生产,且在合理使用下不发生有害作用的可饲物质。

2. 饲料原料(单一饲料)

指以一种动物、植物、微生物或矿物质为来源的饲料。在饲料工业中,饲料原料是根据动物营养需要,按饲料配方生产配合饲料的重要组分。

饲料原料不等同于天然饲料。例如,有些粗饲料、青绿饲料、青贮饲料不能作为原料在配合饲料工业生产中应用,而维生素、微量元素、氨基酸等添加剂却是配合饲料不可缺少的组成成分。

(二) 饲料的分类

饲料种类繁多,分类方法也有多种,如根据来源将饲料分成动物性饲料、植物性饲料、矿物性饲料以及特种饲料;根据习惯将饲料分成青饲料、粗饲料和精饲料。从饲料营养特点的角度分类的有两种:第一种是1963年由美国 L. E. Harris 提出的国际饲料分类原则与编码体系,已被多数国家承认和接受;第二种是20世纪80年代初,根据国际饲料分类原则并结合我国传统分类体系提出来的我国的饲料分类和编码体系。

1. 国际分类法

国际分类法以饲料的自然含水量、干物质中粗纤维的含量、干物质中粗蛋白质的含量为依据,按照饲料的营养特性将饲料分成粗饲料、青绿饲料、青贮饲料、能量饲料、蛋白质饲料、矿物质饲料、维生素饲料和饲料添加剂八大类。

国际饲料分类的编码有6位,编码分为3节,首位数即代表饲料归属的类别,如首位数是5即表示是蛋白质饲料,后5位数按饲料的重要属性给定编码。

2. 我国现行的饲料分类法

中国现行的饲料分类法是在国际饲料分类法的基础上将饲料分成八大类,然后按照我国传统的饲料分类习惯划分为17亚类。中国饲料分类编码共7位数,分三节,第一节由1位数组成,即首位数1~8为八大类分类编号;第二节由两位数组成,即第2、3位数按照饲料的来源、形态、生产加工方法等属性为17亚类编号,第4至第7位数是具体饲料顺序号。例如,磷酸氢钙的分类编码是6-14-0002,即表明是第六大类的矿物质饲料,14表示矿物质类,0002是个体编号。

3. 中国现行饲料分类及第2、3位数编码

见表4-1。

表 4-1 中国现行饲料分类及第 2、3 位数编码

第 2、3 位数编码	饲料种类	前三位数分类码的可能形式	分类依据
01	青绿饲料	2-01	自然含水
02	树叶	1-02,2-02,(5-02,4-02)	水、纤维素、蛋白质
03	青贮饲料	3-03	水、加工方法
04	块根茎、瓜果	2-04,4-04	水、纤维素、蛋白质
05	干草	1-05,(5-05,4-05)	水、纤维素、蛋白质
06	蒿秕农副产品	1-06,(4-05,5-05)	水、纤维素
07	谷实	4-07	水、纤维素、蛋白质
08	糠麸	4-08,1-08	水、纤维素、蛋白质
09	豆类	5-09,4-09	水、纤维素、蛋白质
10	饼粕	5-10,4-10,(1-10)	水、纤维素、蛋白质
11	糟渣	1-11,4-11,5-11	纤维素、蛋白质
12	草籽、树实	1-12,4-12,5-12	水、纤维素、蛋白质
13	动物性饲料	5-13	来源
14	矿物性饲料	6-14	来源、性质
15	维生素饲料	7-15	来源、性质
16	饲料添加剂	8-16	性质
17	油脂类饲料及其他	8-17	性质

二、粗饲料的常用种类与利用

粗饲料是指天然水分在 45% 以下，干物质中粗纤维含量≥18% 的饲料。这类饲料主要包括干燥制成的干草以及干草粉(1-05-0000)；农副产品类，如秸秆、秕壳、藤蔓等(1-06-0000)；糟渣类(1-11-0000)；草籽、树实类(1-12-0000)和树叶类(1-02-0000)等。这类饲料的共同特点是体积大，粗纤维含量高，难消化，尤其是较迟收割后经干燥制成的劣质干草和秸秕类，其木质素的含量增大，可利用的养分少且营养价值低。但是，粗饲料的来源广，产量高，价格低，是草食动物饲粮的主要成分。

(一) 青干草

1. 青干草

青干草指青草或其他青绿饲用植物在未结籽实前刈割，经自然或人工干燥制成的饲料。青干草具有颜色青绿、气味清香、制作简便、容易贮藏的特点。

2. 青干草的种类

按照饲用植物来源的不同分为天然草地青干草和栽培青干草两大类。栽培青干草主要为豆科青干草(苜蓿、草木樨、箭筈豌豆等)和禾本科青干草(黑麦草、苏丹草等)。天然草地牧草主要是禾本科的羊草、芨芨草、披碱草和少量的豆科、菊科牧草;按照刈割调制的季节分为"伏草"(立秋前,处于抽穗、开花期调制的牧草)、"秋草"(下霜前,处于结实期调制的牧草)、"霜黄草"(下霜后,草叶枯黄但茎部仍有绿色时调制的牧草)。

3. 青干草的营养与饲用价值

青干草的营养价值决定于原料种类、生长阶段和调制技术等。一般豆科植物制作的干草其蛋白质的含量高于禾本科,蛋白质范围为7% ~20%;而豆科、禾本科作物调制的干草之间在能量方面没有显著的差异,消化能约在10MJ/kg左右。青干草的粗纤维为20% ~30%,胡萝卜素含量为5~40mg,维生素D为16~35mg/kg。

青饲料调制为干草后,虽然维生素D有所增加,但干物质损失量为18% ~30%。

青干草是草食动物基本和主要的饲料,它不仅是一种必备饲料,而且还是饲料的一种贮备形式,可以调节青饲料供应的淡旺季,缓冲枯草季节青饲料的不足。

4. 青干草的调制

青干草的调制方法有自然干燥法和人工干燥法。自然干燥法是目前普遍采用的方法,此法简便、成本低,但营养物质损失较多。人工干燥法是利用各种能源进行人工脱水干燥,干草的品质好,但成本高。优质干草绿色成分越多营养损失越少,同时,具有清新芳香的气味和较多的叶片。

(1) 田间干燥法。青绿牧草刈割后就地或选择高燥、平坦处将其摊开曝晒,每隔数小时翻草1次,在阳光充足情况下,通常12h后水分可降至50%左右。此时可将牧草拢成约0.5m高的小堆,每天翻动1次,使其逐渐风干至水分含量为15% ~17%(青干草达到能够贮存时的水分含量)。如遇阴雨天气,可用塑料布等覆盖防雨,待天气晴好时,再翻晒直至干燥。这种方法的优点是初期脱水的速度快,减少了植物细胞呼吸作用造成的营养损失;后期接触阳光曝晒的面积较小,从而较好地保存了牧草中的胡萝卜素。

(2) 草架干燥法。适宜于多雨季节或降水量较多地区。为防止地面潮湿导致牧草霉烂和养分损失,将经过曝晒、水分降至40% ~50%的牧草,自下而上逐渐堆放在预先建造好的草架上,直至水分含量降为15% ~17%。这种方法可获得品质优良的干草,但建造草架需耗费一定的人力和物力。

(3) 人工干燥法。此法是利用人工热源加温使饲料脱水,通常温度越高,干燥的时间越短,效果越好。这种方法的优点是干燥时间短,营养物质损失小,保持了饲料的青绿本色,但机械设备的耗资大。

（二）草粉

优质青草粉营养丰富，含可消化粗蛋白质16%～20%，粗纤维含量不超过22%～35%，各种氨基酸占6%，同时，还含有维生素K、维生素E、维生素B族和微量元素等，故草粉在国外被当做维生素、蛋白质饲料，成为配合饲料的重要成分，年饲喂量很大，其价格比黄玉米高。

优质草粉取决于原料的营养成分及其加工工艺。加工优质青草粉的原料主要是豆科牧草，经过刈割晾晒、高温干燥、茎叶分离等工序后制成。

（三）秸秕类

1. 秸秕

秸秆和秕壳是农作物脱谷收获籽实后所得的副产品，秸秆主要由茎秆和经过脱粒剩下的叶子组成，秕壳由从籽粒脱落的碎片和少量的破碎的颗粒组成。

2. 秸秕饲料的主要种类

（1）秸秆类。主要有稻草（含粗蛋白质3%～5%，灰分含量较高，缺乏钙元素）、麦秸（小麦秸秆粗纤维含量高，大麦秸较易消化，其蛋白质含量比小麦秸高，燕麦秸营养价值最高）、玉米秸（青绿时胡萝卜素的含量较多）、豆秸（以蚕豆和豌豆秸蛋白质含量最高，但含粗纤维高、质地较坚硬）、谷草（粟的秸秆，质地柔软厚实，可消化粗蛋白质均高于稻草和麦秸）。

（2）秕壳类。主要有谷壳、高粱壳、花生壳、豆荚、棉籽壳等。其中大豆荚是比较好的粗饲料，饲用价值较好，适宜于饲喂反刍动物，一般来说，荚壳的营养成分高于秸秆。

3. 秸秕类饲料的营养特点

（1）粗纤维含量高达30%～45%，其中木质素为6%～12%，消化率低。

（2）蛋白质含量低，品质差。粗蛋白质一般为2%～8%，缺乏限制性氨基酸。

（3）粗灰分含量高，利用率低。粗灰分中含有大量的硅酸盐，钙、磷含量少且利用率低。

（4）维生素含量极低。

4. 高纤维糟渣类

这类饲料主要是制糖和制粉的副产品，包括甘蔗渣、甜菜渣、红薯、蚕豆和马铃薯粉渣等。其粗纤维含量高达30%～40%，蛋白质和可溶性碳水化合物含量低，营养特点与饲用价值与秸秕类饲料基本相同。

5. 树叶类

大多数树木的青叶、落叶及其嫩枝和果实都可作为畜禽饲料。树叶的营养价值远高于秸秕类，其中优质的青树叶是畜禽良好的蛋白质和维生素饲料来源，如紫穗槐、洋槐、银合欢等树叶。据分析，柳、桦、赤杨等青树叶中胡萝卜素的含量为110～130mg/kg，核桃树叶含有丰富的维生素C，松柏叶中还含有维生素E、维生素K、维生素B_{12}和铁、锰、钴等多种微量元素。

一般鲜嫩树叶的营养价值最高，其次是青干叶粉、青落叶，枯黄干叶营养价值最低。

(四) 粗饲料的加工调制方法

粗饲料的加工调制有物理法、化学法和生物法。

1. 物理法

物理方法包括粉碎与切短（可用饲料粉碎机或用铡草机切短，切短的程度以不同家畜的需要而定）、揉碎（如玉米秸收获后揉成丝条状，以免营养损失）、浸泡（秸秆放在水中浸泡后易增加柔软性和提高适口性）、热喷（由特殊的热喷技术、热喷装置和特有的工艺流程来完成，饲料经高压热力处理后改变其结构和某些化学成分，提高消化率）。

2. 化学法

化学方法包括碱化处理、氨化处理和酸化处理。

碱化处理是通过碱类物质使60%～80%的木质素溶于碱中，通常每100kg秸秆，需要1%的生石灰水溶液熟化沉淀后的上清液300L，浸泡一昼夜后沥去残存液；或直接将石灰乳均匀喷洒在秸秆上经1～2d后直接饲喂。

酸化处理是用酸破坏木质素，以提高饲料的消化率，由于成本高，生产上很少应用。

氨化处理在生产中应用普遍。

3. 生物法

生物法是利用乳酸菌、纤维分解菌、酵母菌等有益微生物和酶，分解饲料中的纤维素和木质素，以改善饲料风味，软化饲料和提高饲料的营养价值。包括自然发酵、加精料发酵和秸秆微贮等。

秸秆微贮的程序是：菌种复活──→配制菌液──→秸秆切短──→装填管理。

技能指导

三、氨化饲料的制作

(一) 秸秆氨化的概念与优点

将氨水、无水氨（液氨）或尿素等溶液，按比例喷洒在秸秆饲料上，在常温下经过一定时间的密闭处理，以提高秸秆饲用价值的方法叫氨化。经过氨化处理的饲料叫氨化饲料。

氨水、无水氨和尿素等呈碱性,可分解秸秆的纤维素、半纤维素和木质素,使细胞纤维结构失去坚硬性而变得疏松。因此,氨化处理后的秸秆,质地蓬松,含有糊香或酸香的气味;由于氨态氮的贮留和铵盐的形成,饲料中的 NPN 增加,在瘤胃微生物的作用下,可合成菌体蛋白;同时氨化可杀灭饲料中的杂草种子、寄生虫卵及病原微生物,显著提高饲料适口性及营养价值。

(二) 氨化饲料的制作方法

1. 氨化炉法

氨化炉是一种密闭式氨化设备,在我国有 3 种形式:类似集装箱的金属箱式(图4-1)、土建式和拼装式。

氨化炉由炉体、加热装置、空气循环系统和草车等组成。

图 4-1　氨化炉氨化法

1. 炉体　2. 液氨罐车　3. 炉门　4. 草捆　5. 草车　6. 轨道

用氨化炉氨化秸秆时,使用碳酸铵作氨源比较经济。碳酸铵用量为秸秆干物质量的 8% ~12%(尿素为 5%)。在炉外将碳酸铵溶液均匀喷洒在秸秆上,使其含水率达 45%,装车推进炉内加热。开启电热管,将温度调整到95℃左右,加热 14 ~15h 后,切断电源,再焖炉 5 ~6h,打开炉门,将草车拉出,自由通风,待余氨散出后方可饲喂。

2. 堆垛法

堆垛法是在地势高燥、宽敞、排水良好的平地,将秸秆堆成长方形垛,用塑料薄膜覆盖,注入氨源进行氨化的方法(图 4-2)。其优点是不需专门设施,投资少,堆放、取用方便;缺点是塑料薄膜容易破损,氨气易逸出,影响氨化效果。堆垛法适于我国南方和在气温较高的季节采用,北方可在 6 ~8 月采用,气温低于 20℃时不宜采用堆垛法。

3. 氨化窖(池)法

选向阳、背风、地势较高、土质坚硬、地下水位低的场所建氨化窖(池)。形状可为长方形或圆形，窖（池）一般用砖石铺底及砌垒四壁，水泥抹面。池的容量可根据氨化饲料的数量而定，一般每立方米窖（池）可装切碎的风干玉米秸秆100kg左右。

图4-2　堆垛法

1. 液氨罐车　2. 草垛　3. 液氨瓶

4. 塑料袋法

选择韧性好、抗老化的无毒聚乙烯薄膜袋，厚度在0.12mm以上，长2.5m，宽1.5m，最好为双层塑料袋。塑料袋氨化的方法，适合于我国南方或北方地区的夏季。优点是不需特殊设备，缺点是氨化数量少，塑料袋易破损，成本相对较高。

（三）氨化饲料制作步骤（堆垛氨化法）

（1）准备稻草、麦秸或玉米秸秆，氨化用塑料薄膜、尿素、饲料铡刀、水桶、秤等。

（2）选择无毒、抗老化和密封性好的塑料薄膜（通常使用聚乙烯膜）。膜的厚度随饲草种类而不同（麦秸、稻草等较柔软的秸秆，可选择厚度在0.12mm以下的薄膜；若为较粗硬的玉米秸秆，应选择0.12mm以上的薄膜）。膜的宽度取决于垛的大小和市场供应情况。在室外氨化时，选用黑色的塑料薄膜有利于缩短氨化时间；室内氨化时，对膜的颜色无特殊要求。

（3）将玉米秸秆切成1.5～2.0cm的小段，稻草、麦秸等切成5～10cm长段。

（4）以尿素为氨源时，称取秸秆重量3%～5%的尿素，溶解于温水中，每100kg秸秆需水30kg（堆垛法适宜用液氨作氨源，含水量可调整到20%左右。若用尿素、碳酸铵作氨源，含水量应调整到40%～50%）。边喷洒尿素溶液，边装填踩紧原料。

（5）在平地上铺好塑料底膜（图4-3），四周留出0.5～0.7m宽度以便与罩膜连接。将铡碎并调整好水分的秸秆一层层摊平、踩实。采用液氨氨化时，每30～40cm厚及宽度放一木杠，以备插入液氨钢管时用（图4-4）。

(6) 堆垛完成后，将塑料罩膜套在堆垛上，仔细检查有无破损(在拔出木杠的位置插入液氨钢管，按照计算好的液氨量迅速注入液氨，注入量为秸秆干物质重量的3%，用胶带封住塑料膜破口)。将四周罩膜与底膜联结在一起，用湿土或泥土压好，防止氨气逸出。封闭好后用绳、带在罩膜外横竖捆扎若干条，以防风吹破损。

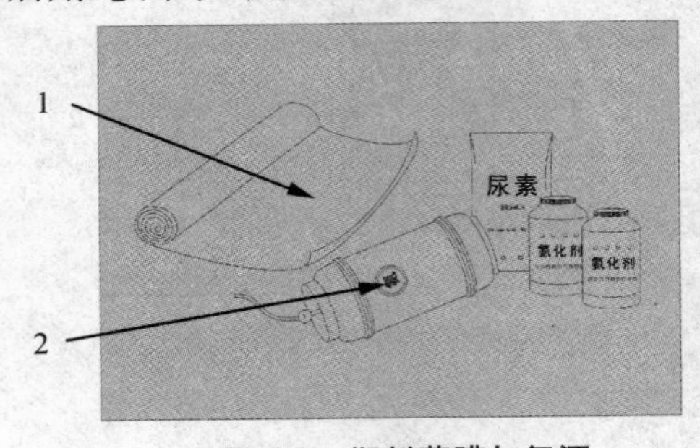

图 4-3　塑料薄膜与氨源

1. 塑料薄膜　2. 液氨瓶

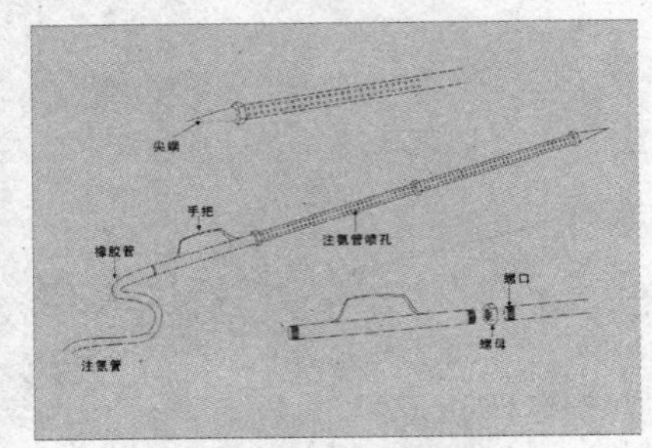

图 4-4　液氨钢管

(四) 氨化饲料的管理与利用

1. 氨化的后期管理

氨化期间检查塑料薄膜有无破损漏气，检查有无鼠害咬破薄膜，若嗅到袋口处有氨气味，应重新扎紧，发现塑料袋有破损，要用胶带封住(图 4-5)。

氨化贮存时间的长短应根据气温而定。气温低于5℃，需8周以上；气温5℃～10℃，需4～8周；气温10℃～20℃，需2～4周；气温20℃～30℃，需1～2周；气温高于30℃，需1周左右。

2. 氨化品质鉴定

手感柔软，有潮湿感，色泽黄褐为成熟后的氨化秸秆。若秸秆色泽黄白，需要分析是否是氨化过程中漏氨、秸秆含水不足、氨化时间不够、湿度过低等原因所致；若饲料颜色呈褐黑色、发粘并有霉味，则说明秸秆变质。

3. 氨化饲料利用

(1) 将检验合格的氨化饲料在阴凉的通风处晾晒放氨几天，待氨味消除后方可饲喂。放氨时应远离畜舍和住所，以免释放的氨气刺激人畜呼吸道和影响家畜食欲(图 4-6)。

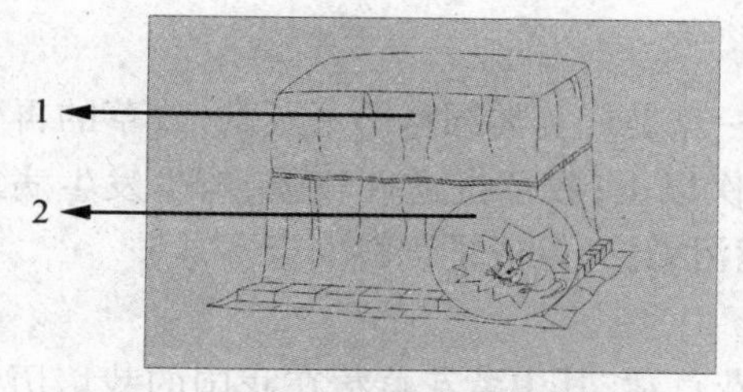

图 4-5　塑料薄膜无破损漏气、防鼠害

1. 保持塑料薄膜无破损 2. 防止鼠害破坏

图 4-6　放氨和饲喂

1. 揭开塑料薄膜放氨 2. 少量饲喂使家畜逐渐适应

（2）控制喂量和注意喂法。反刍动物在饥饿状态下不宜大量饲喂氨化饲料。若采食大量氨化饲料后立即饮水，会迅速提高瘤胃内氨的浓度，导致氨中毒。若发现有氨中毒的迹象，要立即停喂氨化饲料，同时灌服 0.2～0.5kg 食醋、1～5kg 的 10%～15% 糖水解毒。

（3）饲喂氨化秸秆后 0.5h 或 1h 方可饮水。喂量一般为青贮料喂量的 1/2。

（4）注意：液氨对呼吸道及皮肤有危害，遇火易引起爆炸。使用时要严格遵守操作规程，检查贮氨罐是否密封，严防碰撞和烈日曝晒罐体，充氨时要有专人负责，操作人员要戴好防毒面具，操作场地应严禁火源。

四、青饲料的常用种类与利用

青饲料指自然水分含量大于 45% 的陆地和水面野生或栽培的青绿植物的整株或部分，包括天然牧草、人工栽培牧草、叶菜类、非淀粉质根茎及瓜果类和水生植物等。

青绿饲料的共同特点

1.水分含量高，通常陆生植物为75%~90%，水生植物为95%左右，柔嫩多汁，适口性好。
2.蛋白质含量高，按干物质计禾本科植物达13%~15%，豆科牧草为18%~24%，含赖氨酸较高。
3.粗纤维含量低，按干物质计粗纤维不超过30%。
4.钙、磷比例合适，是矿物质的良好来源。
5.维生素含量丰富，特点是含有大量胡萝卜素，但维生素B_6含量少，缺乏维生素D。

（一）天然牧草

天然牧草的种类较多，主要的是禾本科、豆科、菊科、莎草科四大类。通常干物质中无氮浸出物含量为 40%～50%；就蛋白质含量而言，豆科牧草较高，为 15%～20%，莎草科为 13%～20%，菊科和禾本科为 10%～15%。

（二）主要的栽培牧草

牧草青绿多汁、气味清香，营养较为平衡，这一点是籽实类饲料所不及的；牧草的再生能力强，多年生牧草可连续利用多年且年刈割 3 次以上；牧草抗逆性较强，较少发生病虫害，农药和除草剂的使用量相对低，既减少了环境污染，又保证了饲料安全。

1. 苜蓿及其栽培利用

苜蓿家族中有紫花、黄花和紫黄花混合的杂花苜蓿，其中紫花苜蓿在我国的栽培历史悠久。

苜蓿为豆科苜蓿属多年生直立型草本植物，根系发达，茎秆直立或略斜生、圆形略具棱条，高 100～150cm，分枝很多（图 4-7）。种子为肾形（图 4-8），黄色或黄绿色，陈种子为暗棕色，千粒重为 1.5～2.3g。

（1）生物学特性。喜温暖半干燥气候，种子在 5℃～6℃发芽且在 25℃发芽最快，生长最有利的温度是日平均气温 15℃～21℃，气温在 35℃～40℃时生长受到抑制。生育期为 140～150d。

苜蓿的枝叶繁茂，生长迅速，是一种需水较多的牧草，需水高峰在现蕾到开花期，667m^2 日耗水量 5.46m^3（8.2mm）。苜蓿有强大的根系，能深入土层深处吸收水分，所以又是一种耐干旱的牧草。阴雨连绵、天气温热对其生长不利。

图 4-7　紫花苜蓿

图 4-8　紫花苜蓿草种子

苜蓿喜中性或微碱性土壤，当土壤的 pH 为 6 以下时根瘤菌不能形成。

苜蓿的根瘤菌能固氮，据测定，667m^2 苜蓿每年可在土壤中积累 4～7kg 氮素，相当于 8.7～15.2kg 的尿素。因此，除第一年需施一些氮肥外，一般可不施或少施氮肥。但特别需要磷肥，以利增加叶片和促进根系发育。

（2）栽培技术。可条播、散播与穴播，单种和混种时以条播为好，一般行距 30cm，肥沃地 40～50cm。适宜与禾本科牧草混播。北方可春播或夏播，淮河以南地区秋播为宜。播种量为 667m^2 1.0～1.5kg。

因种子小，最好在秋季进行土壤的深翻耙压，有灌溉条件的地区，在翻地前灌一次透水并施足底肥。以 667m^2 2000～3000kg 有机肥为宜，667m^2 可增施过磷酸钙 15～20kg。

苜蓿种子的发芽力可保持3～4年，种子的硬实率为15%～65%，种子越新鲜，硬实率越高。若在播种前将种子晒2～3d或放入50℃～60℃温箱内15min至1h可提高发芽率。

紫花苜蓿根瘤菌专性很强，接种根瘤菌可增产15%～20%。可用特制的根瘤菌拌种或从老苜蓿地取带有苜蓿根瘤菌的菌土拌种，拌种后尽快播种。

苜蓿苗期生长缓慢，易受杂草侵害，所以从出苗到分枝期间要除草1～2次，早春返青及每次刈割后要中耕除草，促进再生。

(3) 病虫害防治。紫花苜蓿常见的病虫害及防治方法如下。

霜霉病。此病多发生在温暖、潮湿的天气，主要危害植株的叶部，病株底部叶枝黄萎，病叶向背面卷曲，叶背面生淡紫褐色霉层，严重时叶片枯死。发病初期用波尔多液(5g硫酸铜、5g熟石灰、水1000g)喷洒1～2次(注意将药液喷在叶枝背面)。

褐斑病。茎、叶、荚果均现褐色病斑，当病害大量发生时，落叶率可达40%～60%。防治方法是进行种子精选和消毒，种子田可用波尔多液和石灰硫磺合剂进行喷洒。

蚜虫、潜叶蝇。用40%乐果乳剂1000～2000倍稀释液喷洒，或用0.5%～0.8%敌百虫(稀释浓度勿大于1%)早、晚喷洒。

(4) 合理利用。紫花苜蓿营养丰富、适口性好，叶片中含有丰富的蛋白质、矿物质、多种维生素和胡萝卜素，其干物质中粗蛋白质含量在20%以上，钙、磷含量分别为2.46%和0.21%，超过玉米。硒的含量在0.5mg/kg以上，在土壤缺硒的地区，给畜禽多喂些苜蓿草粉，能有效防止缺硒病。

苜蓿寿命可达20年以上，田间栽培利用年限为7～10年。一般667m^2产鲜草3000～5000kg，在良好的饲养管理条件下，一年可收获3～5茬。

紫花苜蓿是各类家畜的上等饲料，适口性好，营养丰富。草食家畜可以青饲；幼嫩时是猪、禽和幼畜良好的蛋白质饲料。苜蓿最重要的利用方式是调制干草。其幼嫩时水分含量多，粗纤维少；收获迟了，茎的比例增加，饲用价值降低。

苜蓿因茎柔叶嫩不耐践踏而不宜放牧，特别是雨后或有露水时应绝对禁止放牧，以防动物采食大量苜蓿发生鼓胀病而导致死亡。

2. 白三叶及其栽培利用

白三叶为豆科多年生草本植物，匍匐茎(长30～50cm)平卧地面，主根短，侧根发达，有根瘤，能固氮。叶互生为三出复叶，小叶倒卵形，叶缘有细齿，叶中间有一个"V"字形白斑。花蝶形，白色，有时部分为浅粉色(图4-9)。种子细小，千粒重为0.5～0.7g(图4-10)。

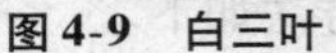

图 4-9　白三叶

图 4-10　白三叶草种子

（1）生物学特性。喜温凉和湿润气候，在年平均气温 15℃左右，年降水量 640～1000mm 的地区均能良好生长。生长的适宜温度为 19℃～24℃，喜各类土壤，特别喜黏土，不耐盐碱，较耐荫蔽，可在果园、林间种植。

（2）栽培技术。白三叶种子细小，苗期生长缓慢，幼苗顶土能力差，故整地要细平，在土壤黏重、降水量多的地区种植时，应开沟作畦以利排水。施肥原则上以磷肥为主，适当施钾肥，少施氮肥；以基肥为主，追肥为辅。播种前，667m^2 施钙镁磷肥 20～25kg，对有机质十分缺乏的土壤要施厩肥。

白三叶以秋播为佳，长江中下游地区在 9 月中旬播种，667m^2 用种量为 0.5kg。

（3）病虫害防治。白三叶病害较少，有褐斑病、白粉病发生。白粉病的病株在叶片、茎秆、荚果上出现白色霉层，后期呈黑褐色，在昼夜温差大、湿度大的情况下发病严重，可导致产草量下降 50%、种子产量下降 30%。生产中可先刈割利用，再用波尔多液、石灰硫磺合剂防治或 10% 的多菌灵可湿性粉剂等进行田间喷雾。苗期易受地老虎、黑蟋蟀等虫害，可用药剂诱杀。

（4）饲用价值。白三叶 667m^2 产量为 2000～5000kg，年刈割 3～5 次，晒干率 13%～15%。其适口性好、草质柔软，不但可作为鲜草饲用，还具有耐践踏、扩展快及形成群落后与杂草的竞争能力强的特点，故多放青牧用。饲喂时宜搭配禾本科牧草，以防止单独饲喂动物时发生鼓胀病。

3. 墨西哥类玉米及其栽培利用

墨西哥类玉米为禾本科类蜀黍属一年生草本植物。茎秆粗壮，直径 1.5～2cm，直立（图 4-11）。

（1）生物学特性。种子（图 4-12）发芽的最低温度是 15℃，最适宜的温度是 24℃～26℃，生长的适宜温度为 25℃～35℃。耐热力较强，能忍受 40℃的持续高温，但不耐霜冻，当气温降到 10℃时，生长停止。喜湿润，若持续无雨、土壤干燥则生长停滞，植株出现萎蔫，如不及时灌溉将严重减产。墨西哥类玉米不抗涝，浸淹数日即死亡。

墨西哥类玉米对土壤的选择性不强，pH 为 5.5～8.0 的土壤均可种植。

图 4-11　墨西哥类玉米
（引自百度图片）

图 4-12　墨西哥类玉米种子

（2）栽培技术。墨西哥类玉米在长江中下游可于 4 月中下旬播种，播种前 667m^2 施厩肥 2000 ~ 2500kg，施肥后深翻，耕深为 18 ~ 22cm，耕耙后起平畦种植。播种量为 667m^2 1.5 ~ 2.0kg，株行距为 30cm × 35cm，若育苗移栽（比直播生长期长且产量高），当苗高 20 ~ 25cm时可移栽于大田，每穴一苗，移栽后浇水数次，使之迅速恢复生长。

在播种后的 30 ~ 50d 内，植株生长缓慢，不易封行，杂草容易滋生，故要及时中耕除草。出苗 60 ~ 70d 后生长迅速、分蘖增多，需要充分的水分和养料，要追施氮肥、灌溉。

（3）饲用价值。墨西哥类玉米分蘖多、适口性好，是动物优良多汁的饲料。当株高 1.0 ~ 1.5m 时即可刈割，一般每年刈割 3 ~ 4 次，留茬 8 ~ 10cm。

墨西哥类玉米和玉米一样，是多糖的优质青贮饲料原料。青贮时，在扬花至灌浆期刈割，切成 2 ~ 3cm 段进行窖贮或袋贮。

4. 多花黑麦草及其栽培利用

多花黑麦草是禾本科黑麦草属一年生或越年生草本植物。茎秆直立，疏丛型，株高 100 ~ 120cm，穗状花序，外稃有芒（图 4-13）。发芽种子的幼根在紫外线照射下会发出荧光。

（1）生物学特性。多花黑麦草在世界温带和亚热带地区广泛栽培，我国长江流域及南方各省区种植较为普遍。喜温暖湿润的气候和排水良好的肥沃土壤，不耐严寒和干热，夏季高温干旱时生长不良或死亡，较耐盐碱，土壤最适 pH 为 6 ~ 7。

图 4-13　多花黑麦草

图 4-14　多花黑麦草种子

（2）栽培技术。多花黑麦草的种子轻而小（图 4-14），所以整地要精细，土层深耕不少于 20cm。翻地前 667m² 施粪肥 1500～2000kg，缺磷的土壤，667m² 可施过磷酸钙 15～25kg 作基肥，每次刈割后 667m² 施尿素 6～8kg。

多花黑麦草可春播或秋播。每亩播种量 1.5～2.0kg，以条播为宜，行距 15～30cm，覆土 2～3cm。可与豆科牧草混播，良好的混播组合植物为紫云英、毛苕子等。

（3）饲用价值。667m² 鲜草 4000～6000kg，供草期在 3 月上旬至 6 月初，适口性好，可用作青饲料，也可调制成青贮料或制成草粉。用作青贮时，可在抽穗时刈割，水分要控制在 70% 以下。

5. 苏丹草及其栽培利用

苏丹草为禾本科高粱属一年生草本植物。生育期为 120d 左右，株高 2～3m，须根，分蘖能力强，种子扁卵形，千粒重为 9～10g。

（1）生物学特性。喜温不耐寒、怕霜冻。种子发芽的最适温度是 20℃～30℃，最低温度为 8℃～10℃。根系发达，抗旱能力强，再生性好，在年降水量 250mm 的地区种植，可获得较高的产量。无论沙壤土、黏重土、微酸性土壤和盐碱土均能种植。

（2）栽培技术。当地温稳定在 8℃～10℃时可播种，长江中下游地区约在 3 月下旬至 4 月初，条播，行距 30～40cm，播种量为 667m²2.0kg。苏丹草在分蘖及孕穗期生长迅速，需肥较多，除施足基肥外，每刈割一次，可追施尿素 10～15kg。

（3）饲用价值。苏丹草的供草期为 6 月中旬至 11 月初，667m² 鲜草 6000～10000kg，整个生长期可刈割 2～3 次。可青饲和青贮。

6. 聚合草及其栽培利用

聚合草又名紫草根、肥羊草，属多年生草本植物。根肉质，主根粗大，多侧根；幼根表皮白色，老根为棕褐色；根的再生能力强，凡直径在 0.3cm 以上，长度不低于 2cm 的根段，都能重生新芽及新根并成长为新株。主、侧根能伸入土壤深层达 50cm，有效利用深层养分，其叶片大，呈长椭圆形或卵形，春、夏、秋不断抽薹开花，从茎顶部或分枝顶部长出聚伞花序，花簇生，淡紫色或淡黄色（图 4-15、图 4-16）。

图 4-15　聚合草

图 4-16　聚合草种子

（1）生物学特性。适宜温暖潮湿的气候条件，在22℃～28℃时生长最快，温度低于7℃时生长缓慢，5℃时停止生长。耐寒性较强，根在－40℃低温下可安全越冬。

聚合草是需水较多的植物，当温度在20℃以上、田间持水量为70%～80%时生长最快，平均日增长可达3cm以上；当田间持水量降到30%时，生长缓慢，叶芽分蘖减少，株体凋萎枯黄；当土壤排水不良时易烂根死亡。

聚合草在含盐量不超过0.3%，pH不超过8.0的土壤中均可种植，但以土层深厚肥沃的土壤为好。

（2）栽培技术。聚合草以无性繁殖为主。目前主要采取切根繁殖的方法，凡直径在3cm以上的主、侧根和支根均可用作种根。种根切段的大小可根据其数量来决定，一般切段长度应在2 cm以上，若种根充足，根段可长些。当种根直径在0.8cm以上、长度在5cm以上时，可垂直（纵向）切成两瓣。通常根越粗，切段越短，发芽生长越快，当年的产量也就越高。

根段切好后，栽植的方法有立放和横放两种。立放时顶端向上，这种方法发芽出苗快，幼苗健壮，但费工，切好根段的顶端不易辨认；横放的出苗稍慢，但栽植容易。种根栽植后要及时覆土保湿，稍加踏压，以利发芽。

聚合草生长快，耗水多，刈割后灌溉可促进其再生，灌溉与追肥结合增产的效果更好。栽种前应667m^2施有机肥2000～3000kg，或加入适量的过磷酸钙。

（3）饲用价值。聚合草以产量高、生长快、蛋白质含量高而享有盛名。鲜草干物质中粗蛋白质为17%～23%，粗纤维为10%～15%，猪和牛都可以饲用。每年可刈割4～5次。刈割留茬5～6cm，最后一次刈割应在其生长停止前30d以内进行，以利安全越冬。

用作青贮饲料时，在现蕾至开花期刈割；调制干草时，在盛花期刈割。刈割过早，草产量低、根部营养物质积累少，影响其再生；刈割过晚，草产量和品质均下降。其缺点是灰分含量高，茎叶有细小的刚毛，适口性差。

7. 菊苣及其栽培利用

菊苣属菊科菊苣属多年生草本植物，根肉质且短粗，莲座叶丛期株高80cm，抽薹开花时株高170cm左右，叶倒披针形，叶缘齿状，叶片有微白汁，茎直立，有棱、中空、多分枝（图4-17）。

（1）栽培技术。菊苣种子小（图4-18），播种前要精细整地或用细土等混合拌种，播种后应及时镇压，以利匀苗全苗。菊苣生长快，需肥量高，播种前施足基肥，第二年起，以每年施40～50kg氮肥为宜（在返青及每次刈割后随灌水分批施入）。由于菊苣的根肉质肥壮，不宜使用未腐熟的有机肥作基肥，以防根系发生病虫害及腐烂。

菊苣春播和秋播均可，播种量为667m^2 0.5kg。

(2) 饲用价值。茎叶鲜嫩多汁，适口性好，产量高，亩产鲜草 7000～10000kg。菊苣以刈割青饲为佳，不宜放牧。抽薹开花期刈割后稍微晾晒脱水，可与麦秸等低水分作物混合青贮。

图 4-17　菊苣

图 4-18　菊苣种子

(三) 水生饲料

常用的水生饲料有水葫芦(图 4-19)、水花生(图 4-20)、浮萍(图 4-21)和绿萍(图 4-22)即"三水一萍"，以及海藻类。这类饲料具有生长快、产量高、不占耕地、质地柔软、幼嫩多汁、粗纤维少和容易消化的特点。但其干物质含量低，生饲易感染寄生虫病。因此，饲喂时必须注意合理搭配其他饲料，并定期给猪驱虫(水生饲料主要用来喂猪)。

图 4-19　水葫芦

图 4-20　水花生

图 4-21　浮萍

图 4-22　绿萍

（四）非淀粉质块根茎类

1. 胡萝卜

胡萝卜的无氮浸出物含量高，并含有蔗糖和果糖，故具甜味，适口性好。尤其是胡萝卜素的含量高，少量饲喂便可满足各种畜禽对胡萝卜素的需要。奶牛饲料中如有胡萝卜，则可提高产奶量和改善乳品质。胡萝卜的粗蛋白质含量较其他块根多。

2. 甜菜

可用作饲料的有糖甜菜、半糖甜菜和饲用甜菜三种。其中糖甜菜含糖多，干物质含量为20% ~22%；饲用甜菜收获量多，但干物质含量为8% ~11%，粗蛋白质含量较糖甜菜高。

3. 菊芋

也称洋姜。菊芋的茎、叶和块茎都是好饲料，且块茎脆嫩多汁，营养丰富，适口性好，可作肉畜、乳用家畜和猪的多汁饲料。

（五）青绿饲料饲用注意事项

1. 防止亚硝酸盐中毒

青饲料中的蔬菜、饲用甜菜、萝卜叶、油菜叶等含有硝酸盐，硝酸盐本身无毒或毒性很低，但在细菌作用下，硝酸盐还原成亚硝酸盐时则具有毒性。当青绿饲料堆放的时间过长，或发霉腐烂，或加热煮后焖在容器中，细菌可将硝酸盐还原成亚硝酸盐。

亚硝酸盐中毒的发病很快，动物多在1d内、严重者可在半小时内死亡。中毒动物体温无变化或偏低，有不安、腹痛、流涎、呕吐、呼吸困难、心跳加快、全身震颤、行走摇晃、后肢麻痹等表现，且血液呈酱油色。

亚硝酸盐中毒可用1%美蓝溶液，按每千克体重0.1 ~0.2mL进行注射，或用甲苯胺蓝药物治疗，每千克体重用5mg。

2. 防止氢氰酸（HCN）和氰化物〔NaCN、KCN、$Ca(CN)_2$〕中毒

青饲料一般不含氢氰酸，但高粱苗、玉米苗、马铃薯幼芽、木薯、三叶草、南瓜蔓、亚麻叶等中含有氰苷，含氰苷的饲料若堆放、发霉或遭受霜冻枯萎，可使氰苷和氰化物分解形成氢氰酸。氰化物是剧毒物质，饲料中含量很低即会造成中毒。玉米、高粱收割后的再生苗经霜冻后危害更大。

氢氰酸中毒的主要症状为腹痛或腹胀，呼吸困难，呼出的气体有苦杏仁味，动物行走站立不稳，肌肉痉挛，牙关紧闭，瞳孔放大，可视黏膜由红色变为白色或紫色，最后卧地不起，四肢划动，呼吸麻痹而死亡。

可注射1%亚硝酸钠溶液，每千克体重1mL，或用1% ~2%美蓝溶液，每千克体重1mL。

3. 防止双香豆素中毒

饲料草木樨含有香豆素，当其发霉腐烂时，经细菌作用可使香豆素变为具有毒性的双香豆素，其结构式与维生素 K 相似，两者具有颉颃作用。

双香豆素中毒主要发生于牛，通常饲喂草木樨 2 ~3 周发病。病牛步态不稳，运动困难，有时发生跛行，体温低，食欲变化不大，发抖，瞳孔放大。在颈背部、后躯皮下可形成血肿，鼻孔流出血样泡沫，乳中也出现血液。

用清水浸泡草木樨可部分除去香豆素和双香豆素，饲料和水按 1:8浸泡 24h，香豆素可除去 80% 以上。双香豆素中毒可用维生素 K 治疗。

4. 防止农药中毒

农田作物或牧草地刚喷洒过农药，农作物和邻近的杂草均不能用作饲料或放牧，待雨水冲刷过或 1 月后再饲喂动物。

(六) 青绿饲料加工调制方法

青绿饲料加工调制方法有切碎、打浆、浸泡和热煮等。

切碎便于采食、咀嚼，可减少浪费和利于与其他饲料混合。打浆可消除部分饲料茎叶的毛刺，提高饲料的利用价值。浸泡可除去某些饲料中含有的苦涩、辛辣等异味，改善饲料的适口性。热煮可破坏草酸等含毒物质。

五、青贮饲料的制作方式与利用

青贮饲料是将青饲料填入密闭的青贮设备中，经微生物发酵作用而制成的具有芳香气味的柔软多汁的饲料。青贮饲料基本保持了青绿饲料原有的营养特点，且容易贮存，是大家畜冬春季青饲料均衡供应的重要来源。

(一) 青贮饲料的制作方式

1. 一般青贮

这种青贮实质是植物刈割后尽快在厌氧的条件下贮存，对原料的要求是含水量为 60% ~70%，含糖量为 1% ~1.5%。

2. 半干青贮(低水分青贮)

将青贮原料刈割后放 1 ~2d，使水分降到 50% 左右时再按照一般青贮方法青贮。由于半干青贮是在微生物处于干燥状态和生长繁殖受到限制的条件下进行的，所以原料中的糖分或乳酸的多少以及 pH 的高低对制作影响不大，从而扩大了青贮原料的适用范围，使不易青贮的饲料原料如豆科植物等，也可以顺利青贮。半干青贮由于含水量低，干物质的含量比一般青贮高 1 倍以上，有效能、粗蛋白质和胡萝卜素的含量也较高。

3. 添加剂青贮

这种青贮的方式主要从三个方面影响青贮的发酵作用：一是促进乳酸发酵，如添加各种可溶性碳水化合物，接种乳酸菌，加酶制剂等；二是抑制不良发酵，如各种酸类和抑制剂，以抑制腐生菌等不利于青贮的微生物生长；三是提高青贮饲料的营养物质含量，如添加尿酸、氨化物，以增加蛋白质含量等。

一般青贮工艺简便，但也存在着缺点，如不能压实，需氧菌大量繁殖可使饲料发霉腐烂；在取饲过程中，空气侵入窖内，易引起新一轮的饲料霉变。因此，饲料总损失量高达30%。

添加剂青贮克服了一般青贮的两大弊端，从而提高了青贮饲料的成品率和品质。

（1）添加剂青贮的工艺路线如下。

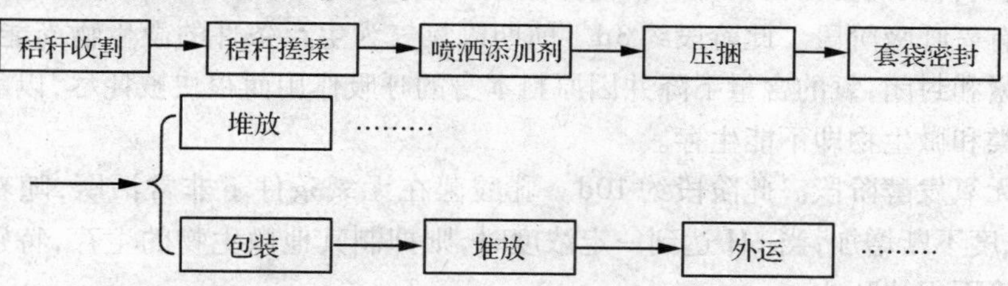

（2）工艺主要环节的技术要点。

① 适时收割。在不影响产量的前提下，以饲料的营养成分最佳和秸秆的含水率达60% ~70%时收割为宜。

② 秸秆揉搓。须用揉搓机来完成。揉搓机的结构较简单，操作方便。一般按生产率划分机型，如9RC-3 型、9RC-2.5 型，分别表示每小时能揉搓3t 和2.5t 的玉米秸秆。揉搓机能实现对秸秆的纵向压扁揉搓和铡切揉搓，经揉搓的秸秆适口性大幅度增加，采食率可达90%以上（用一般切碎机加工的秸秆饲料采食率不到70%）。秸秆揉搓后呈6 ~8cm 长条状，质地柔软，容易压实打捆。

③ 喷洒添加剂。为了降低秸秆在青贮过程中营养物质的损失，防止发霉腐烂，需添加青贮添加剂。添加剂分无机酸、有机酸及其盐类、甲醛、活菌制剂及酶类五大类。添加哪一种类可视具体情况而定，如在青贮玉米秸秆时添加0.3%的苯甲酸，因防止霉烂，可提高保存能量12.5%，可消化蛋白质24.4%。

④ 压捆。经揉搓和喷洒添加剂后的秸秆须压实成捆，将饲料间的空气排出。压捆需用专门的压捆机，经压缩捆扎后的青贮秸秆捆容重为500 ~600kg/m^3，压缩率为40%左右（$V_{压缩后}/V_{压缩前}$）。如YD-110 型饲草压捆机，生产率为10 ~12 捆/h，每捆100kg 左右。

⑤ 套袋密封。用专用草捆袋将草捆装入，套袋过程中应尽可能排除草捆与袋膜间的空气，然后扎紧袋口。塑料袋不得破损，若有破损必须及时更换或修补。

（二）青贮饲料的营养特点

青贮饲料可以有效地保存青绿植物的营养成分，较好地保持原料的鲜嫩多汁，一般每立方米可贮原料450～700kg（折合干物质150kg），干草仅能堆放70kg（折合干物质60kg）。由于青贮饲料是在厌氧的条件下制作完成的，除厌氧菌外，各种植物寄生虫及杂草种子也可被杀死。因此，青贮是保存和贮藏饲料最经济和安全的方法。

（三）青贮原理和成功的条件

1. 青贮的原理

青贮是将青贮饲料原料装填入密闭的青贮容器，在厌氧的条件下利用乳酸菌使淀粉和可溶性糖发酵产生乳酸，当乳酸积累到一定浓度（pH接近4），抑制了腐败菌及杂菌生长，从而使饲料及其营养物质得以长期保存。其过程大致可分为三个阶段：

（1）有氧呼吸阶段。此阶段约3d。前期以氧气为生存条件的微生物尚能生存，随着原料的压紧和封闭，氧的含量下降并因原料本身的呼吸作用而很快被耗尽，以氧气为生存条件的菌类和微生物即不能生存。

（2）无氧发酵阶段。此阶段约10d。乳酸菌在无氧条件下非常活跃，随着氧气被消耗，乳酸浓度不断增加，当pH达到一定浓度时，则抑制其他微生物的生存，特别是腐生菌在酸性环境下很快死亡。

（3）稳定期。乳酸菌的发酵抑制了其他菌类，青贮饲料进入稳定期。此时饲料的pH为3.8～4.0。

2. 青贮成功的条件

青贮成败的关键是为乳酸菌繁殖创造适宜的条件，乳酸菌的大量繁衍应具备以下条件：

（1）原料要有一定的含糖量。由于青贮中的乳酸主要由饲料的糖转化而来，故要求青贮原料中含糖量不低于1%～1.5%。根据原料含糖的多少，可粗略地将其分为三类：

易贮原料：如玉米、高粱、禾本科饲草和秸秆、饲用甜菜、菊芋等。

难贮原料：如苜蓿、草木樨、豆科牧草、马铃薯茎叶等。

不宜贮原料：如瓜类蔓秧等。

在生产中，往往将易贮与不宜贮原料搭配混合，或在青贮原料中加3%～5%玉米粉或麸皮以增加含糖量。

（2）原料有适宜的含水量。适宜的水分是保证乳酸菌正常增殖和发酵的重要条件。水分过少，原料不易压紧，窖内存留空气多，易造成需氧菌大量繁殖而导致饲料发霉腐烂；水分过多，糖分浓度低，原料汁液外渗造成养分流失，并易使青贮饲料变得恶臭。

原料的适宜含水量为60%～70%。测定含水量的简易方法是：用力捏一把青贮料，以指间湿润不滴水为宜。

（3）厌氧的环境。将原料压紧、密封、排除空气。在青贮过程中，要求原料的收割、运输、切碎、压实、密封等操作环环紧扣，在短时间内连续完成，否则，需氧菌、腐败菌会乘机滋生而导致青贮失败。

（四）青贮的设备和容量

1. 青贮设备

青贮设备的种类很多。依据生产要求，可以修筑永久性的，也可就地取材挖简易土窖，或用闲置的水池、水缸、塑料袋等作为青贮设备。

（1）青贮窖。有地下式、半地下式、地上式三种（图 4-23）。地下水位较高应采用半地下式，窖底须高出地下水位 0.5m 以上，窖呈圆形或长方形，方形窖的四角要挖成半圆形，窖壁要平滑并有一定的斜度，以防倒塌和便于原料的压实。圆形窖的直径与窖深比例以 1∶1.5～2 为宜，长方形窖的宽与深之比同圆形窖，长度可根据饲养量而定。窖的优点是成本低，技术要求不高；缺点是饲料损失率一般在 8%～12%，使用寿命短（约 2～3 年）。

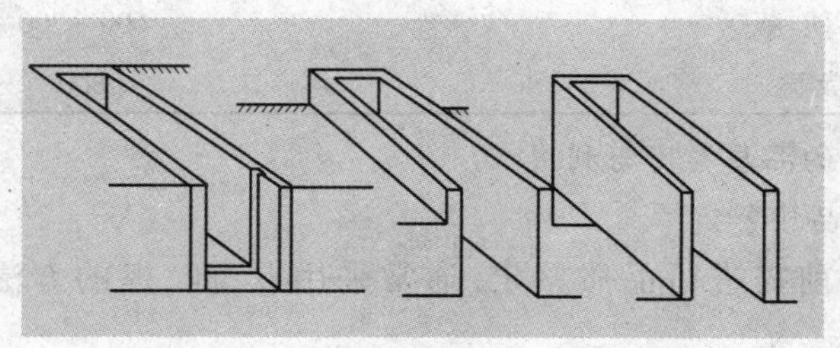

A. 地下式　　B. 半地下式　　C. 地上式

图 4-23　青贮窖

（2）青贮壕。通常挖在山坡一边，一般长 20～40m，上口宽 5.5～6m，下口宽 4.5～5.5m，深 1.5～3.5m，底部向一侧倾斜，以便排出渗出液，或者在壕底部与壕壁结合处设排水沟，有条件时壕底部和四周可采用砖石和混凝土结构。壕的优点是建造技术简易，成本低；缺点是饲草损失率高。

（3）青贮塔。大多是砖石和水泥砌成的圆筒形高塔。一般塔高 12～17m，直径 3.6～6 m 或 8～12 m，水泥顶盖，塔高 5 m 处设有饲草入口。砌墙内每高 3 m 设一处钢筋腰带。青贮塔的优点是坚固、经久耐用，使用寿命在 20 年左右，霉坏损失率低，使用中受气候影响较小；缺点是建造费用高。

（4）青贮带。是国外广泛采用的一种新型青贮设施，有两种形式：一种是将切短的青贮原料装填入用塑料薄膜制成的青贮带中，用真空泵抽空密封，再放置于干燥的野外或室内。第二种是将青绿饲料打成草捆，装入塑料袋中密封发酵。青贮带由双层塑料制成，外层为白色，内层为黑色，白色反射阳光，黑色可抵抗紫外线对饲料的破坏。

(5) 袋装青贮。一般是将青贮料切碎（2cm 以下），压实装袋，扎口密封，然后堆积存放在避光阴凉处。袋装青贮的优点是质量好，营养损失在 15% 以下，便于搬运和取饲，可以进行商品生产；缺点是塑料袋成本高。

2. 青贮的容量

常见的青贮饲料每立方米的重量见表 4-2。

表 4-2 常见青贮饲料每立方米的重量

青贮原料	青贮原料重量/(kg/m^3)
玉米秸秆	450 ~ 500
全株玉米、向日葵	500 ~ 550
禾本科牧草	550 ~ 600
甜菜叶、萝卜、芜菁叶	600 ~ 650
甘薯秧、藤	600 ~ 700
叶菜类	800

(五) 青贮饲料的品质鉴定与利用

1. 青贮饲料的品质鉴定

青贮饲料使用前需进行品质鉴定，通常采用看、闻、捏的方法来进行感官鉴定（表 4-3）。

表 4-3 青贮饲料的品质鉴定

质量等级	pH	颜色	气味	结构质地
优良	4 ~ 4.2	青绿色或黄绿色	芳香，酒酸味	茎叶结构良好，松散，质地柔软，略带湿润
中等	4.6 ~ 4.8	黄褐色或暗褐色	刺鼻酸味、香味淡	柔软，但稍干或水分稍多
低劣	5.6 ~ 6.0	黑色、褐色或墨绿色	刺鼻腐臭味或霉味	茎叶腐烂成团，或松散干燥、粗硬

2. 青贮饲料的取用

青贮饲料在封窖 40 ~ 60d 后可开窖饲喂，一般以气温较低且缺青季节开窖为宜。开窖前要先清除封窖的盖土及铺草，圆顶窖逐层取用；长形窖从一端开始，逐段取料，逐段清除盖土；袋装料用完一袋后再开启另一袋。

青贮饲料适口性好，但多汁轻泻，应与干草、秸秆和精料搭配使用。开始饲喂时要有一个适应过程，一般动物每天每头喂量如表4-4所示。

表4-4　动物青贮饲料每天每头喂量表

动物种类	饲喂量/kg	动物种类	饲喂量/kg
成年奶牛	25	成年绵羊	5
种公牛	15	妊娠母猪	3
断奶犊牛	5～10	成年兔	0.2
妊娠成年母牛	50		

技能指导

六、青贮饲料的制作

(一) 青贮前的准备(塑料袋法)

准备青贮玉米原料或优质栽培牧草若干，青贮用塑料袋、饲料铡刀等。

选用无毒的聚乙烯塑料薄膜，双幅宽1m，无破损和沙眼，厚为0.8～1mm，长约2m的青贮袋(每袋能装切碎的青贮料200～250kg)。

清理青贮设备。已用过的青贮设备在重新使用前，必须将其中的脏物和杂物等清理干净，有破损处要加以修补。

(二) 青贮料的预处理

刈割栽培牧草，注意多数青绿饲料原料在青贮时均需进行水分调节。当水分过多时，适量加入干草粉或秸秆粉等含水量少的原料，或将原料晒晾1～2d至水分含量为70%左右为止。可通过计算得知原料水分的确切含量。

例　禾本科的黑麦草的水分含量为82%。现有200kg鲜草，需要晒至多少千克时，黑麦草的水分含量恰好是70%？

设晒制后的黑麦草为X千克，200kg的鲜草在晒制前后的干物质的量应该相等，则：

$$200\text{kg}\times 18\% = X\times 30\%$$

$$X=\frac{200\text{kg}\times 0.18}{0.3}=120\text{kg}$$

即将200kg黑麦草晒至120kg时，水分含量为70%，可以进行青贮。

(三) 原料切短压实

原料边切短(1～2cm)，边装料，边用手压紧，切忌人站入袋内踩压，以免塑料袋破损。

原料压紧压实后，排除袋内空气，用绳子扎紧袋口。

一旦开始装填青贮原料，就要尽量缩短操作时间。青贮窖或青贮壕原料装填每次达15～20cm厚时，须压实一次，且要特别注意窖边和四角的踏实。

（四）存放发酵

就地存放不要移动，存放过程中为保护青贮料，可在其外面再套一个聚丙烯编织袋；高温季节宜将塑料袋放入土窖内再装填原料进行发酵。饲料青贮过程要避免阳光曝晒和雨淋，防止老鼠啃咬和人为损坏，一般30d即可制作完成。

青贮窖或青贮壕原料装满压实后应高出窖口30cm以上，然后尽快密封和覆盖。先用塑料膜或干草覆盖原料，再盖以50cm左右的土并拍打成馒头状。

七、能量饲料的常用种类与利用

能量饲料指干物质中粗纤维含量＜18%，粗蛋白质含量＜20%的饲料。

这类饲料的淀粉含量高，有效能值高，粗纤维含量除大麦、燕麦外均较低，是配合饲料中最常见的供能饲料。包括谷实类（4－07－0000），糠麸类（4－08－0000），块根、块茎、瓜果类（4－04－0000）和油脂、蜜糖类（4－16－0000）。

（一）谷实类饲料

谷实类饲料的营养特点

1.能量含量高，干物质中有71.6%~80.3%为无氮浸出物且80%以上是淀粉，故消化能高。

2.粗纤维含量低，除带颖壳的大麦、燕麦粗纤维含量达10%以外，一般低于5%。

3.蛋白质和必需氨基酸含量不足，蛋白质约为8%~11%，玉米缺色氨酸和麦类苏氨酸少是其突出特点，赖氨酸和蛋氨酸也较少。

4.缺钙而植酸磷多，此外，大麦、小麦和玉米分别含有较多的锌、锰和钴。

5.富含维生素B_1和维生素E，缺少维生素C和维生素D而不含维生素B_{12}。

6.脂肪含量在3.5%左右，必需脂肪酸比例较高。

1．玉米

玉米有凹玉米、硬玉米、甜玉米、爆玉米、糯玉米、粉玉米等品种。畜禽饲料主要使用凹玉米。

玉米含无氮浸出物74%～80%，其中主要是淀粉，故有效能值高，有“饲料之王”的称誉。但玉米的粗蛋白质含量为7.2%～8.9%，且赖氨酸、蛋氨酸、色氨酸和胱氨酸较缺乏，蛋白质的生物学价值低。玉米中不饱和脂肪酸含量高，亚油酸的含量达2%，为谷实类饲料之首。脂肪含量高，粉碎后易酸败变质；酸败、霉变的玉米易被污染而产生黄曲霉毒素，黄曲霉毒素是一种强致癌物质，对人、畜危害极大，故不宜久贮。黄玉米中含有维生素A原，1kg黄玉米中含1mg左右的β-胡萝卜素和22mg叶黄素，有利于蛋黄、奶油或肉鸡皮肤与脚趾的着色。

2. 高粱

去壳高粱的主要成分是淀粉，粗纤维少，有效能高。粗蛋白质与其他谷物相似，但质量较差。矿物质中含钙少而含磷较多。维生素中胡萝卜素和维生素D的含量少，烟酸多，维生素B族的含量与玉米相当。与其他谷实类相比，含粗脂肪较高(3.4%左右)。

高粱中含有单宁。单宁是一种抗营养因子，可降低单胃动物对蛋白质和矿物质的利用率，有苦味，适口性差。高粱颜色越深，单宁的含量越高，因此，在配合饲料中，色深者添加量为10%，色浅者可添加到20%。用机械加工脱去外皮，可除去大部分单宁；用冷水浸泡2h或用开水煮沸5min，可脱去70%的单宁。

高粱对乳牛有近似玉米的饲用价值，对肉牛的饲用价值相当于玉米的90%～95%。高粱的适口性差，猪的日粮配比一般不超过20%。蛋鸡和雏鸡的日粮配比在15%以下。

3. 大麦

皮大麦的外层包裹有质地坚硬的外壳，粗纤维含量极高，无氮浸出物和脂肪含量较玉米低，因而饲喂肥育猪可获得优质的硬脂胴体，如我国的金华火腿闻名于世，猪采用饲喂大麦和黑豆是关键因素。大麦的粗蛋白质(约12%)和必需氨基酸含量(赖氨酸含量0.52%以上)略高于玉米，钙、磷的含量比玉米高，维生素B_1、烟酸含量较高而缺乏维生素B_2、胡萝卜素和维生素D。

大麦喂猪必须粉碎，否则不易消化。用大麦喂鸡效果不如玉米，日粮配比在25%以下为宜。乳牛和肉牛可大量饲喂大麦。

4. 燕麦

燕麦壳占整粒重的25%～35%，粗纤维含量为10%，故营养价值在谷类籽实中较低。由于外壳的比例大，燕麦的蛋白质含量优于玉米，含钙少而含磷较多，维生素D和烟酸的含量较其他谷类少。

燕麦适合喂牛马等大家畜，不宜做猪、鸡的主要饲料。

5. 荞麦

荞麦籽实也有一层粗糙的外壳，占籽实重的30%，粗纤维含量达12%。但蛋白质品质较好，含赖氨酸0.73%、蛋氨酸0.25%。

荞麦中含有一种光敏物质——感光咔啉，动物采食后，皮肤的白色部分受到日光的照射易发生过敏反应，出现红色斑点，严重时影响生长和肥育。

(二) 糠麸类饲料

制米的副产品称为糠，制粉的副产品称为麸。其生产工艺不同，所得的副产品的组分和营养价值差异较大。

糠麸类饲料的营养特点

1.无氮浸出物含量较谷实类低。
2.粗纤维含量约10%，比籽实类高，物理结构疏松，容积大，具有轻泻性。
3.蛋白质约为15%，比籽实类高，赖氨酸和蛋氨酸含量也较高。
4.缺钙（0.11%）而植酸磷多（1%以上）。
5.富含维生素B_1、烟酸、胆碱、吡哆醇和维生素E。
6.米糠中脂肪含量达13%左右，不饱和脂肪酸比例较高，易酸败，难以贮存。

1. 小麦麸

俗称麸皮，是小麦制粉过程中所分离出的外皮。按制粉工艺产出物的形状和成分，可分为大麸皮、小麸皮、次粉。一般大麸皮呈片状，小麸皮形状较细，大麸皮是饲料麦麸的主体。

麸皮干物质中含有较多的维生素B族，粗蛋白质12%～16%，粗纤维10%左右，有效能值相对较低，质地疏松，适口性好，具有轻泻性。肥育家畜和仔猪饲料中比例不宜大，蛋鸡和种鸡用量可为10%以下，乳牛可饲为30%。

2. 次粉

次粉是小麦加工的副产品，又称黑面、黄粉、下面或三等粉。主要由糊粉层、胚乳和少量的细麸组成。在小麦精制过程中，一般可以得到23%～25%的小麦麸、3%～5%的次粉和0.7%～1%的胚芽。国际上与次粉类似的产品有褐次粉、白次粉(white shorts)、灰次粉(wert gray shorts)、低级面粉(red dog)等。

次粉呈粉状，灰白色至淡黄色不等，颜色越深含麸皮越多(表4-5)；容重为0.29～0.54kg/L，颜色越深容重越小。

表 4-5　饲用次粉质量指标与分级标准

等级	一级	二级	三级
粗蛋白质/%	≥13.0	≥11.0	≥9.0
粗纤维/%	<2.0	<2.5	<3.0
粗灰分/%	<2.0	<2.5	<3.5

3. 米糠

米糠是糙米制作大米时分离出的种皮、糊粉层、胚芽和少量胚乳的混合物。米糠通常占稻谷的6%～8%，稻谷的外壳(砻糠)占22%左右。

砻糠非常坚硬，畜禽难以消化，不能用作单胃动物饲料。将砻糠与米糠的混合物称为统糠，但饲用时最好分开。

米糠约含有13%的粗蛋白质，高于大米、小麦和玉米，相对而言含有较多的赖氨酸和含硫氨基酸，可利用能值高，且含有较多的铁、锌、锰等矿物元素。但米糠的粗脂肪含量高(约17%)，极易氧化、酸败、发热和霉变，酸败变质的米糠可致动物中毒，发生严重下泻，甚至死亡。新鲜米糠适口性好，可饲喂各种动物，生长猪可占日粮10%～12%，大猪可占20%；鸡饲料中用量控制在10%以下；乳牛、肉牛、马饲料可用20%。

(三) 淀粉质块根、块茎类饲料

这类饲料主要有甘薯、马铃薯、木薯以及南瓜等瓜类。

自然的块根、块茎和瓜类含水量很高(75%～90%)，干物质含量低，故单位重量的新鲜饲料营养价值低。就干物质而言，粗纤维含量低，通常不超过10%，无氮浸出物高，且大部分是易消化的淀粉或聚糖，故饲料的消化能高。此类饲料的蛋白质含量低，其中相当大的比例是非蛋白氮(NPN)。

1. 甘薯

干物质中淀粉占85%以上，高于其他块根类饲料，因而有效能值较高。粗纤维含量低，蛋白质含量较低(占干物质的3%～4.3%)。甘薯若保存不当，易受微生物侵染而出现黑斑和腐烂，产生黑斑的甘薯有毒，家畜采食后腹痛并有喘息症状，严重时可致死。用染病甘薯制粉或酿酒后的糟渣也含有黑斑酶酮毒物，不能饲用。甘薯最宜喂猪，生熟饲喂均可。

2. 马铃薯

俗称土豆。干物质中淀粉占80%，非蛋白氮占粗蛋白质的50%，钙、磷及其他矿物质含量较低。鲜马铃薯中维生素C含量丰富，其他维生素较为贫乏。马铃薯耐贮藏，但当温度高时发芽产生有毒的龙葵素，动物大量采食可导致消化道炎症。龙葵素在马铃薯芽眼、芽及变绿的表皮中含量最多，饲喂前应注意除去。马铃薯对反刍动物可生喂，猪熟喂效果较好。

3. 瓜类

主要代表是南瓜。南瓜干物质中含粗蛋白质12.9%、粗脂肪6.5%、粗纤维11.8%，无氮浸出物达60%以上，营养价值丰富。南瓜便于贮藏和运输，是猪、牛、羊、鸡的好饲料。

（四）油脂、蜜糖类

1. 油脂

饲料油脂多来源于动物脂肪和植物油。为了使用方便，人们将油脂用固体粉状物吸附制成脂肪粉。油脂的能量浓度很高，且容易被动物利用，在日粮中添加油脂还可减少饲料粉尘及动物呼吸道疾病，提高饲料风味，提高制粒效果和改善饲料外观，减少热应激带来的危害。

2. 糖蜜

为甘蔗和甜菜制糖的副产品。糖蜜含有20%～30%的水分，干物质中粗蛋白质的含量为4%～10%，而且非蛋白氮的比例大，灰分占干物质的8%～10%，残留大量的蔗糖，具有甜味，适口性好。糖蜜具有轻泻性，日粮中添加量大时，动物粪便发黑变稀。

3. 乳清

为生产奶酪、奶油、酪蛋白等乳制品后的液体副产品（乳清经喷雾干燥后制得乳清粉）。主要成分是乳糖，乳清蛋白和乳脂含量很少。乳清含水量大，不宜直接作为配合饲料原料。乳清粉是哺乳期幼畜的良好调养饲料，是代乳料中不可缺少的成分。

（五）籽实类饲料的加工方法

1. 粉碎与磨碎

粉碎是籽实类饲料最常用的加工方法，可提高小而硬籽实的消化率。粉碎粒度：猪为1mm、牛羊和鹿为1～2 mm、马为2～4 mm。禽类的粉碎力度可大些。

2. 压扁

一是干碾压，进行粗略的粉碎；二是蒸气压片和加压蒸煮，即在干燥的籽实饲料中加16%水，用蒸气加温至120℃左右，然后压成片状，冷却后配合各种添加剂制成压扁饲料。压扁饲料提高了消化率和能量利用率，适口性好，营养全面，可单独饲喂家畜。

3. 蒸煮与焙炒

蒸煮可破坏豆类饲料含有的胰蛋白酶抑制素，提高饲料的消化率。焙炒可提高饲料的适口性，可使饲料中淀粉部分转化为糊精而生产香味。

4. 膨化制粒

膨化使籽实爆裂，淀粉的利用率提高；制粒是采用机械将籽实饲料制成颗粒料，颗粒增加了饲料密度并降低了粉尘污染。

5. 发芽与糖化

籽实发芽的目的在于补充饲料中维生素的不足。将籽实置于15℃～16℃清水中浸泡1d，移入容器后覆盖一湿布并保持15℃，3d后长出根须，再移入发芽盘，保持室温15℃～20℃ 6～7d，芽长度达6～8cm可切碎饲喂动物。糖化是在磨碎的籽实饲料中加入2.5倍水，搅拌均匀后置于55℃～60℃温度下，4h后饲料中含糖量增加到8%～12%，从而提高饲料的适口性。

技能指导

八、能量饲料的感官检验

（一）感官检验的定义与方法

1. 感官检验

是指通过人体的感觉器官，借助看、闻、尝、触等方式，对饲料原料的形态、颜色、气味、质地等是否正常作出判断，对原料中是否含有异物作出估计。感官检验是一种常用的、也是初步的饲料质量检验手段。

2. 感官检验的方法

（1）视觉法：指通过肉眼、放大镜等观察饲料原料的外观形态、颜色、虫变、霉变等质量状况。

（2）触觉法：指通过手的捏、摸、搓等方式，对饲料原料含水量与质地进行初步判断。

（3）嗅觉法：指通过嗅觉器官感受饲料中挥发性气味，进而评判饲料品质的一种方法。

（二）感官检验项目与观察要求

1. 感官检验项目

颜色：原料有无代表性的一贯颜色。

质地：原料有无代表性的一贯质地。

气味：原料有无代表性的气味。

发霉：原料有无霉变。

污染：有无昆虫、鼠类及鸟粪。

杂质：有无灰尘、金属和石块等（杂质指能通过直径3mm圆孔筛和无饲用价值的原料以外的物质)。

2. 饲料的感官特征观察要求

通过肉眼、放大镜等观察饲料原料的外观形态、颜色、虫变、霉变等质量状况。观察时,可将试样摊放于白纸上,在充足的自然光或灯光下对试样进行观察。可利用放大镜,必要时以比照样品在同一光源下对比。注意识别试样标示物质的特征,注意有无掺杂物、热损、虫蛀、活昆虫等,检查有无杂草种子及有害微生物感染。

通过手的捏、摸、搓等方式,对饲料原料的含水量与质地进行初步判断。

嗅觉检查的目的在于判断被测试样标示物质的固有气味,并检查有无腐败、氨臭、焦糊等不良气味。嗅气味时应避免环境中其他气味的干扰。

(三) 能量饲料的感官特征观察

1. 玉米的感官特征

一般黄玉米的颜色为淡黄色至金黄色,通常凹玉米的颜色比硬玉米浅。正常的玉米无酸味或霉味,无虫害和杂质,颗粒饱满、整齐、均匀、质地紧密,略具玉米的甜味,初粉碎时具有生谷味道。

玉米霉变的征兆首先是胚轴变黑,其后是胚变色,最后是整粒呈烧焦状。虫蛀的玉米可见虫蛀孔、虫或虫尸以及排泄物(图 4-24、图 4-25、图 4-26)。

图 4-24 正常玉米

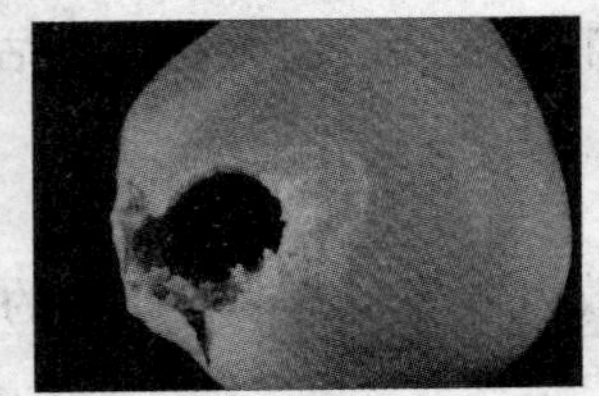

图 4-25 玉米虫蛀粒(10 倍)

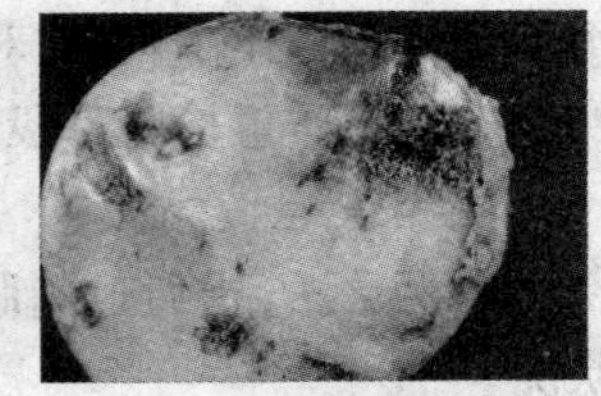

图 4-26 玉米生霉粒(10 倍)

2. 小麦麸的感官特征

小麦麸的颜色取决于小麦品种,通常为淡褐色至红褐色,形状为粗细不等的碎屑片(图 4-27),新鲜麦麸具特有的香甜味。劣质麦麸色泽暗,呈灰黑色,有结块、霉变和虫块,有霉味或其他异味。

3. 米糠的感官特征

米糠粕呈淡黄色粉末状(米糠饼呈淡黄褐色的片状或圆饼状)。优质米糠应色泽新鲜一致,无发酵、霉变、虫蛀、结块及异味、异臭,不应含有稻谷及其他异物(图 4-28)。

劣质米糠色泽暗,呈灰黑色,有结块、霉变和虫块,有霉味或其他异味。

图4-27　麸皮

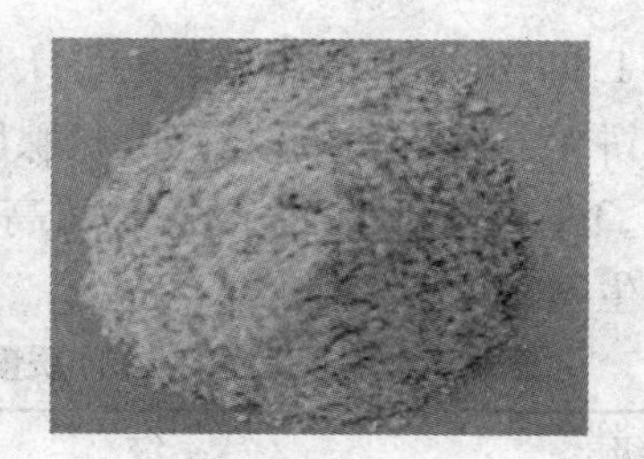
图4-28　米糠

九、蛋白质饲料的常用种类与利用

蛋白质饲料指干物质中粗纤维含量<18%，粗蛋白质含量≥20%的饲料。这类饲料包括豆类(5－09－0000)、饼粕类(5－10－0000)、动物性蛋白质饲料(5－15－0000)和单细胞及非蛋白氮饲料。生产实践大量使用的是饼粕类和动物性蛋白质饲料，这类饲料对提高动物的生产性能有着十分重要的作用。

(一) 植物性蛋白质饲料

1. 豆类籽实

生产中常用的是大豆、豌豆和蚕豆。这类饲料的蛋白质含量为20%～40%，其中赖氨酸丰富而蛋氨酸等含硫氨基酸相对不足。大豆和花生的粗脂肪含量超过15%，虽然在配合饲料中使用大豆可提高有效能值，但同时也因不饱和脂肪酸高而给畜产品带来软脂的影响。豆类籽实的矿物质元素和维生素含量与谷实类相仿，钙含量稍高但仍低于磷。

未经加工的豆类籽实含有胰蛋白酶抑制因子、凝集素等多种抗营养因子，故豆类籽实生饲不利于动物对营养物质的吸收，适度加热和蒸煮可消除抗营养因子的影响，通常以脲酶活性的大小衡量对抗营养因子的破坏作用。大豆经膨化后，所含的抗胰蛋白酶等抗营养因子大部分被灭活，适口性和蛋白质消化率明显提高，肉用畜禽和幼龄畜禽使用效果较好。

2. 饼粕类

饼粕类饲料是含油脂多的籽实脱油后的副产品，通常浸提法制油后的副产品称粕，压榨法制油的副产品称为饼。浸提法脱油效率高，故相应的粕中残留的油量少，而蛋白质含量相应高；压榨法脱油效率低，油饼中通常有4%的残留油脂，故蛋白质含量较粕类低。

(1) 大豆饼(粕)。大豆饼(粕)是我国数量最多的一种植物性蛋白质饲料，产量约占我国年产饼粕量的45%左右。其蛋白质含量在40%～45%之间，蛋白质消化率在80%以上。大豆饼粕含赖氨酸2.5%～2.9%，蛋氨酸0.5%～0.7%，色氨酸0.6%～0.7%，苏氨酸1.70%～1.90%，氨基酸平衡较好。大豆饼粕的适口性好，各种动物均喜采食。

生大豆饼粕含有抗胰蛋白酶、甲状腺肿因子、皂素和凝集素等抗营养物质，适当的热处理（110℃，3min）即可灭活，但长时间高温则降低赖氨酸的有效性，通常以脲酶活性的大小衡量其生熟程度（表4-6）。

表4-6　饲用大豆饼（粕）质量指标与分级标准（GB19541—2004）

等级	一级	二级	三级
粗蛋白质/%	≥41.0（≥44.0）	≥38.0（≥42.0）	≥37.0（≥40.0）
粗脂肪/%	<8.0	<8.0	<8.0
粗纤维/%	<5.0	<6.0	<7.0
粗灰分/%	<6.0	<7.0	<8.0

（2）棉子饼（粕）。棉子饼是棉子经去绒、去壳（或不去壳），再以机械压榨或溶剂浸提取油后的副产品。按照棉子的脱壳程度可分为棉仁饼（粕）（粗蛋白质含量41%～44%）、棉子仁饼（粕）（粗蛋白质含量34%～36%）和棉子饼（粕）（粗蛋白质含量22%左右）。我国棉子饼（粕）的产量仅次于大豆饼粕。棉子饼粕的营养特点是赖氨酸不足，蛋氨酸的含量也较低（0.4%），精氨酸过高（表4-7）。

棉子饼粕含有棉酚，游离的棉酚对动物有害（反刍动物对棉酚的耐受力较强，在饲料中的使用量可稍高），这也是棉子饼（粕）呈棕色的主要原因，故通常淡色者品质较好，若贮藏太久或加热过度均会至颜色加深。棉子饼（粕）中含有的棉纤维和棉子壳影响其质量，所以其比例越小，营养价值越高。

若将棉子饼粕和菜子饼粕按1∶2的比例混合使用，可降低两者的毒性，此法成本低，效果好，是目前国内外普遍采用的棉子饼粕去毒方法；也可将粉碎后的饼粕用5倍于饼粕的1%硫酸亚铁浸泡1d，在放入清水中浸泡2次后饲喂动物。

表4-7　饲用棉子饼（粕）质量指标与分级标准

等级	一级	二级	三级
粗蛋白质/%	≥40.0（≥41.0）	≥36.0（≥38.0）	≥32.0（≥36.0）
粗纤维/%	<10.0（<10.0）	<12.0（<12.0）	<14.0（<14.0）
粗灰分/%	<6.0（<7.0）	<7.0（<7.0）	<8.0（<8.0）

（3）菜子饼（粕）。油菜子经压榨制油后的副产品称菜子饼，浸提制油后的副产品称菜子粕。菜子饼粕的蛋白质含量中等（36%左右），蛋氨酸的含量较高，在饼粕中仅次于芝麻饼而位居第二；赖氨酸含量2.0%～2.5%，仅次于大豆饼粕而位居第二（表4-8）。菜子饼粕中硒含量高达1mg/kg，磷的利用率也较高。加之菜子饼精氨酸含量低，故与其他

饼粕的配伍性好。

菜子饼粕的可利用能量水平低，具有辛辣味，适口性差，不宜作为单胃动物唯一的蛋白质饲料使用。菜子饼粕中含有硫葡萄糖苷、芥酸异硫氰酸盐和噁唑烷硫酮等有毒成分，通常单胃动物和禽类日粮用量不超过10%。菜子饼粕的脱毒可采用坑埋法，即将饼粕按1:1加水拌匀，按500～700kg/m^3埋于铺有塑料薄膜的地下坑内，上覆盖塑料薄膜并封土20cm。2个月后脱毒率达94%。或者是将饼粕放入5倍重量的清水中浸泡36h，脱毒率可达90%。

表4-8　饲用菜子饼(粕)质量指标与分级标准

等级	一级	二级	三级
粗蛋白质/%	≥37.0(≥40.0)	≥34.0(≥37.0)	≥30.0(≥33.0)
粗脂肪/%	<14.0	<14.0	<14.0
粗纤维/%	<12.0(<14.0)	<12.0(<14.0)	<12.0(<14.0)
粗灰分/%	<10.0(<8.0)	<10.0(<8.0)	<10.0(<8.0)

(4)花生饼(粕)。花生饼粕的蛋白质含量为38%～48%，赖氨酸、蛋氨酸含量低而精氨酸含量高。钙少磷多且多为植酸磷，粗纤维含量为7%～11%，适口性极好。

花生饼粕极易感染黄曲霉毒素，可造成雏鸡、雏鸭死亡。生花生饼粕中含有抗胰蛋白酶等抗营养因子，适当加热处理可消除其影响。

(5)玉米蛋白粉。玉米蛋白粉是以玉米为原料，经脱粒、粉碎、去渣、提取淀粉后的黄浆水，再经浓缩和干燥得到的富含蛋白质的产品。玉米蛋白粉又称“玉米面筋粉”，属有效能值较高的蛋白质饲料，其氨基酸的利用率可与豆粕媲美。

本品呈粉状或颗粒状，淡黄色至黄褐色。无发霉、结块、虫蛀，具有发酵气味，无腐败和变质气味(表4-9)。

表4-9　饲料用玉米蛋白粉质量指标与分级标准(NY/T685—2003)

等级	一级	二级	三级
水分/%	≤12.0	≤12.0	≤12.0
粗蛋白质/%	≥60.0	≥55.0	≥50.0
粗脂肪/%	≤5.0	≤8.0	≤10.0
粗纤维/%	≤3.0	≤4.0	≤5.0
粗灰分/%	≤2.0	≤3.0	≤4.0

注：一级饲用玉米蛋白粉为优等质量标准，二级为中等标准，三级为等外品。

(二) 动物性蛋白质饲料

动物性蛋白质饲料包括屠宰业副产品、渔业副产品、缫丝业副产品、捕捞业副产品以及人工养殖类等。这类饲料的蛋白质含量可达50%~80%,其必需氨基酸较平衡,比例接近动物的需要;钙、磷含量较高且比例适当,富含微量元素;富含维生素B族,含有植物中没有的维生素B_{12};不含粗纤维,可利用能量较高。

1. 鱼粉

鱼粉是用全鱼或鱼下脚料(鱼头、鱼尾、鱼鳍、鱼内脏等)为原料,经蒸煮、压榨、干燥、粉碎后制成的饲料。鱼粉按原料来源可分为全鱼粉、下杂鱼粉和混合鱼粉三种;按产地可分为进口鱼粉(主要的生产国有智利、秘鲁、日本、挪威、丹麦、冰岛等)和国产鱼粉(主要集中在浙江、广东、山东、福建等沿海省份);按色泽可分为白鱼粉(白肉鱼种加工而成,脂肪低,蛋白质含量很高,易保存,品质优)和红鱼粉等。

鱼粉是优质蛋白质饲料,也是高能饲料,进口鱼粉蛋白质含量为60%以上,高的可达70%,赖氨酸和蛋氨酸含量很高,精氨酸含量低,与其他饲料的配伍性好(表4-10)。鱼粉富含维生素B族和矿物质,含有未知的生长因子(UGF),可有效促进动物生长。

通常优质鱼粉的含盐量为2%左右,劣质鱼粉的含盐量有的高达30%,易导致动物食盐中毒。鱼粉中还含有有害物质——肌胃糜烂素,可导致禽类肌胃糜烂(图4-29、图4-30)。各类动物的饲用量应控制在3%左右。鱼粉在贮存过程中应注意通风干燥,防止氧化、霉变、虫蚀和发热。使用时应注意是否有掺假,感官性状是否正常等。

图4-29 中毒鸡嗉囊和食道内有黑色物
(引自百度图片)

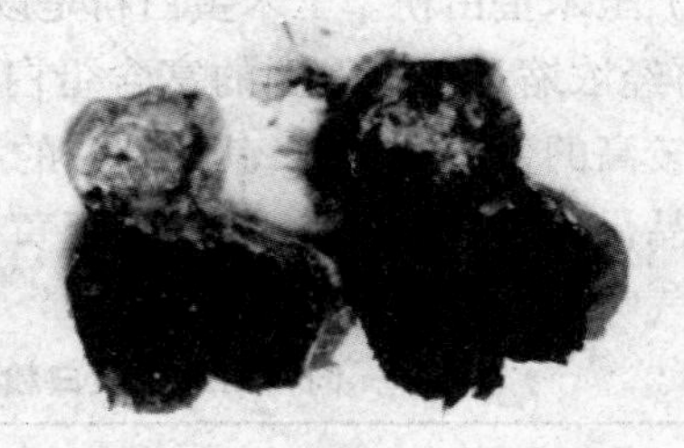

图4-30 中毒鸡肌胃溃疡糜烂,内容物呈黑褐色
(引自百度图片)

表 4-10　鱼粉的理化指标(GB19164—2003)

<table>
<tr><th rowspan="2">项目</th><th colspan="4">指标</th></tr>
<tr><th>特级品</th><th>一级品</th><th>二级品</th><th>三级品</th></tr>
<tr><td>粗蛋白质/%</td><td>≥65</td><td>≥60</td><td>≥55</td><td>≥50</td></tr>
<tr><td>粗脂肪/%</td><td>≤11(红鱼粉)
≤9(白鱼粉)</td><td>≤12(红鱼粉)
≤10(白鱼粉)</td><td>≤13</td><td>≤14</td></tr>
<tr><td>水分/%</td><td>≤10</td><td>≤10</td><td>≤3</td><td>≤4</td></tr>
<tr><td>盐分/%</td><td>≤2</td><td>≤3</td><td>≤3</td><td>≤4</td></tr>
<tr><td>灰分/%</td><td>≤16(红鱼粉)
≤18(白鱼粉)</td><td>≤18(红鱼粉)
≤20(白鱼粉)</td><td>≤20</td><td>≤23</td></tr>
<tr><td>砂分/%</td><td>≤1.5</td><td>≤2</td><td colspan="2">≤3</td></tr>
<tr><td>赖氨酸/%</td><td>≥4.6(红鱼粉)
≥3.6(白鱼粉)</td><td>≥4.4(红鱼粉)
≥3.4(白鱼粉)</td><td>≥4.2</td><td>≥3.8</td></tr>
<tr><td>蛋氨酸/%</td><td>≥1.7(红鱼粉)
≥1.5(白鱼粉)</td><td>≥1.5(红鱼粉)
≥1.3(白鱼粉)</td><td colspan="2">≥1.3</td></tr>
<tr><td>胃蛋白酶消化率/%</td><td>≥90(红鱼粉)
≥88(白鱼粉)</td><td>≥88(红鱼粉)
≥86(白鱼粉)</td><td colspan="2">≥85</td></tr>
<tr><td>挥发性盐基氮(VBN)/(mg/g)</td><td>≤110</td><td>≤130</td><td colspan="2">≤150</td></tr>
<tr><td>油脂酸价(KOH)/(mg/g)</td><td>≤3</td><td>≤5</td><td colspan="2">≤7</td></tr>
<tr><td>尿素/%</td><td>≤0.3</td><td colspan="3">≤0.7</td></tr>
<tr><td rowspan="2">组胺/(mg/g)</td><td>≤300(红鱼粉)</td><td>≤500(红鱼粉)</td><td>≤1000(红鱼粉)</td><td>≤1500(红鱼粉)</td></tr>
<tr><td colspan="4">≤40(白鱼粉)</td></tr>
<tr><td>铬(以 6 价铬计)/(mg/g)</td><td colspan="4">≤8</td></tr>
<tr><td>粉碎粒度/%</td><td colspan="4">≥96(通过筛孔为 2.8mm 的标准筛)</td></tr>
<tr><td>杂质/%</td><td colspan="4">不含非鱼粉原料的含氮物质(植物油饼粕、皮革粉、羽毛粉、尿素、血粉、肉骨粉等)以及加工鱼露的废渣</td></tr>
</table>

2. 肉骨粉和肉粉

肉粉和肉骨粉是肉制品厂或屠宰厂的肉屑、碎肉等经充分蒸煮脱脂、干燥后制成的饲料。通常含磷量在 4.4% 以上的称肉骨粉，含磷量在 4.4% 以下的称肉粉。我国生产的肉粉包括动物的内脏、胚胎、非传染性死亡的动物胴体等，但不应含有毛发、蹄壳及动物的胃肠内容物。

肉粉、肉骨粉的营养成分因原料不同而差异较大，一般肉骨粉的粗蛋白质含量为

35% ~40%，进口肉骨粉的粗蛋白质含量可达50%以上。肉粉的粗蛋白质含量为50% ~60%，牛肉粉的粗蛋白质含量可达70%以上。粗蛋白质中赖氨酸较高，蛋氨酸和色氨酸含量偏低。维生素 B_{12}、烟酸等维生素 B 族含量高。

肉粉、肉骨粉因高温蒸煮使部分蛋白质变性，消化率降低，适口性略差。由于营养成分变化大，使用前最好测定各项营养指标。用作鸡和仔猪的饲料时，用量可略高于鱼粉（不超过10% ~15%）。贮存时注意防止沙门氏菌和大肠杆菌的污染，防止氧化（表4-11）。

表 4-11 肉骨粉（肉粉）质量指标与分级标准

等级	一级	二级	三级
粗蛋白质/%	≥26.0（>64）	≥23.0（>54）	≥20.0
水分/%	≤9.0（<10）	≤10.0（<12）	≤12.0
粗脂肪/%	≤8.0（<18）	≤10.0（<18）	≤12.0
钙/%	≥14.0	≥12.0	≥10.0
磷/%	≥8.0	≥5.0	≥3.0
粗灰分/%	<12	<14	

3. 血粉

血粉是以畜禽的血液为原料，经脱水加工而成的动物性蛋白质补充饲料。按照加工工艺不同，可分为蒸煮干燥血粉、瞬间干燥血粉、喷雾干燥血粉和发酵干燥血粉四种。

蒸煮干燥血粉是将鲜血进行热变性处理，然后进行汽蒸、晾干，最后再粉碎制作而成的。此法成本低，产品的适口性和消化性差。

瞬间干燥血粉是血液在干燥器内快速循环，几秒钟内即完成干燥。该血粉中赖氨酸含量达8.6%。

喷雾干燥血粉是血液先进行脱纤维，然后通过高压泵进入高压喷粉塔，同时送入热空气进行干燥制成血粉。此法成本高，但产品富含赖氨酸且消化率较高。

发酵干燥血粉是以糠麸为吸附物而掺有血粉的发酵物。

血粉一般为红褐色至黑色，不同加工方法制成的血粉感官性状不同（表4-12）。饲用血粉质量指标与分级指标见表4-13。

表 4-12　不同加工方法制作的血粉性状

指标	蒸煮干燥	瞬间干燥	喷雾干燥
色泽	红褐色至黑色	一致的红褐色	一致的红褐色
气味	新鲜,无腐败、发霉和异味、异臭		
质地	小圆粒或细粉末。不应有过热颗粒及潮解和结块现象	粉末状。不应有潮解和结块现象	粉末状。不应有潮解和结块现象
水溶性	略溶于水	不溶于水	易溶于水、易潮解
容重	480~600g/L		

表 4-13　饲用血粉质量指标与分级指标

等级	一级	二级
粗蛋白质/%	≥80.0	≥70.0
粗纤维/%	<1.0	<1.0
水分/%	≤10.0	≤10.0
粗灰分/%	≤4.0	≤6.0

血粉中赖氨酸含量很高,在加工制作过程中,高温使蛋白质变性,故血粉的消化率很低,适口性不好,使用时应控制用量为3%~4%。

4. 蚕蛹

蚕蛹是缫丝的副产品,蚕蛹经干燥粉碎后制成蚕蛹粉。其粗蛋白质含量在55%左右,蛋氨酸含量很高,赖氨酸和色氨酸的含量也较高,精氨酸含量低,与其他饲料的配伍性好。缺点是粗脂肪含量高达22%,容易发生腐败和恶臭,并致使以其为饲料的动物产品如鸡蛋、鸡肉、猪肉等带有不良气味。

5. 羽毛粉

羽毛粉是家禽羽毛经过净化消毒、高压蒸煮水解、酸碱处理或酶水解等方法制成的饲料产品。酸碱法处理的羽毛粉粗蛋白质含量低、易黏结,其胱氨酸、酪氨酸、苯丙氨酸、丝氨酸的消化率降低。用酶处理的羽毛粉消化率较高。

羽毛粉外观呈粉状,浅色羽毛加工成的产品呈淡黄色直至深褐色;杂色羽毛加工成的产品呈深褐色至黑色,加热过度会使羽毛粉颜色加深。宰杀时混入血液则颜色变暗。品质良好的羽毛粉有新鲜羽毛特有的气味,不可有焦煳、腐败、霉烂等刺鼻气味(表4-14)。

表 4-14　羽毛粉的质量标准

质量指标	含量
粗蛋白质/%	≥80.0
粗灰分/%	<4.0
胃蛋白酶消化率/%	≥90.0

(三) 单细胞蛋白质饲料(SCP)和非蛋白氮饲料

1. 单细胞蛋白质饲料(SCP)

也称为微生物蛋白质饲料,包括酵母、细菌、真菌以及单细胞藻类。这类饲料的粗蛋白质含量可高达50%以上,赖氨酸、色氨酸等必需氨基酸含量较高,蛋氨酸含量较低,富含维生素B族,但不含维生素B_{12},其营养价值介于动物性蛋白质饲料和植物性蛋白质饲料之间。

2. 非蛋白氮饲料

指供饲用的氨、铵盐、尿素、双缩脲以及其他合成的简单含氮化合物。这类化合物不含有能量,只能作为微生物的氮源间接补充动物性蛋白质营养,因此,饲用对象主要是成年反刍动物。

技能指导

十、蛋白质饲料的感官检验

(一) 大豆饼(粕)的感官特征

大豆饼呈黄褐色饼状或碎片状,大豆粕呈淡黄褐色或淡黄色不规则的碎片(图4-31),具有烤黄豆的香味。二者均要求新鲜一致,无发酵、霉变、虫蛀或异味。

豆粕不应焦化或有生豆味,否则为加热过度或不足。若加热过度则颜色呈暗黑色,其氨基酸品质受损,营养价值降低;加热不足时一般呈淡黄色,存在抗胰蛋白酶等物质,对动物的适口性和蛋白质的利用率有一定影响。

图4-31　大豆粕

图4-32　菜子粕

(二) 菜子饼(粕)的感官特征

菜子饼(粕)颜色因油菜品种不同而异。菜子饼一般为褐色,呈饼状或片状;菜子粕一般有红褐色、灰黑色和深黄色几种,呈碎片或粗粉末状,手抓时有疏松感觉(图4-32)。

新鲜的菜子饼(粕)具有菜子油的香味,无发酵、霉变、虫蛀或异味;劣质菜子饼(粕)颜色较暗,无油光性,手抓感觉较沉,有结块或霉变,有其他异味。

(三)棉子饼(粕)的感官特征

棉子饼(粕)多为黄褐色、暗褐色或黑红色等;一般呈饼状或瓦片状(图4-33),通常浸提的产品质地较细,呈粉末状(图4-34);多数棉子饼(粕)黏有棉纤维;具有坚果味,略带棉子油味道。正常的棉子饼(粕)色泽新鲜一致,无发酵、霉变、虫蛀或异味。

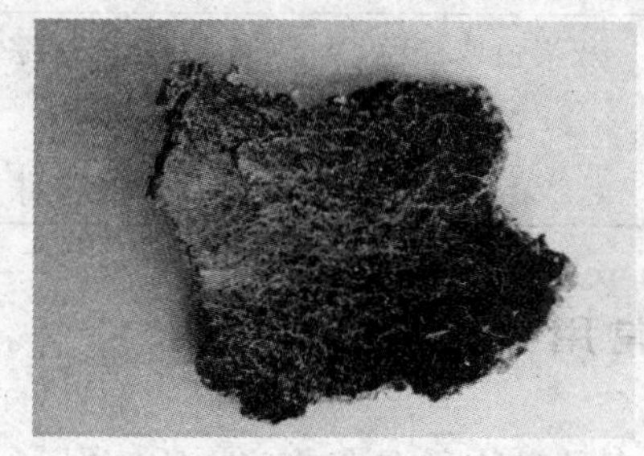

图4-33 棉子饼

图4-34 棉子粕

(四)鱼粉的感官特征

鱼粉多呈淡褐色或棕褐色(图4-35);红鱼粉呈黄棕色、黄褐色;白鱼粉呈黄白色,加热过度或含脂过高时色泽加深。正常鱼粉呈粉状,手捻时有细小肉丝,能看见鱼鳞、鱼骨;有烧烤的鱼香味和带有明显的鱼腥味,不应有酸败、氨臭和焦煳等不良气味;应无虫害、结块和发热现象(表4-15)。

表4-15 鱼粉的感官要求(GB19164—2003)

项目	特级品	一级品	二级品	三级品
色泽	红鱼粉呈黄棕色、黄褐色等鱼粉正常颜色;白鱼粉呈黄白色			
组织	蓬松,纤维状组织明显,无结块,无霉变	较蓬松,纤维状组织较明显,无结块,无霉变	松软粉状物,无结块,无霉变	
气味	有鱼香味,无焦灼味和油脂酸败味		具有鱼粉正常气味,无异臭,无焦灼味和明显油脂酸败味	

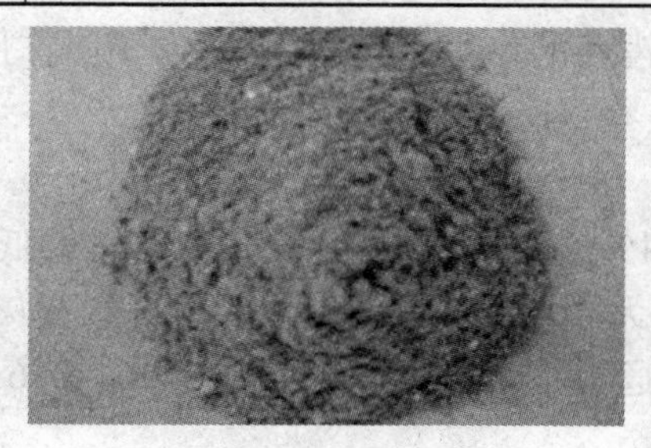

图4-35 鱼粉

图4-36 肉粉

(五) 肉粉和肉骨粉的感官特征

肉粉和肉骨粉的颜色为金黄色、浅褐色或深褐色(图 4-36),加热过度或含脂高时颜色会加深,多呈粉状,具有鲜肉味,不应有过多的毛、蹄、角、血液等物质。其感官指标如表 4-16 所示。

表 4-16 肉骨粉的感官指标

等级	一级	二级	三级
色泽	褐色或灰色	灰褐色或棕色	灰色或棕色
状态	粉状	粉状	粉状
气味	具固有气味	无异味	无异味

十一、矿物质饲料的常用种类与利用

矿物质饲料包括人工合成的、天然单一的和多种矿物质混合的矿物质饲料。

(一) 提供钠、氯的矿物质饲料

1. 氯化钠

由于植物性饲料含钾丰富而钠和氯的含量很少,以采食植物性饲料为主的畜禽通常需要补充食盐。食盐可以改善口味、增进食欲、促进消化,但对猪、禽等不可多喂,否则饮水量增加,粪便稀薄,严重时发生食盐中毒。因此,猪、禽日粮食盐以 0.3% ~0.5% 为宜;牛、羊、马等草食动物占日粮风干物质的 1%。在生产中,应统筹考虑动物的体重、年龄、生产水平、季节以及饲料中的含盐量后再确定食盐的添加量。

2. 碳酸氢钠

俗称小苏打。在采用食盐供给动物的钠和氯时,因食盐中含钠 40%,含氯 60%,动物需要其他的供钠物质(尤其是产蛋禽)。碳酸氢钠不仅可提供钠离子,还是一种缓冲剂,可缓解热应激,改善蛋壳强度,对于反刍动物则可保证瘤胃正常的 pH。

3. 无水硫酸钠

俗称元明粉或芒硝,除补充钠离子外,具有泻药的作用,对鸡的互啄有预防作用。

(二) 含钙饲料

1. 饲用石粉

主要指石灰石粉,为天然的碳酸钙,含钙 34% ~39%,是来源最广、价格最低的补钙饲料。石粉外观为淡灰色至灰白色粉末,无味,无吸湿性(图 4-37)。天然的石灰石只要镁、铅、汞、砷、氟在卫生标准范围内均可使用。通常猪用石粉的粒度为 0.36 ~0.61mm,禽用石粉的粒度为 0.67 ~1.30mm。

2. 贝壳粉

贝壳粉是所有贝类外壳经粉碎后制得的产物的总称,包括牡蛎壳粉、蚌壳粉以及蛤蜊壳粉等,其中粒度大的称贝壳砂(图4-38)。贝壳粉的主要成分为碳酸钙,一般含碳酸钙96.4%,折合含钙量为36%左右。由于贝壳内部还残留有机物,因而含有少量的粗蛋白质和磷,但在制作饲料配方时,这些蛋白质和磷通常不计。贝壳粉常夹杂碎石和沙砾。使用时应检查并注意贝壳粉内有无残余的动物尸体和发霉、腐臭的情况。

图4-37 石粉

图4-38 贝壳砂

3. 蛋壳粉

指由蛋品加工厂或孵化厂收集的蛋壳经灭菌、干燥、粉碎制成的饲料。通常蛋壳粉含粗蛋白质12.4%,含钙24%~27%。但孵化过的蛋壳含钙量极少,新鲜蛋壳制粉时应注意消毒,避免蛋白质腐败,甚至感染传染病。

4. 石膏($CaSO_4 \cdot 2H_2O$)

灰色或白色结晶粉末。含钙量20%~30%,如果是磷酸制造工业的副产品则含氟量往往超标,使用此类石膏应高度重视安全性。

(三)含钙、含磷饲料

1. 骨粉类

骨粉是用动物杂骨经脱胶、脱脂、干燥、粉碎加工后的饲料产品,是我国目前主要的钙、磷补充料之一。根据加工方法不同,骨粉可分为:

蒸骨粉:是骨粉的主要产品,是用动物的新鲜骨经高压蒸汽加热,除去部分有机物,经压榨、干燥、粉碎后制成的。这种骨粉一般含钙30%、磷14.5%,消化率较高。

煮骨粉:是经煮沸后,除去部分油脂但未经高压处理的骨粉。这种骨粉含有一定量的蛋白质、脂肪和有机物,在贮存过程中易腐败变质,而且骨质较坚硬,不易消化吸收,钙、磷的消化率较低。

脱胶骨粉:是制骨胶的副产品,与蒸骨粉一样是经过高压处理的产品。由于骨骼内髓质及脂肪去除殆尽,其钙、磷含量比蒸骨粉高,而且质量稳定、无异味、不易变质。

蒸骨粉为灰白色;煮骨粉由于含有骨、肉和血的碎颗粒而颜色较深;脱胶骨粉为浅灰色粉末。一般优质骨粉因有机质含量低而色淡且均匀一致，颗粒疏松，具有骨粉固有的气味。未经高压处理的骨粉色深、有异味；用劣质骨原料生产的骨粉为褐色或深褐色，甚至有很重的腐败气味。

这类饲料的钙、磷比例见表4-17。

有些骨粉的品质低劣，如灰泥色的骨粉常携带有大量致病菌，有的骨粉氟含量超标，有的骨粉在收购时被喷洒灭蝇药剂以致骨粉带毒等，使用时应引起重视。

表4-17 几种骨粉的钙、磷成分

骨粉种类	钙/%	磷/%
蒸骨粉	24.53	10.95
脱脂煮骨粉	25.40	11.65
脱脂蒸骨粉	33.59	14.88
骨制沉淀磷酸钙	28.77	11.35

2. 磷酸盐

最常用的是磷酸氢钙。我国饲料级磷酸氢钙的标准是含磷不低于16%，钙不低于21%，砷、铅、氟分别不超过0.003%、0.002%和0.18%。

(1) 磷酸氢钙(磷酸二钙)：为白色或灰白色粉末(图4-39)，含钙量不低于23%，含磷量不低于18%。其钙、磷利用率高，是优质的钙、磷补充料。

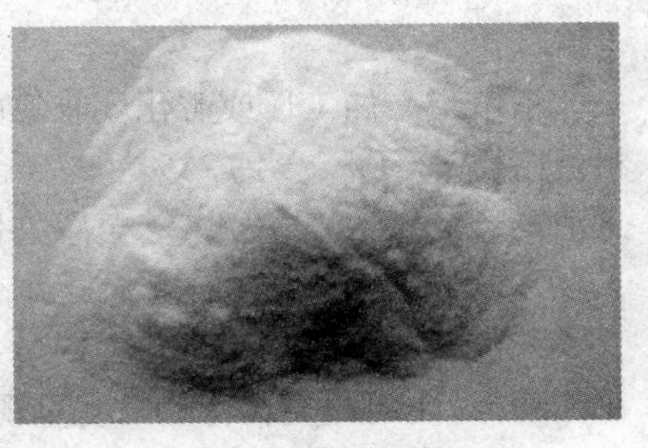

图4-39 磷酸氢钙

(2) 磷酸钙(磷酸三钙)：为白色晶体或无定型粉末，含钙38.69%、磷19.97%。其生物利用率不如磷酸氢钙，但也是重要的补钙剂之一。市场销售的淡黄色、灰色、灰白色等产品的杂质含量高，质量较差。

(3) 磷酸二氢钙(磷酸一钙)：为白色结晶粉末，含钙量不低于15%，含磷不低于22%。其水溶性、生物利用率均优于磷酸氢钙，是优质的钙、磷补充料，适合作液体饲料等价值高的饲料。

十二、饲料添加剂的常用种类与利用

饲料添加剂(8－16－0000)指为了某种目的添加到配合饲料中的微量成分。包括营养性添加剂和非营养性添加剂。使用添加剂的目的是为了改善饲料的营养价值、提高饲料利用率；改善饲料的物理特性，增加饲料风味；预防和控制动物疾病，促进动物生产；防霉防腐，增加饲料的耐贮性；等等。

（一）饲料添加剂应具备的基本条件

饲料添加剂必须具有确实的经济效益和生产效果；在饲料与动物机体内应有较好的稳定性；在畜产品中残留量不超过规定标准，不影响畜产品质量和人体健康，不影响种畜生殖生理或胎畜健康，长期使用不应对畜禽产生急性、慢性中毒或不良反应；不影响饲料的适口性；不污染环境；所含有的有毒金属不得超过允许限度；不得超过有效期或失效。

（二）饲料添加剂分类

添加剂是饲料工业必然使用的原料，世界各国都在研究、开发和应用此类物质。我国的饲料添加剂在20世纪80年代初提上议事日程，随着饲料工业的蓬勃发展，已取得了很大的进展。目前，我国已批准使用的饲料添加剂如表4-18所示。

表4-18　饲料添加剂品种目录

（2006年5月31日农业部公告第658号）

类别	通用名称	适用范围
氨基酸	L-赖氨酸盐酸盐、L-赖氨酸硫酸盐*、DL-蛋氨酸、L-苏氨酸、L-色氨酸	养殖动物
	蛋氨酸羟基类似物、蛋氨酸羟基类似物钙盐	猪、鸡和牛
	N-羟甲基蛋氨酸钙	反刍动物
维生素	维生素A、维生素A乙酸酯、维生素A棕榈酸酯、盐酸硫胺（维生素B_1）、硝酸硫胺（维生素B_1）、核黄素（维生素B_2）、盐酸吡哆醇（维生素B_6）、维生素B_{12}（氰钴胺）、L-抗坏血酸（维生素C）、L-抗坏血酸钙、L-抗坏血酸-2-磷酸酯、维生素D_3、α-生育酚（维生素E）、α-生育酚乙酸酯、亚硫酸氢钠甲萘醌（维生素K_3）、二甲基嘧啶醇亚硫酸甲萘醌*、亚硫酸烟酰胺甲萘醌*、烟酸、烟酰胺、D-泛酸钙、DL-泛酸钙、叶酸、D-生物碱、氯化胆碱、肌醇、L-肉碱盐酸盐	养殖动物
矿物元素及其络合物	氯化钠、硫酸钠、磷酸二氢钠、磷酸氢二钠、磷酸二氢钾、磷酸氢二钾、轻质碳酸钙、氯化钙、磷酸氢钙、磷酸二氢钙、磷酸三钙、乳酸钙、七水硫酸镁、一水硫酸镁、氧化镁、氯化镁、六水柠檬酸亚铁、富马酸亚铁、三水乳酸亚铁、七水硫酸亚铁、一水硫酸亚铁、一水硫酸铜、五水硫酸铜、氧化锌、七水硫酸锌、一水硫酸锌、无水硫酸锌、氯化锰、氧化锰、一水硫酸锰、碘化钾、碘酸钾、碘酸钙、六水氯化钴、一水氯化钴、硫酸钴、亚硒酸钠、蛋氨酸铜络合物、甘氨酸铁络合物、蛋氨酸铁络合物、蛋氨酸锌络合物、酵母铜*、酵母铁*、酵母锰*、酵母硒	养殖动物
	烟酸铬#、酵母铬#、蛋氨酸铬#、吡啶甲酸铬（甲基吡啶铬）*#	生长肥育猪
	硫酸钾、三氧化二铁、碳酸钴、氧化铜	反刍动物
	碱式氯化铜*#	猪和鸡

续表

类别	通用名称	适用范围
酶制剂	淀粉酶（产自黑曲霉、解淀粉芽孢杆菌、地衣芽孢杆菌、枯草芽孢杆菌）、纤维素酶（产自长柄木霉、李氏木霉）、β-葡萄糖酶（产自黑曲霉、枯草芽孢杆菌、长柄木霉）、葡萄糖氧化酶（产自特异青霉）、脂肪酶（产自黑曲霉）、麦芽糖酶（产自枯草芽孢杆菌）、甘露聚糖酶（产自迟缓芽孢杆菌）、果胶酶（产自黑曲霉）、植酸酶（产自黑曲霉、米曲霉）、蛋白酶（产自黑曲霉、米曲霉、枯草芽孢杆菌）、支链淀粉酶（产自酸解支链淀粉芽孢杆菌）、木聚糖酶（产自米曲霉、孤独腐质酶、长柄木霉、枯草芽孢杆菌*、李氏木霉*）、半乳甘露聚糖酶（（产自黑曲霉和米曲霉）	指定动物和饲料
微生物	地衣芽孢杆菌*、枯草芽孢杆菌、双歧杆菌*、粪肠球菌、屎肠球菌、乳酸肠球菌、嗜酸乳杆菌、干酪乳杆菌、乳酸乳杆菌*、植物乳杆菌、乳酸片球菌、戊糖片球菌*、产朊假丝酵母、酿酒酵母、沼泽红假单胞菌	指定的动物
	保加利亚乳杆菌#	猪和鸡
非蛋白氮	尿素、碳酸氢铵、硫酸铵、液氮、磷酸二氢铵、磷酸氢二铵、缩二脲、异丁叉二脲、磷酸脲	反刍动物
抗氧化剂	乙氧基喹啉、丁基羟基茴香醚（BHA）、二丁基羟基甲苯（BHT）、没食子酸丙酯	养殖动物
防腐剂、防霉剂和酸化剂	甲酸、甲酸铵、甲酸钙、乙酸、双乙酸钠、丙酸、丙酸铵、丙酸钠、丙酸钙、丁酸、丁酸钠、乳酸、苯甲酸、苯甲酸钠、山梨酸、山梨酸钠、山梨酸钾、富马酸、柠檬酸、酒石酸、苹果酸、磷酸、氢氧化钠、碳酸氢钠、氯化钾、碳酸钠	养殖动物
着色剂	β-胡萝卜素、辣椒红、β-阿朴-8'-胡萝卜素醛、β-阿朴-8'-胡萝卜素酸乙酯、β，β-胡萝卜素-4，4-二酮（斑蝥黄）、叶黄素*、天然叶黄素（源自万寿菊）	家禽
	虾青素	水产动物
调味剂和香料	糖精钠、谷氨酸钠、5'-肌苷酸二钠、5'-鸟苷酸二钠、血根碱、食品用香料	养殖动物
黏结剂、抗结块剂和稳定剂	α-淀粉、三氧化二铝、可食脂肪酸钙盐*、硅酸钙、硬脂酸钙、甘油脂肪酸酯、聚丙烯酸树脂Ⅱ、聚氧乙烯、山梨醇酐单油酸酯、丙二醇、二氧化硅、海藻酸钠、羧甲基纤维素钠、聚丙烯酸钠*、山梨醇酐脂肪酸酯、蔗糖脂肪酸酯、焦磷酸二钠*、单硬脂酸甘油酯*	养殖动物
	丙三醇*	猪、肉鸡和兔
多糖和寡糖	低聚木糖（木聚糖）#	蛋鸡
	低聚壳聚糖#	猪和鸡
	半乳甘露寡糖#	猪、肉鸡和兔
	果寡糖、甘露寡糖	养殖动

续表

类别	通用名称	适用范围
其他	甜菜碱、甜菜碱盐酸盐、天然甜菜碱、大蒜素、聚乙烯聚吡咯烷酮(PVP)、山梨糖醇、大豆磷脂、天然类固醇萨洒皂角苷(源自丝兰)、二十二碳六烯酸*、半胱氨盐酸盐#	养殖动物
	糖萜素(源自山茶籽饼)、牛至香酚*	猪和家禽
	乙酰氧肟酸	反刍动物

注:“*”为已经获得进口登记证的饲料添加剂,在中国境内生产带“*”的饲料添加剂需办理新饲料添加剂证书。“#”为2000年10月后批准的新饲料添加剂。

饲料添加剂的种类繁多,性能各异,按其作用可作如下分类(图4-40):

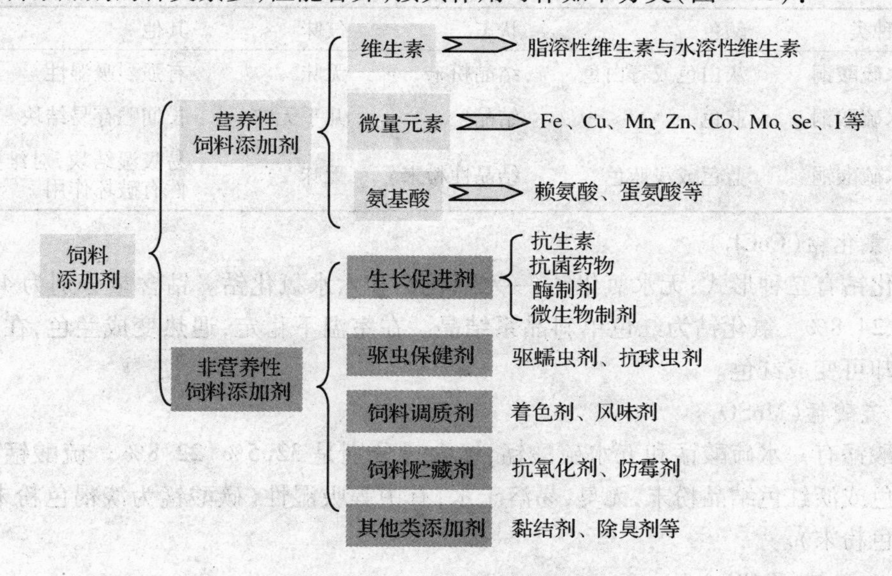

图4-40　饲料添加剂的分类

(三)矿物元素类饲料添加剂

此类饲料添加剂多为各种微量元素的无机盐类或氧化物。常用的微量元素有铁、铜、锌、锰、钴、硒、碘等。

1. 硫酸亚铁($FeSO_4$)

硫酸亚铁有三种形式:无水硫酸亚铁、一水硫酸亚铁和七水硫酸亚铁,其铁含量分别为36.8%、32.9%、20.1%。其感官特征如表4-19所示。

表 4-19　硫酸亚铁感官特征

种类	颜色	状态	气味	其他
无水硫酸亚铁	灰白色	粉末	无臭	易溶于水，有吸湿性
一水硫酸亚铁	浅灰色或淡褐色	粉末	略具酸味	水溶性中等，有吸湿性
七水硫酸亚铁	淡绿色至黄色	结晶性粉末	微具酸味	亲水性强，易吸湿而潮解

2. 硫酸铜（$CuSO_4$）

硫酸铜有三种存在形式：无水硫酸铜、一水硫酸铜、五水硫酸铜，铜含量分别是39.0%、35.8%、25.5%。其感官特征如表4-20所示。

表 4-20　硫酸铜感官特征

种类	颜色	状态	气味	其他
无水硫酸铜	灰白色或青白色	结晶粉末	无味	有强烈吸湿性
一水硫酸铜	蓝色	结晶	几乎无味	长期贮存易结块
五水硫酸铜	蓝色或浅蓝色	结晶性粉末	无味	易吸湿结块，对维生素活性有破坏作用

3. 氯化钴（$CoCl_2$）

氯化钴有三种形式：无水氯化钴、一水氯化钴和六水氯化钴。钴含量分别为45.4%、39.9%、24.8%。氯化钴为红色单斜晶系结晶。在室温下稳定，遇热变成兰色，在潮湿空气中冷却可变成红色。

4. 硫酸锰（$MnSO_4$）

硫酸锰有一水硫酸锰和五水硫酸锰，锰含量分别是32.5%、22.8%。硫酸锰感官特征为白色或淡红色结晶粉末，无臭，易溶于水，有中等吸湿性（碳酸锰为淡褐色粉末、氧化锰为褐色粉末）。

5. 硫酸锌（$ZnSO_4$）

硫酸锌有一水硫酸锌和七水硫酸锌，其锌含量分别为36.4%、22.75%。一水硫酸锌为乳黄色至白色粉末；七水硫酸锌为无色结晶或白色结晶粉末，无臭，易溶于水，有吸湿性。

6. 亚硒酸钠（Na_2SeO_3）

作为饲料添加剂使用的硒化合物主要有亚硒酸钠和硒酸钠。亚硒酸钠为纯度很高的化工产品，白色至粉红色结晶或结晶粉末，有吸水性、易溶于水，有剧毒，饲料中的添加量为2～6g/t。由于直接使用很难保证均匀度和分散度，故一般制成1%或0.1%的预混料后使用。

（四）氨基酸类饲料添加剂

1. 蛋氨酸饲料添加剂

饲料工业中广泛应用的蛋氨酸有两类：一类是 DL-蛋氨酸；另一类是 DL-蛋氨酸羟基类似物及其钙盐。

目前，商品蛋氨酸广泛使用的是粉状 DL-蛋氨酸，其含量为 99%，使用时无需折算；DL-蛋氨酸羟基类似物及其钙盐，其生物活性相当于蛋氨酸的 80% 左右，添加时需要进行折算。

例　体重 20～35kg 的瘦肉型猪日粮中蛋氨酸的含量为 0.14%，胱氨酸为 0.20%，两者相加为 0.34%。饲养标准要求该阶段猪的蛋氨酸加胱氨酸为 0.51%，则整个日粮的蛋氨酸添加量为 0.51% －0.34% ＝0.17%，即每吨饲料需要添加量蛋氨酸 1700g。若用 DL－蛋氨酸羟基类似物，实际添加量为 1700÷80% ＝2125g。

2. 赖氨酸饲料添加剂

生产中常用的商品赖氨酸是 98.5% 的 L-赖氨酸盐酸盐，其生物活性只有 L-赖氨酸的 78.8%，故添加时需要进行折算。

例　体重 20～35kg 的瘦肉型猪日粮中赖氨酸的含量为 0.54%，饲养标准要求该阶段猪的赖氨酸为 0.90%，则整个日粮的赖氨酸添加量为 0.90% －0.54% ＝0.36%，即每吨饲料中添加赖氨酸 3600g。使用 L-赖氨酸盐酸盐补充，实际添加量为 3600 ÷78.8% ＝4569g。

另一种氨基酸添加剂为 DL-赖氨酸盐酸盐，其中 D 型赖氨酸是发酵或化学合成工艺中的半成品，没有完全转化为 L 型，而动物只能利用 L 型赖氨酸。

表 4-21　氨基酸添加剂的种类与特征

品名	颜色	形态	其他
L-赖氨酸盐酸盐	白色、淡褐色	粉末或小颗粒	无味或有特异气味，口感有酸味、无涩感，易溶于水，难溶于有机溶剂
DL-蛋氨酸	白色或淡黄色	结晶粉末或片状	具有反光性，手感滑腻，具有微弱的含硫化合物的特殊气味，口感略有甜味、无涩感，不易溶于水，微溶于有机溶剂

（五）维生素类饲料添加物

这类添加剂除了含有纯的维生素化合物的活性成分外，还含有载体、稀释剂、吸附剂等化合物，以保持维生素的活性和便于在配合饲料中混合。

用于饲料添加剂的常见维生素种类与特征如表 4-22 所示。

表 4-22　常见维生素的种类与特征

品名	颜色	形态	其他
维生素A乙酸酯	灰黄色至淡褐色	颗粒	易吸潮，遇热、酸性气体或吸潮后分解
维生素A棕榈酸酯	黄色	油状或结晶体	不溶于水，溶于有机溶剂，在光和热空气中易氧化
维生素 D_3	米黄色至黄色	微粒	遇热、见光或吸潮后易分解、降解，溶于40℃水中呈乳化状
维生素E醋酸酯	微黄绿色或黄色	黏稠液体	不溶于水，溶于有机溶剂，遇光颜色深易吸潮，不溶于水，遇空气和光加速分解，石粉、氧化镁等影响其稳定性
维生素E粉	黄白色或淡黄色	粉末	无臭或略有臭味，有吸湿性，遇光易分解，易溶于水，难溶于有机溶剂
维生素 K_3（亚硫酸氢钠甲萘醌）	白色、淡黄色或灰褐色	结晶性粉末	有微弱的特臭，味苦，干燥品在空气中会迅速吸收4%水分，易溶于水
盐酸硫胺（维生素 B_1）	白色	结晶或结晶性粉末粉末	有微弱的特臭，略溶于水
硝酸硫胺	白色或微黄色	结晶性粉末	略溶于水
核黄素（维生素 B_2）	黄色至橙色	结晶性粉末	微臭、味微苦，在碱性溶液或遇光时会加速变质，溶于微碱性溶液
D-泛酸钙	白色	粉末	无臭，味微苦，有吸湿性，易溶于水
烟酸（尼克酸）	白色至微黄色	结晶性粉末	无臭或有微臭，味微酸，略溶于水
烟酰胺（尼克酰胺）	白色至微黄色	结晶性粉末	无臭或几乎无臭，味苦
盐酸吡哆醇（维生素 B_6）	白色至微黄色	结晶性粉末	无臭，味微苦，遇光渐变质，易溶于水
叶酸	黄色或橙黄色	结晶性粉末	无臭，无味，易溶于稀碱
氰钴素（维生素 B_{12}）	粉红色或暗红色	细微粉末	具有吸湿性，有重金属、氧化或还原剂、维生素C存在时不稳定，遇光会分解
L-抗坏血酸钠（维生素C）	白色	结晶性粉末，久置颜色变微黄	无臭，味酸，极易氧化，在光照及高温条件下易被破坏，未经包被的维生素C酸性强，对其他维生素有破坏作用
50%氯化胆碱	白色或黄褐色（因载体不同而颜色不同）	流动性粉末或颗粒	具有吸湿性，有特殊性臭味，对其他维生素有极强的破坏作用，最好单独制成预混料，单独分装

（六）酶制剂

作为饲料添加剂使用的酶类主要是帮助消化的蛋白酶、淀粉酶、纤维素分解酶、胰酶等单一酶制剂和复合酶制剂。目前生产中复合酶和植酸酶的使用较多。酶制剂作用的主要目的是补充内源酶的不足，促进饲料的消化吸收。酶本身是一种特殊蛋白质，作用选择性专一，使用和贮存时必须注意影响酶活力的各种因素，同时考虑动物的种类、年龄、日粮类型等因素。

（七）微生态制剂

微生态制剂也称为益生素、竞生素或生菌剂。动物消化道内正常的微生物群落对宿主具有营养、免疫、刺激生长和生物颉颃等作用，据此，人们将其分离并制成某种活菌制剂以达到防病治病、促进生长的目的。常用的有乳酸杆菌制剂、枯草杆菌制剂、双歧杆菌制剂、酵母菌等。

微生态制剂不会使动物产生耐药性，不产生残留，不会产生交叉污染，是一种可望替代抗生素的绿色添加剂。

（八）饲料保存剂

添加饲料保存剂的目的是保证饲料质量，防止饲料品质下降和提高饲料的调制效果。这类饲料添加剂主要有抗氧化剂、防腐剂、青贮饲料添加剂等。

1．抗氧化剂

氧化可致饲料中营养物质遭到破坏、饲料适口性降低甚至产生有毒有害物质。添加抗氧化剂的目的是阻止或延迟饲料氧化，提高饲料的稳定性和延长贮存期。常用的抗氧化剂有乙氧基喹啉（山道喹 EMQ）、二丁基羟基甲苯（BHT）、丁基羟基茴香醚（BHA）、没食子酸内酯及维生素类抗氧化剂（维生素 E、维生素 C）。

2．防霉防腐剂

饲料防霉防腐剂是一种抑制真菌繁殖、消灭真菌、防止饲料发霉变质的有机化合物。常见的发霉防腐剂有丙酸、丙酸钙、丙酸钠、山梨酸和山梨酸钙、富马酸和富马酸二甲酯等，其中最常用的是丙酸及其盐类。

（九）饲料调质剂

饲料调质剂主要指着色剂、调味剂、诱食剂、香料等。

通常用作饲料添加剂的着色剂有两种：一种是天然色素，主要是类胡萝卜素和叶黄素类；另一种是人工合成的色素，如胡萝卜素醇。前者有万寿菊、虾青粉、黄玉米等，后者有β-阿朴-8-胡萝卜素酸乙酯、斑蝥黄等。着色剂可改善畜产品的外观并提高其商品价值，如蛋黄的橘黄色和肉鸡屠体的鲜黄色泽、水产动物和玩赏动物的鲜艳色泽等，都受消费者的欢迎。此外，还可通过着色剂改变饲料的颜色，刺激动物的食欲。

调味剂又称风味剂，包括甜味剂、鲜味剂、酸味剂、辣味剂等。不同的动物所喜风味不同，生产中应有针对性地添加。

饲料香料添加剂有两类：一类是天然香料，如葱油、蒜油、茴香油等；另一类是化学合成的可用于配置香料的物质，如酯类、内酯类、酚类、芳香族醇类等。这类添加剂可增进动物的食欲，提高饲料的适口性和采食量，提高饲料的消化率和利用率。

（十）其他类饲料添加剂

1. 缓冲剂

最常用的是碳酸氢钠（小苏打）、石灰石、氢氧化铝、氧化镁、磷酸氢钙等。这类物质可增加机体的碱贮备，防止代谢性酸中毒，可中和胃酸、促进消化，调节反刍动物瘤胃的pH，提高动物的生产性能。一般用量为0.1%～1%。

2. 黏结剂

也称黏合剂和制粒添加剂，是加工工艺常用的添加剂，作用是提高颗粒饲料的牢固程度，减少粉尘和压模受损。常用的有木质素磺酸盐、羟甲基纤维素及其钠盐、陶土等。另外膨润土、玉米面、糖蜜等天然饲料也有一定的黏结性。

3. 流散剂

也称流动剂和抗结块剂。常用的有硬脂酸钙、硬脂酸钾、脱水硅胶、硅酸钙和块滑石等。主要目的是使饲料和饲料添加剂有良好的流动性，防止饲料在加工过程中结块。这类添加剂难以消化，一般用量在0.5%～2%为宜。

4. 疏水、防尘和抗静电剂

常使用油脂类、液体石蜡或矿物油以降低饲料粉尘和消除静电。湿度较高时可作为疏水剂以防止饲料产品吸湿。

技能指导

十三、饲料的立体显微镜检验

（一）显微镜检验的意义与目的

显微镜检验是利用立体显微镜（放大倍数7～40倍）和生物显微镜（放大倍数40～500倍）扩大视野的功能，分别对饲料的外部色泽、形态以及内部组织结构和细胞形态等进行观察，并与标准样品进行比较，进而判断饲料真伪与质量优劣的检验方法。

显微镜检验主要是检查饲料中应有的成分是否存在；是否存在污染物、有害物、杂质等。

（二）立体显微镜的构造

立体显微镜检验成本低、快速、准确、分辨率高，能检验出化学分析方法不易检测的项目（如掺杂物），是饲料加工企业和饲料质量检验部门实现品质管理的重要技术手段。

立体显微镜的构造如图 4-41 所示。称量瓶、探针如图 4-42 所示。

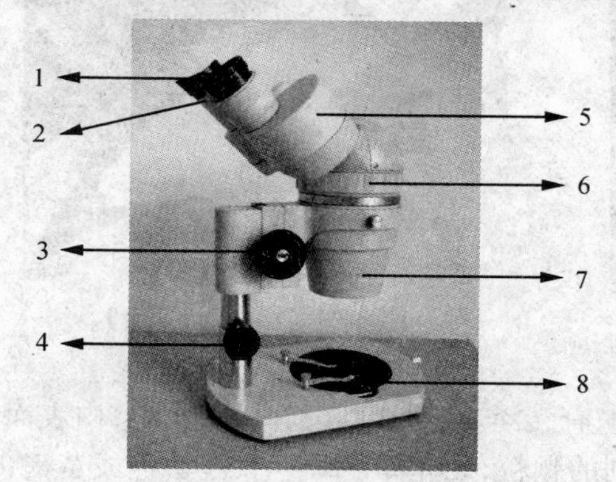

图 4-41　变倍立体显微镜

1. 眼罩 2. 目镜 3. 升降手轮 4. 锁紧手轮
5. 倍率调节器 6. 支紧螺丝 7. 物镜 8. 工作台板

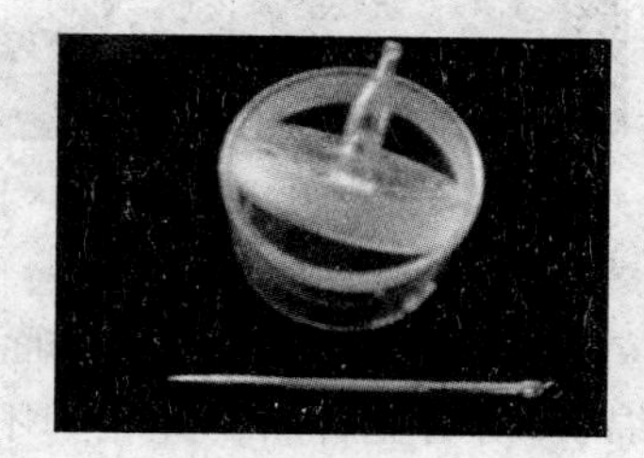

图 4-42　称量瓶、探针

（三）立体显微镜的使用

使用立体显微镜进行饲料原料检验时，可将装有试样的称量瓶或培养皿置于立体显微镜下观察，光源可采用充足的散射自然光或用阅读台灯（比照样品应在同一光源下对比观察），用台灯时入射光与试样平面成45°角为好。

使用立体显微镜载物台的衬板要考虑试样色泽，通常检查深色颗粒时用白色衬板；检查浅色颗粒时用黑色衬板。一个试样可先用白色衬板，再用黑色衬板进行观察。

检查时先看粗颗粒，再看细颗粒。先用较低放大倍数，再用较高放大倍数。

需要对试样进行仔细观察时，应用尖头镊子拨动试样，再用探针触探试样颗粒，仔细地检查试样的每一组分。

记录观察的原料的各组分，对不是试样所标示的物质，若量小，称为杂质（参考相应国家标准规定的有关饲料含杂质允许量）；若量大，则称为杂物。

（四）主要饲料原料的立体显微镜特征观察

1. 小麦麸

在立体显微镜下，小麦麸皮为片状物。外表面有细皱纹，内表面粘有许多不透明的白色淀粉颗粒，麦粒尖端部皮较薄，透明，可见有光泽的簇毛（图 4-43）。

2. 米糠

在立体显微镜下，米糠为很小的片状物，含油，呈奶油色或浅黄色，结块（脱脂米糠不结块）。若含有稻壳粉，则呈现为黄色至褐色的不规则碎片，外表面有纵横有序的突起（图 4-44）。若视野中有大量稻壳粉或其他杂物，则被检样品可能为统糠或掺假米糠。

图 4-43　小麦麸皮(15×)

图 4-44　稻壳粉(15×)

3. 大豆粕

在立体显微镜下，豆粕皮外表面光滑、有光泽、有明显凹痕和针状小孔；内表面呈白色多孔海绵状，可看见种脐。豆粕为不规则的颗粒，无光泽、不透明、浅黄色或黄褐色，质地较硬（图 4-45）。

图 4-45　大豆粕(15×)

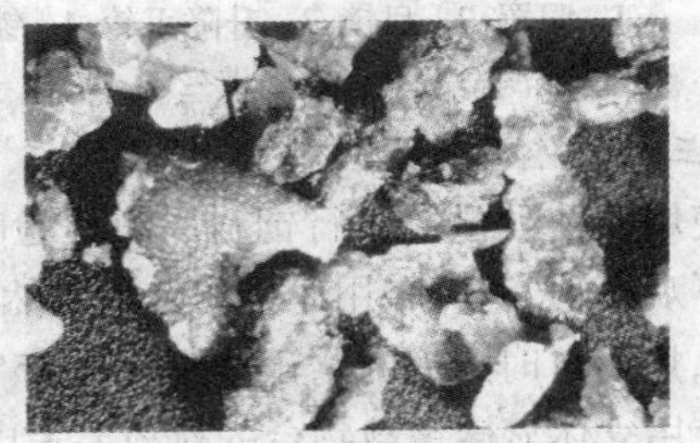

图 4-46　菜籽粕(20×)

4. 菜子粕

在立体显微镜下，菜子粕中菜子的种皮表面有油、有光泽，有网络结构（图 4-46）；内表面有柔软的半透明白色薄片。菜子仁为不规则的小碎片、黄色、无光泽、易碎，种皮与种仁互相分离。若是菜子，则呈圆形，一般为红褐色或灰褐色（图 4-47）。

5. 棉子粕

在立体显微镜下，棉子粕中棉子壳往往为弧状碎片，呈淡褐色、深褐色至黑色。壳的边缘有淡褐色或深褐色的不同色层。外表面有网状结构的突起。

注：图 4-43 至图 4-51 引自：杨海鹏主编《饲料显微镜检查图谱》。

棉子仁碎片为黄色或黄褐色。棉子仁与外壳往往被压榨在一起。一般在外壳和饼粕颗粒中均附着有扁平、卷曲、半透明、有光泽、白色的棉絮丝(图4-48)。

图4-47　油菜子(20×)

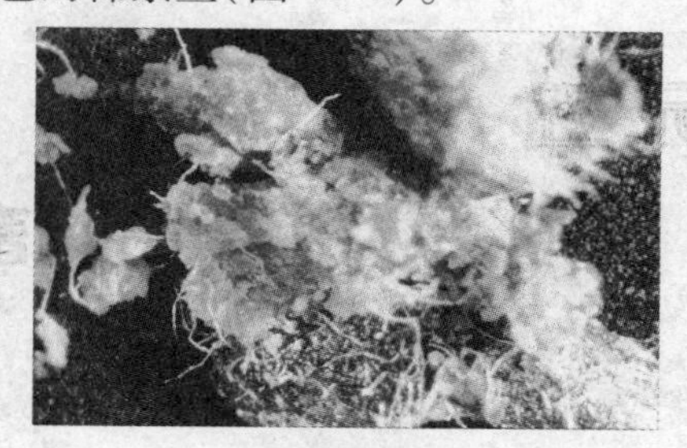

图4-48　棉子饼(15×)

6. 鱼粉

鱼肉:呈束状,具有明显的纤维结构,表面无光泽,呈黄色至黄褐色,透明,有弹性(图4-49,图4-50)。

图4-49　鱼粉(30×,质较好)

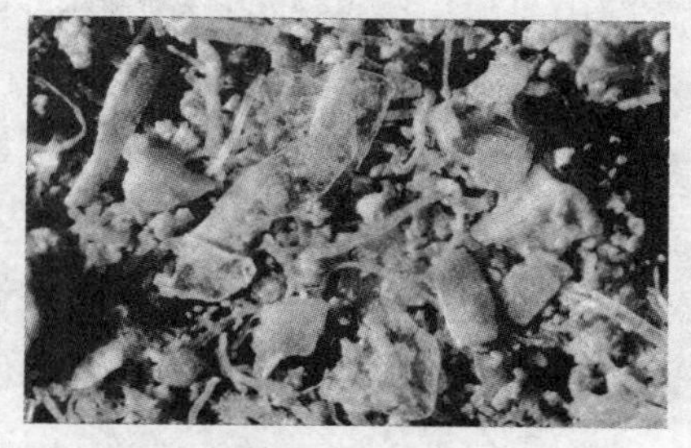

图4-50　鱼粉(30×,骨的比例大)

鱼骨:鱼刺尖硬为棒状;鱼头、腹、躯干和尾部等处的骨呈大小形状各异的碎片状,半透明,坚硬,无弹性。

鱼鳞:平坦或卷曲的薄形片状物,近乎透明,外表有一些同心纹(图4-51)。

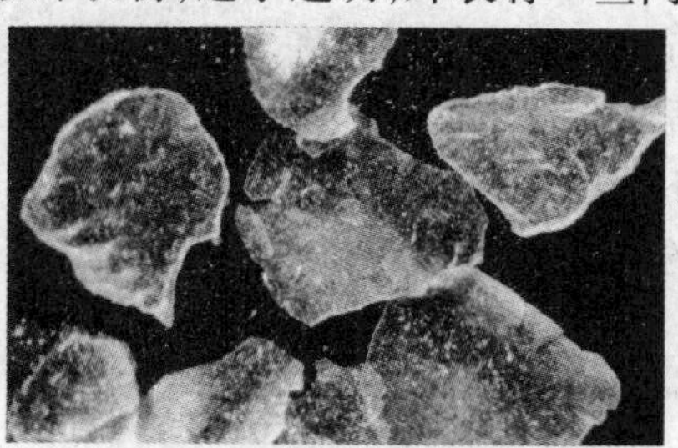

图4-51　鱼鳞(15倍)

单元五

畜禽配合饲料及其配方设计

学习导航

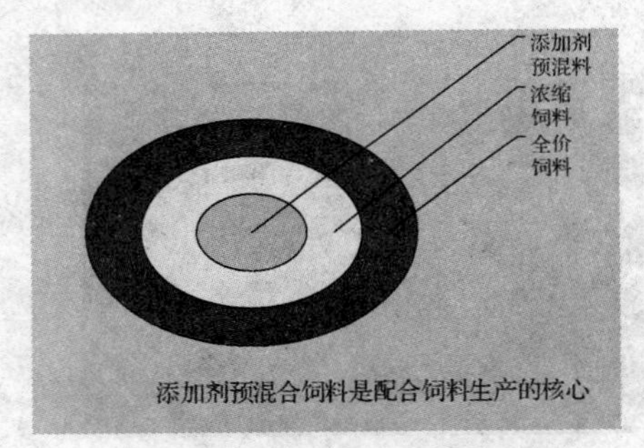

了解配合饲料种类及其特点

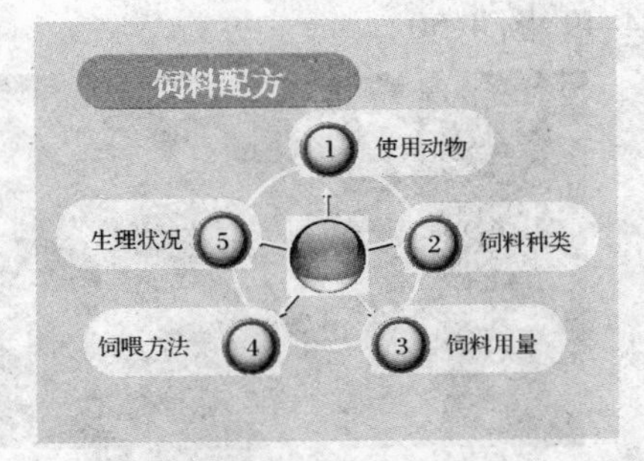

掌握畜禽配合饲料配方设计方法

单一饲料养分含量各异，营养不平衡，为了充分发挥各种单一饲料的优点，弥补其营养不足，提高饲料养分的利用率，满足动物的营养需要，有必要将各种饲料进行合理搭配成配合饲料。目前，配合饲料已成为集约化饲养和饲料工业生产的必然选择。

作为工业化生产的系列产品，配合饲料有许多种类。生产配合饲料，需要进行科学的设计，并通过一定的工艺流程加工混合而成。掌握配合饲料的设计要求，了解其生产工艺流程，熟悉各种配合饲料的不同特点和饲喂要求，是科学养殖、最大限度地发挥畜禽的生产性能、获得最佳经济效益的关键。

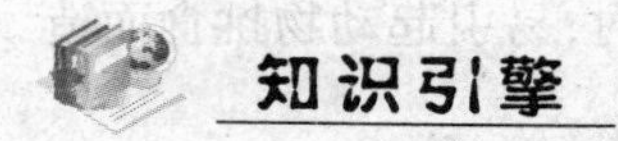

一、配合饲料的产品类型及特点

（一）配合饲料的概念

根据饲料配方设计的要求，按照特定的工艺流程，将多种饲料原料按比例混合加工制成具有一定形态的饲料产品即为配合饲料。习惯上将具有全面营养价值的、能够直接饲喂畜禽的配合饲料称为全价配合饲料。

（二）配合饲料的种类

1. 按组成成分分类

作为工业化生产来说，全价配合饲料仅仅是配合饲料系列产品中的一种。若按照饲料营养成分分类，可将配合饲料分成以下几类：

（1）添加剂预混合饲料。指将一种或多种添加剂原料（各种维生素、微量元素、氨基酸、非营养性添加剂等）与稀释剂或载体按一定比例均匀混合后的产品。

添加剂预混合饲料可分为单项预混合饲料和复合预混合饲料两种。

单项预混合饲料是指用单一添加剂原料或同一种类的多种饲料添加剂与载体或稀释剂配制的均匀混合物。生产中常将单体维生素、单体微量元素、多种维生素、多种微量元素先各自预混合后制成单项预混合饲料。

复合预混合饲料是指用各种不同种类的饲料添加剂与载体或稀释剂配制的均匀混合物，如将微量元素、维生素和其他成分混合在一起制成的饲料产品。

（2）浓缩饲料。由添加剂预混合饲料、蛋白质饲料和矿物质饲料按一定比例配制成的均匀混合物。

（3）全价配合饲料。由能量饲料（60% ~80%）和浓缩饲料混合制成的饲料产品。

（4）精料补充饲料。由能量饲料、蛋白质饲料和矿物质饲料等成分组成的配合饲料。主要用于牛、羊等草食家畜，旨在补充青粗饲料供应中营养成分的不足。

2. 按外观形态分类

根据饲料形态的不同，可将其分为：

（1）粉料。粉料是配合饲料生产中最常见的饲料形态，一般是将原料加工成粉状后，按照配方的要求与添加剂预混合饲料混合均匀后制成。

粉料加工工艺简单，加工成本低。缺点是生产时粉尘大，损失较大；在运输、贮藏过程中其养分易受外界环境因素的影响而失活。利用粉料饲喂动物时,易引起动物挑食而造成浪费,同时影响对青饲料和糟渣类饲料的利用。

(2) 颗粒饲料。是粉料经过蒸汽软化后加压处理制成的饲料,多为尺寸不等的圆柱状(直径与饲用动物的种类和年龄有关)。

(3) 破碎料。破碎料是颗粒饲料的一种特殊形式,指颗粒饲料经过破碎机破碎成 2 ~4mm 大小的碎粒后的饲料产品。

(4) 膨化饲料。是指将粉状配合饲料加湿、加压、加温调质处理,使其通过挤压机的喷嘴或突然喷出压力容器,并骤然降压而实现体积膨大的饲料。

(5) 压扁饲料。是将籽实类饲料去皮(反刍动物的饲料可不去皮)、加水、加热至120℃,再用压扁机压扁,最后冷却、干燥制成的饲料。

3. 按饲喂对象分类

根据不同的饲喂对象,可对配合饲料分类。

配合饲料的分类

1.单胃动物配合饲料。如猪、禽用配合饲料。
2.反刍动物配合饲料。如牛、羊用配合饲料。
3.草食动物配合饲料。如兔、马用配合饲料。
4.水产动物配合饲料。如鱼、虾、蟹用配合饲料。

(三) 配合饲料的特点

1. 配合饲料的优点

(1) 充分发挥畜禽生产潜力,提高经济效益。配合饲料的生产采用了科学的饲料配方,应用了最新的营养研究成果,使用了先进的生产加工工艺,可以最大限度地避免由于使用单一饲料和因饲料比例不当而造成的饲料浪费及动物营养不良,从而可以最大限度地发挥畜禽生产潜力,提高养殖业的经济效益。

(2) 合理、高效利用饲料资源,降低饲料成本。工业化生产配合饲料能够高效利用人类可食用谷物和不能直接利用的农副产品以及屠宰业、酿造业、制药业、缫丝业、捕捞业等的下脚料,从而促进饲料资源的开发利用,降低饲料成本。

(3) 科学、有效预防动物疾病,保证饲用安全。配合饲料的工业化生产,使原料中的任何一种微量成分的混合均匀成为可能,加之有完善的原料和产品检验手段以及质量标准体系作保证，因此，能够满足动物的营养供应，促进生长，有效预防畜禽疾病，并确保畜禽饲用安全。

（4）减少养殖劳动强度，方便应用推广。由专门的生产企业生产配合饲料，节省了养殖场和养殖户的生产设备与劳动力支出，且种类与规格多，方便应用推广。

2. 全价配合饲料

从理论上讲，"全价配合饲料"是营养价值完全的饲料。但在实际生产中，由于科学技术水平等方面的限制，全价只是相对的。一般认为，配合饲料所含养分种类和数量越符合动物的营养需要，则越能够发挥动物的生产潜力，此种配合饲料的全价性就越好。

全价配合饲料可直接饲喂动物。

3. 浓缩饲料

浓缩饲料营养成分的浓度较高，一般为全价配合饲料的2.5～5倍。浓缩饲料一般占全价配合饲料的20%～40%，必须按使用要求与一定比例的能量饲料混合后，方可饲喂动物。

4. 添加剂预混合饲料

添加剂预混合饲料加蛋白质原料和矿物质原料构成浓缩饲料；浓缩饲料加能量饲料构成全价配合饲料。因此，添加剂预混料是配合饲料生产的核心技术，也是配合饲料的半成品，通常占配合饲料的0.5%～5%，不能单独作为饲料饲喂畜禽，只有和其他饲料配合才能发挥作用。其设计是否科学，将直接影响全价配合饲料的实际应用效果以及畜牧生产的经济效益（图5-1）。

添加剂预混合饲料的质量与添加剂原料质量、预混合饲料配方和预混合饲料加工工艺等因素有密切的关系，只有选择优质的添加剂原料，通过先进的生产加工设备和科学的加工工艺以及严格的质量管理才能生产出优质的添加剂预混合饲料。

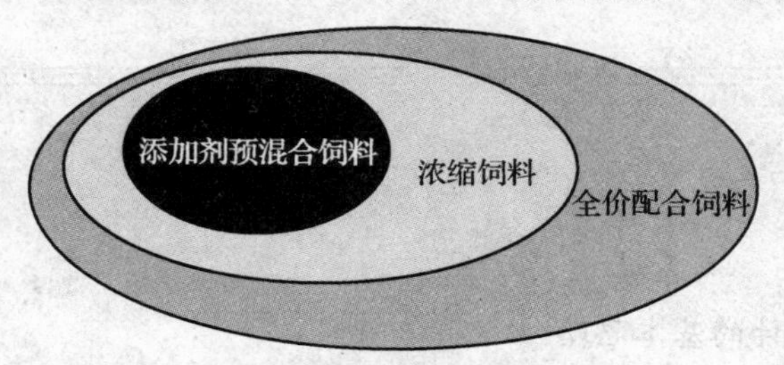

图5-1　添加剂预混合饲料的核心地位示意图

二、配合饲料配方设计基础

畜禽饲料配方设计是配合饲料生产的核心技术，同时也是畜禽养殖行业技术和管理人员必须掌握的专门知识和专业技能。配方的设计水平在一定程度上反映饲料产品的质量，关系到养殖业的发展水平、饲料资源的合理利用及生态效益，对于畜牧业的可持续发展具有举足轻重的作用。为此，设计者需要：

(1) 依据畜禽生产特点正确选用饲养标准，针对不同畜禽的生产要求，科学选择饲料原料。

(2) 遵循原料使用的安全性和合法性原则，即配合饲料对动物本身是安全的；饲料产品对人体必须是安全的。

(3) 配方设计必须遵循国家的《产品质量法》、《饲料和饲料添加剂管理条例》、《兽药管理条例》、《饲料卫生标准》、《饲料药物添加剂使用规范》、《禁止在饲料和动物饮水中使用的药物品种目录》等有关法律法规。决不违禁、违规使用药物添加剂和超量使用微量元素等物质。

(4) 考虑经济效益，但不用伪劣品，不以次充好。同时考虑生产的可行性、加工工艺的可行性和市场的认同性。

(一) 日粮与饲粮

日粮与饲粮的定义

1.日粮是指一头动物一昼夜采食的饲料量。其中营养物质的数量、种类及比例符合动物的营养需要时，称为平衡日粮。

2.饲粮是按日粮的百分比为相同生产目的的动物配得的大批混合饲料（按日分顿饲喂）。

(二) 饲粮配方设计的基本思路

1. 明确设计目标

设计目标可以包括企业目标、生产目标、市场目标等不同层次。不同的设计目标对配方的设计要求有所差别。设计目标一般有：最高的产品利润、最好的生产性能、最大的市场份额、最佳的生态效益等。生产中，应根据实际情况，兼顾多个目标或确定一个目标来进行配方设计。

2. 确定营养需要

根据不同的设计目标，选择不同的饲养标准。世界各国都有自己的饲养标准，其中以美国的NRC饲养标准应用最广。我国也制定了猪、鸡、牛等动物的饲养标准。但在设计配合饲料配方时，应根据养殖业的实际情况，考虑各种制约因素后，在标准基础上，给予一定的安全系数。稳妥的方法是先进行小规模的饲养试验，在有了一定把握和取得科学数据的情况下再大面积推广。

3. 科学选择原料

综合原料的营养与价格特点、资源与运输条件、动物的适口性与消化生理特点以及安全等因素后，进行科学选择。

4. 计算饲料配方

将以上三步所获取的信息综合处理，利用手工或采用计算机计算饲料配方。

5. 评定配方质量

配方的实际饲养效果是衡量其质量的最好尺度，条件较好的企业均以实际饲养效果和生产的畜产品品质作为质量的最终评价手段。但是，随着社会的进步，配方产品安全性、最终的环境和生态效应也将作为衡量配方质量的尺度之一。

（三）饲粮配方设计的资料准备

1. 饲养标准与营养需要指标

根据动物的品种、生产阶段选用不同的饲养标准及营养指标。

2. 饲料营养价值及营养成分资料

同一饲料的不同来源，其营养成分数据可能相差较大。在选用饲料营养成分数据前，应尽可能了解所选饲料的地域、土壤、生长、加工、贮藏等特性。有条件时，也可通过实际检测获得数据。

对饲料之间的相互影响要有清楚估计，要采取有效措施，抑制其不利的相互作用，突出其有利的相互作用。例如，棉饼与亚铁盐结合，可抑制游离棉粉的毒性。要熟悉所用饲料原料的限定因素和使用范围等。

3. 准确核定饲料价格

在采用计算机设计最低成本饲料配方时，通常需要准确核定饲料价格。

三、配合饲料配方设计方法

配合饲料配方设计的方法有手工设计和计算机设计两类。手工设计有代数法、交叉法和试差法等,生产中应用最广泛的是试差法。运用计算机设计配合饲料配方的方法较多,有配方软件设计法、利用 Excel 设计法、线性规划法、多目标规划法、参数规划法等。

(一) 手工设计法

1. 代数法

即用二元一次方程来计算饲料配方。此法适用于由两种饲料原料配制混合饲料,故通常情况应用不多。

例 某养殖场有玉米和豆粕,粗蛋白质含量分别是 8.7% 和 44%,现需要配制粗蛋白质含量为 15% 的混合饲料。

设需要玉米为 $x\%$,需要豆粕为 $y\%$,则

$$x + y = 100 \quad ①$$

$$0.087x + 0.44y = 15 \quad ②$$

解方程得:$x = 82.15$

$y = 17.85$

因此,配制粗蛋白质含量为 15% 的混合饲料时玉米用量为 82.15%,豆粕用量为 17.85%。

2. 交叉法

又称对角线法、四角法、方形法,适用于饲料原料种类及营养指标较少的情况。生产中计算浓缩饲料与能量饲料的比例时应用较多。

例 用能量饲料玉米和麸皮,以及含粗蛋白质 30% 的浓缩饲料为体重 60kg 的肥育猪配合日粮。

(1) 查饲养标准。体重 60kg 的肥育猪日粮粗蛋白质为 16.4%。

(2) 查饲料营养成分表。玉米和麸皮的粗蛋白质含量分别为 8.7% 和 15.7%。

(3) 确定能量饲料的组成。如若能量饲料中玉米用 70%,麸皮用 30%,则其混合物的粗蛋白质含量为 10.8%($0.7 \times 8.7 + 0.3 \times 15.7$)。

(4) 计算能量饲料混合物与浓缩饲料在配合日粮中的比例。

画一方形,方形中央写上配合日粮应达到的粗蛋白质含量 16.4%,左上角和左上角分别写上能量饲料混合物和浓缩饲料中粗蛋白质含量,然后按照对角线方向用大数减去小数,将结果分别写在方形相应的右角上。

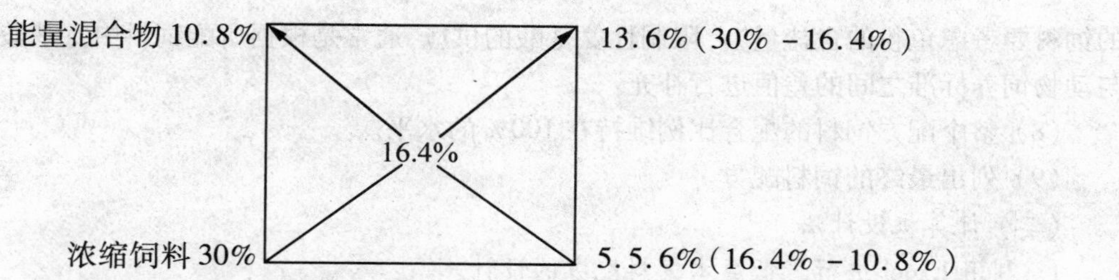

能量混合饲料占配合日粮的比例 $=\dfrac{13.6\%}{13.6\%+5.6\%}\times 100\%=70.83\%$

浓缩饲料占配合饲料的比例 $=\dfrac{5.6\%}{13.6\%+5.6\%}\times 100\%=29.17\%$

计算玉米、麸皮占配合饲料的比例：

玉米：70.83% ×70% =49.58%

麸皮：70.83% ×30% =21.25%

则体重 60kg 的肥育猪日粮配方为玉米 49.58%、麸皮 21.25%、浓缩饲料 29.17%。

3. 试差法

试差法是根据经验初步拟定一个配方，然后计算该配方的营养成分含量，将计算结果与饲养标准对照。针对高于或低于饲养标准的某种营养成分，按照多去少补的原则调整饲料配方，反复调整直至所有营养成分含量都符合或接近饲养标准为止。采用试差法设计全价配合饲料的步骤如下：

(1) 根据动物的种类、品种、体重、生理状况、生产目的与生产水平选择相应的饲养标准，列出该动物对各种营养成分的需要量表。

(2) 针对当地的饲料资源条件和动物的具体情况，确定选用饲料的种类，通过分析或查饲料营养价值表列出所选原料的营养成分含量。

(3) 依据经验或参考常用原料在饲料配方中的大致用量，草拟配方并预留一定比例用于平衡钙、磷和添加各种微量成分等(单胃动物和禽预留 2% ~3%，产蛋禽预留比例放宽到 7% ~10%)。

(4) 对草拟配方进行能量和蛋白质两项指标的计算，然后与饲养标准进行比较。

(5) 根据比较的结果，视需要，调整配方中饲料原料的配合比例并进行计算，直到调整后的配方所提供的能量和蛋白质与需要量相一致或接近为止(一般与标准相差不超过 ±5% 为满足要求)。

(6) 计算配方中钙、磷和其他养分的含量。用预留的比例试配饲粮中钙、磷等养分。在平衡钙、磷时应先补磷后补钙。

(7) 食盐的添加量一般按营养需要计算，不考虑饲料原料中钠和氯的含量(含有鱼粉的饲料要考虑鱼粉的含盐量)。限制性氨基酸的供应,通常是根据所配饲料中氨基酸含量与动物饲养标准之间的差值进行补充。

(8) 整个配方饲料的配合比例维持在100%的水平。

(9) 列出最终的饲料配方。

(二) 计算机设计法

1. 利用 Excel 进行最低成本饲料配方的设计

由于 Excel 有线性规划的功能,在进行最低成本饲料配方的设计时,可不需要任何软件,仅在 Excel 界面下,通过规划求解对话框下的鼠标和键盘操作,即可得出最低成本饲料配方的最优解。同时,还可以生成运算结果报告、敏感性报告和极限值报告。

2. 利用配方软件设计全价配合饲料配方

随着计算机的普及和应用,饲料配方软件日益广泛地应用于生产。目前市场上的配方软件种类繁多,如胜丰饲料配方软件、利群饲料配方软件、农博士饲料配方软件、资源配方师软件、金牧饲料配方软件等。它们都具有原理相似、实用方便的共同特征。

四、蛋禽全价配合饲料配方设计

(一) 设计蛋禽饲料配方时应考虑的因素

(1) 禽消化道无降解纤维素酶,对饲料粗纤维的消化率低。饲料配方中粗纤维的含量应控制在3%~5%为宜。

(2) 禽对于能量的采食有自行调节的能力,因此,保持配方的能量与蛋白质、氨基酸、矿物质、维生素的适当比例十分重要。

(3) 禽能量的采食受环境温度的影响,在22℃条件下,温度每升高或降低1℃,禽每千克体重代谢能需要量即减少或增加5.57 kJ。因此,环境气温升高时,饲料蛋白质与矿物质供应水平应相应提高;反之,则相应降低。

(4) 重点考虑蛋氨酸、胱氨酸、赖氨酸等必需氨基酸的供应。

(5) 在现代禽生产中,家禽必须从饲料中摄取13种维生素,所需要的各种维生素一般以添加剂的形式补加。

(6) 产蛋禽钙、磷的比例为:Ca∶P=6∶1。

(二) 蛋禽常用饲料概述

1. 玉米

玉米能值高,是鸡配合饲料的重要原料。黄玉米中含有的胡萝卜素对蛋黄、皮肤有良好的着色效果。玉米中含有抗烟酸因子,易引发皮炎,配合饲料中用量大时,需考虑相应加大烟酸的添加量。玉米的粉碎粒度会影响鸡的采食量，故以颗粒稍粗为合适。

2. 小麦

小麦含氨基酸较其他谷类完善，维生素 B 族也较丰富。若用小麦取代等量的玉米，饲用效果是玉米的 90% 左右，原因是小麦增加了鸡消化道食糜的黏稠度，从而降低了养分的消化率。

3. 小麦麸

小麦麸代谢能低，在不影响能量供应的情况下，蛋鸡、种鸡饲料中可使用 10% 左右。

4. 米糠

新鲜米糠适口性好，饲用价值相当于玉米的 80% ~90%。米糠含有较高的脂肪，极易酸败、氧化、霉变，从饲喂安全考虑，可选择脱脂米糠。米糠在饲料中的用量在 5% 以下，颗粒饲料中可使用 10% 左右，若用量过大则影响适口性，含有的植酸过多也影响动物对钙、镁、铁等矿物元素的利用。

5. 大豆饼（粕）

大豆饼（粕）是目前使用最广泛、用量最多的植物性蛋白质饲料。正常的大豆饼（粕）是鸡良好的蛋白质营养来源，任何生长阶段的鸡都可以使用。

6. 菜子饼（粕）

菜子饼（粕）因含有毒、有害成分，鸡配合饲料中应限制其用量。一般雏鸡应避免使用；肉鸡控制在 10% 以下；蛋鸡、种鸡的使用量在 8% 以下。

7. 花生与芝麻饼（粕）

花生饼（粕）用于成年家禽为宜。芝麻饼（粕）因赖氨酸含量低而影响动物的生产性能，同时，含有的草酸、植酸会影响动物对蛋白质、矿物质的利用，雏鸡不宜使用。一般育成期用 5%，产蛋期用 8%。

8. 鱼粉

新鲜鱼粉蛋白质含量高，适口性好，氨基酸比较平衡，且含有未知生长因子，饲用价值较其他蛋白质饲料高。鱼粉若加工不当或贮存时间过长，含有的组胺和形成的糜烂素，可致鸡产生肌胃糜烂。其症状为嗉囊肿大、肌胃糜烂、溃疡及穿孔，严重者吐血死亡。一般雏鸡和肉仔鸡用量为 3% ~5%。

9. 肉粉和肉骨粉

肉骨粉是鸡良好的蛋白质与钙、磷养分来源之一，富含维生素 B_{12}，但同时也存在着质量稳定性差和饲用价值不及鱼粉和大豆饼（粕）的缺点，故用量控制在 6% 以下。

（三）各种饲料原料在禽饲料配方中的大致用量

对初学者来说，依据饲料原料在配方中的大致用量有助于获得设计成功和不断积累经验(表5-1)。

表5-1 各种饲料原料在禽饲料配方中的大致用量

饲 料	育雏期	育成期	产蛋期	肉仔禽
谷实类/%	55~65	50~60	55~65	55~70
植物蛋白质类/%	20~25	12~18	18~26	20~35
动物蛋白质类/%	0~5	0~5	0~5	0~5
糠麸类	≤5	10~20	≤5	0~5
粗饲料类/%	优质苜蓿粉0~5			
青绿、青贮类/%	青绿饲料按日采食量的0~30			

(四)产蛋鸡全价配合饲料配方设计步骤

例 某饲料企业可提供玉米、大麦、高粱、麸皮、豆饼、秘鲁鱼粉、骨肉粉、苜蓿草粉、骨粉、贝壳粉、食盐、微量元素和维生素添加剂等饲料原料,设计满足产蛋率>85%的鸡群营养需要的饲料配方。

(1)查《鸡的饲养标准》,列出饲料的营养成分需要量(表5-2)。

表5-2 产蛋率>85%蛋鸡每千克饲料的养分需要量

代谢能/(MJ/kg)	粗蛋白/g	蛋白能量/(MJ/g)	钙/%	磷/%	有效磷/%	食盐/%
11.29	155	14.61	3.5	0.6	0.32	0.37

(2)查《中国饲料成分及营养价值表》,列出饲料营养成分含量(表5-3)。

表5-3 每千克饲料中所含营养成分

饲料名称	代谢能/(MJ/kg)	粗蛋白/%	钙/%	磷/%	粗纤维/%
玉米	13.56	8.7	0.02	0.27	1.6
大麦	11.3	11.0	0.09	0.33	4.8
高粱	12.3	9.0	0.13	0.36	1.4
小麦麸	6.82	15.7	0.11	0.92	8.9
豆饼	10.54	40.9	0.3	0.49	4.7
鱼粉	12.18	62.5	3.96	3.05	0.5
肉骨粉	9.96	45	11.0	5.9	2.5
苜蓿草粉	3.64	17.2	1.52	0.22	25.6
骨粉			36.4	16.4	
贝壳粉			33.4	0.14	

(3)进行代谢能和蛋白质两项营养指标的计算。根据经验或参考常用饲料原料在配方中的大致用量,确定原料在配方中的百分比(本例预留8.5%的比例)。计算结果见表5-4。

表 5-4　饲料的初配和计算

饲料名称	初配比例/%	代谢能/(MJ/kg)	粗蛋白/g
玉米	57.5	13.56×57.5%=7.790	87×57.5%=50.03
大麦	10	11.3×10%=1.130	110×10%=11.00
高粱	4	12.3×4%=0.492	90×43%=38.70
小麦麸	3	6.82×3%=0.205	157×3%=4.71
豆饼	8	10.54×8%=0.843	409×8%=32.72
鱼粉	6	12.18×6%=0.731	625×6%=37.50
肉骨粉	2	9.96×2%=0.199	450×2%=9.00
苜蓿草粉	1	3.64×1%=0.036	172×1%=1.72
合计	91.5	11.43	150.275
标准	100	11.29	155
差数	-8.5	+0.14	+4.725

（4）调整饲料原料比例。从上表可以看出，配方中能量较标准多0.14 MJ/kg，小于标准的5%，粗蛋白质较标准多4.725 g，小于标准的5%，可不作调整。

（5）计算钙、磷和粗纤维含量（表5-5）。

表 5-5　钙、磷和粗纤维含量计算表

饲料名称	比例/%	钙/%	磷/%	粗纤维/%
玉米	57.5	0.02×57.5%=0.0115	0.27×57.5%=0.155	1.6×57.5%=0.92
大麦	10	0.09×10%=0.009	0.33×10%=0.033	4.8×10%=0.48
高粱	4	0.13×4%=0.0052	0.36×4%=0.0144	1.4×4%=0.056
小麦麸	3	10.11×3%=0.3033	0.92×3%=0.0276	8.9×3%=0.267
豆饼	8	0.3×8%=0.024	0.49×8%=0.0392	4.7×8%=0.376
鱼粉	6	3.96×6%=0.2376	3.05×6%=0.183	0.5×8%=0.04
肉骨粉	2	11×2%=0.22	5.9×2%=0.118	2.5×2%=0.05
苜蓿草粉	1	1.52×1%=0.0152	0.22×1%=0.0022	25.6×1%=0.256
合计	91.5	0.8258	0.5724	2.445
标准	100	3.4	0.6	
差数	8.5	−2.58	−0.0276	

计算结果显示：钙、磷分别较标准低2.58%和0.0276%。

（6）补充钙、磷。选用骨粉（含磷量为16.4%，含钙量为36.4%）补充钙磷。设需用$x\%$的骨粉来补足磷，计算过程如下：

$16.4\times x\%=0.0276$

$$x=\frac{0.0276\times 100}{16.4}\approx 0.2(\%)$$ （即用0.2%的骨粉可补足磷的供应）

0.2%的骨粉同时含有的钙量为：36.4% ×0.2% =0.0728%。

配方中仍然缺少的钙选用贝壳粉来满足。设需贝壳粉的比例为 $y\%$，贝壳粉的含钙量为33.4%，则：

$$33.4\%\times y\%=2.58-0.0728$$

$$y=\frac{2.58-0.0728}{33.4}\times 100\approx 7.5\%$$ （即需要补7.5%贝壳粉）

配方预留的8.5%比例用作添加矿物质及其他添加剂，现加入0.2%的骨粉和7.5%的贝壳粉之后，还需添加0.37%的食盐，剩下0.43%用于添加饲料添加剂即可。

（7）列出最终的饲料配方及养分指标含量（表5-6）。

表5-6　产蛋率>85%蛋鸡饲料配方表

饲料	比例/%	饲料	比例/%	营养指标	提供量
玉米	58.5	肉骨粉	2	代谢能/（MJ/kg）	11.43
大麦	10	苜蓿草粉	1	粗蛋白/（g/kg）	150.28
高粱	4	骨粉	0.2	钙/（g/kg）	34
麸皮	2	贝壳粉	7.5	总磷/（g/kg）	6
豆饼	8	食盐	0.37		
鱼粉	6	添加剂	0.43		

五、猪全价配合饲料配方设计

（一）各生长阶段猪的生理特点

1. 哺乳仔猪的生理特点

从出生到断奶阶段的猪称为哺乳仔猪。哺乳仔猪具有生长发育快、代谢旺盛、消化器官功能不完善、体温调节能力差、缺乏先天免疫力和容易得病的特点。

2. 断奶仔猪的生理特点

从断奶到10周龄的猪称为断奶仔猪。这一阶段的猪从吸吮温热的母乳转变为以采食固体饲料为主，由依附母猪生活转变为完全独立生活，同时，面临着重新编群。

研究表明，仔猪在断奶后的第一周，胃内pH约为3，仔猪饲料的pH多在5.8~6.5，过高的pH易使蛋白酶活性下降，且可能为大肠杆菌（pH为6~8）、链球菌（pH为6~7.5）、葡萄球菌（pH为6.8~7.5）、沙门氏菌（pH为6~8）等病原微生物大量繁殖提供适宜的环境，导致仔猪消化不良、腹泻及生长缓慢。因此，保持断奶仔猪胃内一定的酸度，控制腹泻，是仔猪饲养的重要任务。在玉米-豆粕型日粮中添加1%柠檬酸，仔猪腹泻的发生率可降低41.88%；对早期断奶仔猪使用延胡索酸，可使增重率提高5.1%。一般2～3周龄和3～7周龄使用酸化剂效果较好。

3. 生长肥育猪生理特点

70～180日龄的猪称为生长肥育猪。这一阶段猪的生长速度最快，是形成最佳出栏屠宰体重和养猪经营者获得最佳经济效益的重要时期。

配方设计时，要考虑提供合理的蛋白质营养，注意各种氨基酸的给量和配比，尤其是赖氨酸和蛋氨酸占粗蛋白质的比例应合适。

肥育猪饲料中粗纤维的含量影响其日增重和胴体瘦肉率，一般主张20～30kg体重阶段，粗纤维控制在5%～6%；35～90kg体重阶段，粗纤维控制在7%～8%。

（二）猪常用饲料概述

1. 玉米

玉米是猪配合饲料中的主要原料，但由于赖氨酸含量低，故任何生长阶段的猪日粮必须注意添加赖氨酸。玉米的脂肪含量较高，主要是不饱和脂肪酸，在配合饲料中用量不当，易造成猪的软体脂肪，同时，玉米中的叶黄素也会影响猪体脂肪的颜色。

2. 小麦

小麦的适口性优于玉米，其营养价值可达玉米的105%～107%。用等量小麦取代玉米，可节约部分蛋白质饲料和改善猪的胴体品质。但小麦的能值较玉米低，若粉碎过细，其黏性增大，消化率下降，采食量减少，影响猪的生长性能。

3. 大麦

大麦的粗脂肪含量比玉米低，用大麦饲喂肥育猪可增加胴体瘦肉率和体脂肪的硬度，改善胴体品质。但大麦的粗纤维含量较高，热能低，仔猪应避免使用。经脱壳、压片和蒸汽处理的大麦片可取代部分玉米，一般以不超过50%为宜。

4. 麸皮

小麦麸的适口性好，具有轻泻性，有助于胃肠的蠕动和润肠通便，是妊娠后期和哺乳期母猪的良好饲料。由于麸皮的消化率低，用于肥育猪的饲养效果较差，乳猪料中一般不使用。

5. 米糠

新鲜米糠适口性好，含能值较高，饲喂价值相当于玉米的80%～90%，在生长肥育猪饲料中可使用10%～30%。米糠粗脂肪较高，极易氧化、酸败、发热和发霉，大量饲喂易导致猪体脂肪软化和腹泻。仔猪不宜食用米糠，以免引起腹泻。

6. 大豆粕

大豆粕是优质的蛋白质饲料，任何生长阶段的猪都可以使用（早期断奶的仔猪使用膨化大豆的效果优于豆粕)，在以豆粕为主要蛋白质来源的饲料中，适当添加赖氨酸、蛋氨酸会显著提高生产性能。

7. 菜子粕

未经脱毒处理的菜子粕，用量应控制在5%以下；经脱毒处理或新培育的"双低"、"三低"品种制成的菜子粕，可使用10%～15%。

8. 棉子粕

品质优良的棉子粕是猪良好的蛋白质饲料，也是色氨酸的良好来源，但需要补充赖氨酸、钙和胡萝卜素。棉粕含有的游离棉酚和环丙烯脂肪酸为有害成分，猪对游离棉酚的耐受剂量为100mg/kg，超过此限量则影响猪的生长。仔猪不宜喂棉子粕。

9. 其他粕类

葵仁粕：营养成分因向日葵的品种、脱壳程度和榨油方法不同而有很大差异。通常情况下，脱壳的葵仁粕在肥育猪饲料中可适当添加，但不能作为唯一的蛋白质来源，同时应适当补充维生素和氨基酸。仔猪应避免食用葵仁粕，以免影响消化。

花生粕：氨基酸的组成不平衡，蛋白质品质低于大豆粕，但精氨酸含量在所有动物、植物性饲料中含量最高，适口性好，猪的用量以不超过12%为宜，否则易造成下痢和体脂软化。

芝麻粕：蛋氨酸含量是所有植物性饲料中最高的，但同时又含有较高的植酸、草酸等，肥育猪饲料中使用量以10%以下为宜，仔猪应避免食用。

10. 鱼粉

鱼粉是猪良好的蛋白质来源，猪的年龄越小，鱼粉的饲喂效果越明显。断奶前后的仔猪可饲用3%～5%的鱼粉，肥育猪用量在3%以下，用量过高不但增加饲养成本，而且可能造成猪体脂肪变软和猪肉含有鱼腥味。

11. 其他动物性蛋白质饲料

肉骨粉：对猪的饲喂价值不高，一般用量在5%以下。

羽毛粉：含硫氨基酸居所有天然饲料之首，但赖氨酸、蛋氨酸、色氨酸含量低，大量使用易造成氨基酸不平衡。由于羽毛的加工方法不同，羽毛粉的生物利用率差异较大，猪的用量不宜超过4%。

12. 饲料酵母

饲料酵母是以农业、林业、轻工业和食品工业的废弃物为原料，接种酵母菌，经发酵、干燥制成的蛋白质饲料，有基本干燥酵母、活性干燥酵母、蒸馏干燥酵母、纸浆废液酵母和啤酒酵母等种类。

饲料酵母蛋白质含量介于植物和动物性蛋白质饲料之间，赖氨酸、色氨酸、苏氨酸的含量较高,B族维生素含量较丰富。酵母中含有的未知生长因子,对仔猪有明显的促生长效果,一般饲料中仔猪可使用3%～5%,肥育猪可使用3%,但需要注意补充蛋氨酸。

13. 啤酒糟

啤酒糟是大麦提取可溶性碳水化合物后的残渣,其粗蛋白质的含量为22%～27%,粗纤维13%～18%,能值较低。在肥育猪饲料中,用啤酒糟取代50%的蛋白质饲料,猪的增重和饲料效率不受影响,但需要补充赖氨酸。由于粗纤维含量高,仔猪应避免饲用。

14. 酒糟

酒糟是酿造白酒所得的糟渣,营养成分因酿造原料与方法的不同而存在较大的差异。由于其中的可溶性碳水化合物发酵成醇,加之在酿酒过程中加入了20%～30%的稻壳,所以酒糟的蛋白质、脂肪和粗纤维的含量相对升高。

酒糟喂猪,人们称其为"火性饲料",用量过大易引起便秘。鲜酒糟的饲喂量不得超过日粮的40%,同时应多喂青饲料,搭配玉米、饼粕类饲料,以保证营养平衡和防止便秘。

15. 玉米酒精糟

玉米酒精糟是玉米发酵生产乙醇的蒸馏残余物经干燥处理后的副产品,分为干酒精糟(DDG)、可溶干酒精糟(DDS)和干酒精糟液(DDGS)。由于营养价值高,蛋白质含量高,因此玉米酒精糟被许多国家广泛用于畜禽饲料。

玉米酒精糟因氨基酸组成不平衡,不宜作为猪唯一蛋白质饲料使用,在种猪和肥育猪饲料中添加量控制在15%以内为宜。

16. 乳清粉

乳清粉是幼畜最佳的能量来源,突出特点是乳糖含量高,蛋白质含量低但利用率高;钙、磷比例合适,且B族维生素含量丰富。

对早期断奶的仔猪,乳清粉具有较高的营养价值,乳糖可促进乳酸菌繁殖,有利于肠道微生物菌群的平衡,减少腹泻现象的发生。国外的仔猪饲料中,乳清粉用量达10%～30%;国内的仔猪饲料中,乳清粉用量一般为5%。

(三) 各种饲料原料在猪饲料配方中的大致用量

各种饲料原料在猪饲料配方中的大致用量见表5-7。

表 5-7　各种饲料原料在猪饲料配方中的大致用量

饲料	种猪	生长肥育猪	乳猪(0~3周)	仔猪
玉米/%	20~45	75	15~50	50~65
糙米/%	20~45	75	15~50	50~65
大麦/%		50		
米糠/%		10~30		
高粱/%	10~20	10		
麸皮/%	15~25	10~30		20~30
豆粕/%		10~25	12~28	20~40
棉、菜粕/%		8~10		
其他饼粕/%		5		
动物性蛋白质/%		<5		1~5
优质草粉/%		<5		1~2
脱脂乳粉/%			15~40	
乳清粉/%	1~3		0~20	0~20
复合维生素预混料/%			1~4	

（四）计算赖氨酸、蛋氨酸添加量

1. 添加蛋氨酸

饲料工业中广泛应用的蛋氨酸有两类：一类是 DL-蛋氨酸；另一类是 DL-蛋氨酸羟基类似物及其钙盐。目前，广泛使用的商品蛋氨酸是粉状 DL-蛋氨酸，其含量为 99%，使用时无需折算；DL-蛋氨酸羟基类似物及其钙盐，其生物活性相当于蛋氨酸的 80% 左右，添加时需要进行折算。

例　体重 20~35kg 的瘦肉型猪日粮中蛋氨酸的含量为 0.10%，胱氨酸为 0.20%，两者相加为 0.30%。饲养标准要求该阶段猪的蛋氨酸加胱氨酸为 0.51%，则整个日粮的蛋氨酸添加量为 0.51% −0.30% =0.21%。即每吨饲料需要添加量蛋氨酸 2100g，若用 DL-蛋氨酸羟基类似物，实际添加量为 2100 ÷80% =2625g。

2. 添加赖氨酸

商品赖氨酸一般是 98.5% 的 L-赖氨酸盐酸盐，其生物活性只有 L-赖氨酸的 78.8%，故添加时需要进行折算。

例　体重 20~35kg 的瘦肉型猪日粮中赖氨酸的含量为 0.40%，饲养标准要求该阶段猪的赖氨酸为 0.90%，则整个日粮的赖氨酸添加量为 0.90% −0.40% =0.50%，即每吨饲料中添加赖氨酸 5000g。L-赖氨酸盐酸盐的实际添加量为 5000 ÷78.8% =6345g。

（五）猪全价（平衡）配合饲料配方设计步骤

例　某饲料企业可提供玉米、豆粕、鱼粉、次粉、乳清粉、食盐、微量元素和维生素添加剂等饲料原料，请设计满足 8～20kg 仔猪群营养需要的饲料配方。

（1）查《猪的饲养标准》，列出营养成分需要量（表 5-8）。

表 5-8　猪每千克饲料的养分需要量

DE/（MJ/kg）	CP/%	赖氨酸/%	蛋氨酸/%	（蛋氨酸＋胱氨酸）/%	钙/%	磷/%
13.6	19	1.16	0.30	0.66	0.74	0.58

（2）查《中国饲料成分及营养价值表》，列出饲料营养成分含量（表 5-9）。

表 5-9　每千克饲料中所含营养成分

饲料	DE/（MJ/kg）	CP/%	赖氨酸/%	蛋氨酸/%	（蛋氨酸＋胱氨酸）/%	钙/%	磷/%
玉米	14.18	7.8	0.23	0.15	0.15＋0.15	0.02	0.27
豆粕	14.26	44.2	2.68	0.59	0.59＋0.65	0.33	0.62
鱼粉	12.97	62.5	5.12	1.66	1.66＋0.55	2.96	3.05
次粉	13.43	13.6	0.52	0.16	0.16＋0.33	0.08	0.48
乳清粉	14.39	12.0	1.10	0.20	0.20＋0.30	0.87	0.79

（3）进行代谢能和粗蛋白质、氨基酸指标的计算，根据经验或参考常用饲料原料在配方中大致用量，确定饲料原料在配方中的百分比（本例预留 3% 的比例）。计算结果见表 5-10、表 5-11。

表 5-10　代谢能和粗蛋白质含量计算

饲料	含量/%	DE/（MJ/kg）	CP/%
玉米	48	0.48×14.18＝6.806	0.48×7.8＝3.744
豆粕	20	0.20×14.26＝2.852	0.20×44.2＝8.84
鱼粉	6	0.06×12.97＝0.778	0.06×62.5＝3.75
次粉	13	0.13×13.43＝1.746	0.13×13.6＝1.768
乳清粉	10	0.10×14.39＝1.439	0.10×12.00＝1.20
合计	97	13.62	19.30
标准	100	13.6	19
差数	3	＋0.02	＋0.30

表 5-11　氨基酸含量计算

饲料	含量/%	赖氨酸/%	蛋氨酸/%	(蛋氨酸+胱氨酸)/%
玉米	48	0.48×0.23=0.110	0.48×0.15=0.072	0.48×0.15=0.072
豆粕	20	0.20×2.68=0.536	0.20×0.59=0.118	0.20×0.65=0.130
鱼粉	6	0.06×5.12=0.307	0.06×1.66=0.099	0.06×0.55=0.033
次粉	13	0.13×0.52=0.068	0.13×0.16=0.021	0.13×0.33=0.043
乳清粉	10	0.10×0.10=0.01	0.10×0.20=0.02	0.10×0.30=0.03
合计	97	1.03	0.33	0.33+0.308=0.64
标准	100	1.16	0.30	0.66
差数	3	-0.13	+0.03	-0.02

(4) 调整饲料原料比例。从上表可以看出，配方中能量与蛋白质指标基本符合饲养标准(与标准相差≤5%)，可不作调整。赖氨酸缺少0.13，用L-赖氨酸盐酸盐进行补充，实际的添加量为0.13÷78.8% =0.16%。

(5) 计算钙、磷含量(表5-12)。

表 5-12　钙、磷含量计算

饲料名称	含量/%	钙/%	磷/%
玉米	48	0.48×0.02=0.01	0.48×0.27=0.130
豆粕	20	0.20×0.33=0.066	0.20×0.62=0.124
鱼粉	6	0.06×3.96=0.238	0.06×3.05=0.183
次粉	13	0.13×0.08=0.10	0.13×0.48=0.062
乳清粉	10	0.10×0.87=0.087	0.10×0.79=0.079
合计	97	0.50	0.58
标准	100	0.74	0.58
差数	3	-0.24	0

由计算结果看出，钙缺0.24%，选用石粉补充。

石粉含钙量为35%，设需要补充x%的石粉。求x的过程如下：

$0.35\% \times x\% = 0.24\%$

$x\% = 0.69$

配方预留下3%用作添加矿物质及其他添加剂，现加入0.69%的石粉、0.16%的赖氨酸，0.3%的食盐，即3% -(0.69% +0.16% +0.3) =1.85%，故再加1.85%的复合添加剂预混合饲料即可。

(6) 列出最终的饲料配方及营养指标含量(表5-13)。

表 5-13　8～20kg 仔猪饲料配方表

饲料名称	含量/%	饲料名称	含量/%	营养指标	提供量
玉米	48	石粉	0.69	消化能/(MJ/kg)	13.62
豆粕	20	赖氨酸	0.16	粗蛋白/%	19.3
鱼粉	6	食盐	0.3	钙/%	0.74
次粉	13	复合预混料	1.85	总磷/%	0.58
乳清粉	10			赖氨酸/%	1.16
合计			100	(蛋氨酸+胱氨酸)/%	0.66

六、乳牛青、粗、精饲料配方设计

(一) 反刍动物的生理特点

反刍动物有瘤胃、网胃、瓣胃和皱胃四个胃。采食时,食物未经充分咀嚼即行吞咽,在休息时再将瘤胃内容物反呕回口腔,混以唾液,重新咀嚼后再行吞咽,即为“反刍”。

瘤胃中微生物和纤毛虫在营养中起重要作用,在碳源和氮源供应充足时,可以将植物蛋白转变成动物蛋白,可以利用非蛋白氮,从而改善瘤胃蛋白质品质。

反刍动物的纤维素分解菌约占瘤胃活菌的25%,能够分解不溶性纤维素为可溶性糊精和糖。因此,反刍动物对粗纤维的消化率高于单胃动物。

反刍动物能够合成B族维生素和维生素K并基本满足营养需要,仅维生素A、维生素D、维生素E需要由饲料供应。

青、粗饲料是反刍动物饲粮的主要成分,因此,饲料配方设计的特点是先满足青、粗饲料供应,营养不足的部分再由精饲料补充。

(二) 奶牛的饲料配合特点

1. 一头高产奶牛全年的饲料供应量

青干草1100～1850 kg(应有一定比例的豆科干草);

玉米青贮料10000～12500 kg(或青草青贮料7500 kg和青草10000～15000 kg);

块根、块茎及瓜果类1500～2000 kg;

糟渣类2000～3000 kg;

精料2300～4000 kg(其中高能饲料占50%,蛋白质饲料占25%～30%,矿物质饲料占精料量的2%～3%)。青饲料应做到常年均衡供应。

2. 奶牛日粮的最大喂量

奶牛日粮的最大喂量见表5-14。

表 5-14 奶牛日粮的最大喂量

饲 料	供应量/kg
青干草	10 > 3
青贮料	25
块根、块茎类	10
糟渣类	10(白酒糟 > 5)
青草	50(幼嫩优质青草喂量可适当增加)
玉米、大麦、燕麦、豆饼	4
小麦麸	3
豆类	1

(三) 奶牛产奶量与不同生理阶段的营养供应特点

1. 奶牛产奶量

(1) 高产奶牛。指一个泌乳期305d的产奶量在6000kg以上,含乳脂率为3.4%(或与此相当的乳脂量)的奶牛。

(2) 中产奶牛。一般指日产奶15~20kg,含乳脂率为2.8%~3.4%(或与此相当的乳脂量)的奶牛。

(3) 低产奶牛。指日产奶10~15kg,含乳脂率为2.5%~2.8%(或与此相当的乳脂量)的奶牛。

2. 产奶阶段

(1) 干奶期。停止挤奶到分娩前15d。日粮干物质占体重的2.0%~2.5%,日粮以粗饲料为主,不应使用过量的苜蓿干草和青贮玉米,保证供应一定数量的长干草,控制含糖料的喂量。

(2) 围产期。即母牛分娩前与分娩后各15d以内。日粮干物质占体重的3.0%~3.2%,分娩前两周逐渐增加精料,但最大喂量不得超过体重的1%。精料和粗料比为40:60,粗纤维含量不少于23%。

(3) 泌乳盛期。即母牛分娩15d后至泌乳高峰期结束,一般指产后16~100d。日粮干物质由占体重的2.5%~3.0%逐渐增加到3.5%以上,饲喂高能量饲料,精、粗料比由40:60变为60:40,粗纤维含量不少于15%。应自由采食青干草、青贮料。

(4) 泌乳中期。即泌乳盛期后至泌乳后期之前,一般指产后101~200d。日粮干物质占体重的3.0%~3.2%,精、粗料比为40:60,粗纤维含量不少于17%。

(5) 泌乳后期。泌乳中期后至干奶之前,一般指产后201d至干奶。日粮干物质占体重的3.0%~3.2%,精粗料比为30:70,粗纤维含量不少于20%。

（四）奶牛常用饲料概述

1．玉米

玉米可大量应用于奶牛的精料补充料，但最好和体积大的糠麸类饲料并用，以防瘤胃积食引发鼓胀（小牛喂碎玉米效果较好，肉牛喂压片玉米的效果优于喂碎粒玉米）。

2．小麦、小麦麸

小麦粗粉碎或压片后是反刍动物很好的能量来源，但喂量不得超过50%。小麦麸容积大，纤维素含量高，适口性好，奶牛精料中可使用25%～30%。

3．米糠

与单胃动物不同，米糠喂奶牛并无不良反应，但喂量过多可使牛的体脂和乳脂变黄，影响牛乳和牛肉品质，酸败的米糠还可能导致奶牛腹泻。

4．大豆饼（粕）

大豆饼（粕）是奶牛和肉牛的优质蛋白质饲料，在奶牛不同生长阶段的饲料中均可以使用。含油脂较高的大豆饼对乳牛还有一定的催乳作用，未经加热处理的大豆饼（粕）也可以被牛有效地利用。

5．棉、菜子饼（粕）

由于瘤胃微生物对游离棉酚有一定的解毒作用，故棉子饼（粕）是反刍动物良好的蛋白质来源，奶牛饲料中适当使用可提高乳脂率，但要注意与优质粗饲料配合使用。菜子饼（粕）对牛的适口性差，使用量为5%～20%。

6．鱼粉

鱼粉在反刍动物中较少使用，在犊牛代乳料中的使用量不超过5%。

7．番薯及番薯渣

番薯是牛良好的能量饲料，可替代饲料能量来源的50%。干燥的番薯渣可用于配合饲料，鲜渣可日喂20kg左右；干渣日喂3kg左右。

8．马铃薯、胡萝卜

马铃薯的日喂量可达15～25kg。胡萝卜对提高产奶量以及促进黄油呈黄红色都有较好的效果，奶牛日喂量可达25～30kg。

9．饲料酵母

奶牛饲料中添加饲料酵母，可提高产奶量和乳脂率，添加量可在25%～35%之间。

10．啤酒糟

啤酒糟用于奶牛饲料效果较好，犊牛饲料中用25%，奶牛饲料中用50%，对生长、产奶和乳脂率无不良影响。

11．酒精糟

国外用酒精糟中的DDGS作为奶牛的蛋白质补充料由来已久，饲喂高品质的DDGS，产奶量较饲喂豆饼为高。

12. 酒糟

酒糟气味芬芳，是反刍动物良好的“过瘤胃蛋白”，用量以不超过精料的50%为宜。

(五) 各种饲料原料在奶牛精料中的大致用量

各种饲料原料在奶牛精料的大致用量如表5-15所示。

表5-15 各种饲料原料在奶牛精料配方中的大致用量

饲料	用量	饲料	用量
玉米、大麦、小麦/%	75	糖蜜/%	8
米糠、麸皮/%	25～30	甜菜渣/%	25
豆粕、棉粕/%	25	尿素/%	1.5～2
菜粕/%	5～20		

(六) 奶牛青、粗、精料配方设计步骤

例 某乳牛场可提供玉米青贮、紫云英干草、野干草、玉米、大麦、麦麸、豆饼、棉仁饼、石粉、食盐等饲料原料。请为500kg体重，日产乳20kg，平均乳脂率3.5%的乳牛群设计饲粮配方。

(1) 查《乳牛的饲养标准》，列出该牛群每头每天的营养需要量(表5-16)。

表5-16 每头乳牛每天的营养需要量

营养需要	奶牛能量单位/(NND/kg)	可消化粗蛋白/g	钙/g	磷/g
维持需要	11.97	317	30	22
生产需要	0.93×20=18.6	53×20=1060	4.2×20=84	2.8×20=56
合计	30.57	1377	114	78

DM=6.56+20×0.4=14.56(kg)

(2) 查《奶牛常用饲料营养成分及营养价值表》，根据可提供饲料原料列出表5-17。

表5-17 饲料营养成分及营养价值

名称	编号	干物质/%	奶牛能量单位/(NND/kg)	可消化粗蛋白/%	钙/%	磷/%
玉米青贮	3-03-605	22.7	0.36	0.8	0.10	0.06
紫云英干草	1-05-082	90.8	1.62	12.6	-	-
野干草	1-05-646	85.2	1.07	4.3	0.41	0.31
玉米	4-07-263	88.4	2.76	5.9	0.08	0.21
大麦	4-07-022	88.8	2.47	7.9	0.12	0.29
麦麸	4-08-049	89.3	2.01	11.7	0.14	0.54

续表

名称	编号	干物质/%	奶牛能量单位/(NND/kg)	可消化粗蛋白/%	钙/%	磷/%
豆饼	5-10-043	90.6	2.71	36.6	0.32	0.50
棉仁饼	5-10-612	89.6	2.34	26.3	0.27	0.81
石粉	95.0	35.84	0.01			

（3）确定青、粗料的给量。夏季，乳牛饲粮应含有幼嫩的青草和瓜果、蔬菜等多汁饲料，冬季除用部分晒制的青干草外，还须有青贮料和胡萝卜等块根、块茎类饲料。配制饲粮时，应考虑其粗饲料和多汁料占日粮 DM 的 40% ~60%。实际配料时可按 100kg 体重喂 1kg 干草和 3kg 青贮料（或 4kg 块根、块茎类饲料）处理。一般认为奶牛每日每 100kg 体重供应 2.0 ~2.5kg 混合精料是较适宜的。粗纤维含量可占日粮的 17% ~24%。

本例按照 100kg 体重供应 1 ~2kg 干草计算，500kg 体重奶牛每日需要干草总量最高为 10kg，现采取日供给野干草 6kg，玉米青贮 9kg（相当于 3kg 干草的干物质量），合计相当于 9kg 干草的干物质量，提供的养分含量见表 5-18。

表 5-18　青、粗饲料提供的养分含量

名称	给量/kg	干物质/kg	奶牛能量单位/(NND/kg)	可消化粗蛋白/g	钙/g	磷/g
玉米青贮	9	2.043	3.24	72	9	5.4
野干草	6	5.112	6.42	258	24.6	18.6
合计		7.155	9.66	330	33.6	24
总需要量		14.56	30.57	1377	114	78
差数		-7.405	-20.91	-1047	-80.4	-54

（4）确定混合精料的给量。计算每千克风干精料中的养分浓度。计算如下：

7.405（即供给粗料后不足的 DM 量）÷88%（一般风干精料的 DM 的含量大约为 88%）= 8.41kg。每千克风干精料中的养分数值见表 5-19。

表 5-19　每千克风干精料中的养分数值

	干物质/g	奶牛能量单位/(NND/kg)	可消化粗蛋白/g	钙/g	磷/g
需要量	880	20.9 ÷8.41 =2.485	1047 ÷8.41 =124.49	80.4 ÷8.41 =9.56	54 ÷8.41 =6.42

（5）草拟混合精料配方（预留 4% 的比例）。先计算草拟配方提供的能量和可消化粗蛋白含量（表 5-20）。

表 5-20　草拟配方提供的营养成分含量

饲料原料	配比/%	奶牛能量单位/(NND/kg)	可消化粗蛋白/g	钙/g	磷/g
玉米	50	0.50×2.76=1.38	0.50×59=29.5	0.50×0.8=0.4	0.50×2.1=1.05
大麦	8	0.08×2.47=0.198	0.08×79=6.32	0.08×1.2=0.10	0.08×2.9=0.23
麦麸	20	0.20×2.04=0.408	0.20×91=18.2	0.20×1.1=0.22	0.20×8.7=1.74
棉仁饼	11	0.11×2.34=0.257	0.11×263=28.93	0.11×2.7=0.297	0.11×8.1=0.891
豆饼	8	0.08×2.71=0.217	0.08×366=29.28	0.08×0.32=0.026	0.08×0.50=0.04
合计	97	2.4	112.23	1.043	3.951
需要量	100	2.485	124.49	9.56	6.42
差数	3	-0.085	-12.67	-8.517	-2.469

（6）调整精料混合料配方。从表 5-20 可以看出，配方中能量和可消蛋白质的含量比需要量少，可消化粗蛋白与标准的差数 >5%，需要进行调整。

设需要用 $x\%$ 的豆饼替换大麦，计算结果如下：

$$x(36.6\% - 7.9\%) = 1.267\%$$

$$x = \frac{1.267}{36.6 - 7.9} \times 100$$

$$= 4.4$$

将豆饼的比例增加 4.4%，同时大麦的比例减少 4.4% 进行配方养分含量的重新计算。结果见表 5-21。

表 5-21　混合精料提供的营养成分含量

饲料原料	配比/%	奶牛能量单位/(NND/kg)	可消化粗蛋白/g	钙/g	磷/g
玉米	50	0.50×2.76=1.38	0.50×59=29.5	0.50×0.8=0.4	0.50×2.1=1.05
大麦	3.6	0.036×2.47=0.089	0.036×79=2.844	0.036×1.2=0.043	0.036×2.9=0.104
麦麸	20	0.20×2.04=0.408	0.20×91=18.2	0.20×1.1=0.22	0.20×8.7=1.74
棉仁饼	11	0.11×2.34=0.257	0.11×263=28.93	0.11×2.7=0.297	0.11×8.1=0.891
豆饼	12.4	0.124×2.71=0.336	0.124×366=45.38	0.124×0.32=0.04	0.124×0.50=0.062
合计	97	2.47	124.89	1.0	3.847
需要量	100	2.485	124.49	9.56	6.42
差数	3	-0.015	+0.40	-8.56	-2.573

（7）添加并计算钙、磷含量。从表 5-21 看出，钙缺 8.56g，磷缺 2.57g，选用磷酸氢钙

补充钙和磷。

磷酸氢钙($CaHPO_4 \cdot 2H_2O$)含钙量为23.29%,含磷为18%。设需要补充y%的磷酸氢钙。求y的过程如下:

$$18\% y = 25.73\%$$

$$y = 1.43$$

1.43%的磷酸氢钙同时补钙为:

$$1.43\% \times 23.29\% \times 1000 = 3.3(g)$$

添加1.43%的磷酸氢钙后,1kg精料混合料的缺钙实为8.56 - 3.3 = 5.26(g)。

选用石粉补充钙。石粉含钙量为35%,设需要补充z%的石粉。求z的过程如下:

$$35\% z = 52.6$$

$$z = 1.5$$

配方预留下3%用作添加矿物质及其他添加剂,现加入1.43%的磷酸氢钙,1.5%的石粉,3% - 1.43% - 1.5% = 0.2%,故再加0.07%的复合添加剂预混合饲料即可。

8. 列出最终的饲料配方及营养指标含量(表5-22)。

表5-22　饲料配方及营养指标含量表

<table>
<tr><th>饲料</th><th colspan="2">配比/%</th><th>营养指标</th><th>营养含量</th></tr>
<tr><td>玉米青贮</td><td colspan="2">9(kg)</td><td>奶牛能量单位/NND</td><td>9.66 + (2.47 ×8.41)</td></tr>
<tr><td>野干草</td><td colspan="2">6 (kg)</td><td>可消化粗蛋白/g</td><td>330 + (124.89 ×8.41)</td></tr>
<tr><td>青粗料合计</td><td colspan="2">15(kg)</td><td>钙/g</td><td>33.6 + (9.56 ×8.41)</td></tr>
<tr><td>玉米</td><td>50</td><td rowspan="8">每日饲喂
8.41(kg)</td><td>磷/g</td><td>24 + (17.23 ×8.41)</td></tr>
<tr><td>大麦</td><td>3.6</td><td rowspan="8"></td><td rowspan="8"></td></tr>
<tr><td>麦麸</td><td>20</td></tr>
<tr><td>棉仁饼</td><td>11</td></tr>
<tr><td>豆饼</td><td>12.4</td></tr>
<tr><td>$CaHPO_4 \cdot 2H_2O$</td><td>1.43</td></tr>
<tr><td>石粉</td><td>1.5</td></tr>
<tr><td>复合添加剂预混料</td><td>0.07</td></tr>
<tr><td>混合精料合计</td><td colspan="2">100</td></tr>
</table>

七、浓缩饲料配方设计基础

（一）浓缩饲料的概念与特点

浓缩饲料的设计特点

浓缩饲料是去除全价配合饲料中全部或部分能量饲料（也可以去除部分蛋白质饲料和矿物质饲料）的剩余部分。

全价配合饲料中的能量饲料一般占60%~80%的比例，去掉全部或部分能量饲料，可以有效地减少饲料生产企业和用户用于能量饲料的运输成本和仓储成本。

由于各地能量饲料资源丰富，生产单位或用户只要在购买浓缩饲料后，按照配方设计的要求添加能量饲料，即可满足畜禽的生长发育以及生产需要。故浓缩饲料具有使用方便、技术简单、易于推广和市场需求广泛的特点。

（二）设计浓缩饲料配方的比例

为了方便使用，浓缩饲料设计的比例一般为整数。同时，需要以满足畜禽的营养需要、适合畜禽的生理消化特点和充分提高饲料利用率为原则。如设计的比例太低，用户自主配合的能量饲料种类和数量会随之增加，易造成用户的使用不便和饲料成本的升高，饲料生产企业对用户配合后的饲料终产品质量的控制程度也随之降低；若比例过高，如达到50%以上，又失去了设计的意义。一般浓缩饲料设计比例可参考表5-23。

表5-23　浓缩饲料设计的比例

使用动物	设计比例	使用动物	设计比例
仔猪	30% ~40%	育成鸡(7 ~20周龄)	30% ~40%
生长猪	30%	产蛋鸡	40%(含贝壳粉)；30%(不含贝壳粉)
肥育猪	20% ~30%	肉鸡	40%

（三）设计单胃动物浓缩饲料配方的方法

单胃动物浓缩饲料配方设计方法有两种：一种是由全价饲料配方推算浓缩饲料配方，一种是单独设计浓缩饲料配方。

1. 由全价饲料配方推算浓缩饲料配方

这是一种常见且简单的设计方法。先设计畜禽的全价配合饲料配方，再根据产品的有关要求，去除全价配合饲料中全部或部分能量饲料（也可以去部分蛋白质饲料和矿物质饲料)，最后将剩余的饲料原料重新计算百分比。

2. 直接设计浓缩饲料配方

这是专门生产浓缩饲料的企业常用的方法。一般分为两种情况：

（1）设计通用型浓缩饲料配方。即以动物生长的某一阶段为基准，通过添加不同配比的原料来满足动物不同生产阶段的营养需要。如以15～30kg体重猪的营养需要为基准，通过添加不同的能量饲料原料来满足不同体重阶段猪的生产需要（表5-24）。

表5-24　不同体重阶段猪能量饲料与浓缩饲料的配合比例

体重/kg	浓缩饲料比例/%	玉米/%	麸皮/%
15～35	25	65	10
35～60	20	64	16
60～90	15	60	25

（2）设计不同用途的浓缩饲料配方。即饲料生产企业根据动物的饲养标准，确定浓缩饲料与能量饲料的比例，并计算和设计不同种类、不同的生产阶段畜禽相应的浓缩饲料。

（四）浓缩饲料的质量要求

浓缩饲料属于中间产品，需要经过再次混合后才能饲喂动物。为保证浓缩饲料的使用安全，在卫生指标上必须符合国家规定的饲料原料质量标准和卫生标准，粒度和混合均匀度要求符合国家规定的浓缩饲料标准，产品中含有的维生素和微量元素应符合国家有关质量标准。浓缩饲料的配合比例、配合的能量饲料种类、质量以及对基础饲料的要求，均应在产品说明中明确规定。

1. 鸡、猪浓缩饲料国家标准概述

浓缩饲料感官指标要求色泽一致，无发酵霉变、结块和异味。水分含量要求：北方小于12%，南方小于10%。加工质量指标要求粉碎粒度全部通过2.38mm分析筛，1.19mm分析筛筛上物≤10%，混合均匀度要求变异系数≤10%。

2. 鸡、猪浓缩饲料营养成分指标

如表5-25所示。

表 5-25 鸡、猪浓缩饲料营养成分指标

产品名称		粗蛋白质/%	粗纤维/%	粗灰分/%	钙/%	磷%	食盐%	蛋氨酸%	赖氨酸%
产蛋鸡		≥30	≤8	≤38	10~10.2	1.3~2.3	0.83~1.33	≥0.7	-
肉仔鸡	一级	≥45	≤7	≤20	2.7~4.0	1.7~2.7	0.83~1.33	≥0.9	-
	二级	≥40	≤9	≤20	2.7~4.0	1.7~2.7	0.83~1.33	≥0.8	-
仔猪(10~20kg)		≥35	≤7	≤16	2~2.5	1.3~1.8	0.83~1.33	-	≥2.0
生长肥育猪	一级	≥30	≤12	≤14	1.5~2.4	0.8~1.5	0.83~1.33	-	≥1.5
	二级	≥25	≤15	≤14	1.5~2.4	0.8~1.5	0.83~1.33	-	≥1.0

(五) 浓缩饲料的使用与贮藏

为保证浓缩饲料的使用效果,不可将浓缩饲料与待配合的能量饲料分开使用,使用前应将各种原料混合均匀。

浓缩饲料的贮藏要求通风、阴凉、避光,严防受潮、淋雨和被阳光曝晒,应在规定的质量保质期内使用完毕。

八、单胃动物浓缩饲料配方设计

下面以利用20~60 kg生长猪全价配合饲料配方,设计25%的浓缩饲料配方为例,来说明单胃动物浓缩饲料配方设计。

(一) 设计全价配合饲料配方

20~60kg生长猪全价(平衡)配合饲料配方见表5-26。

表 5-26 20~60 kg 生长猪全价配合饲料配方

饲料	比例/%	饲料	比例/%	每千克饲料养分含量
玉米	67	磷酸氢钙	0.46	消化能13.148MJ/kg
麦麸	10	赖氨酸	0.2	粗蛋白16.155%
豆饼	13	石粉	0.74	钙0.6%
花生饼	5	添加剂	1.6	磷0.5%
鱼粉	2	合计	100	赖氨酸0.75%

(二) 从全价配合饲料中减去能量饲料

此列中可减去67%的玉米和8%的麸皮,即100% -(67% +8%)=25%。

(三) 计算浓缩饲料配方

用剩余饲料原料的百分比分别除以浓缩饲料的百分比,进行浓缩饲料配方的计算(表

5-27、表5-28）。

表5-27　由全价饲料配方推算浓缩饲料配方计算表

原料种类	全价料配方比例/%	浓缩饲料配方比例/%	消化能/（MJ/kg）	粗蛋白质/%
玉米	67			
麦麸	10	2÷25×100%＝8.0	0.08×9.37＝0.75	0.08×15.7＝1.256
豆饼	13	13÷25×100%＝52.0	0.52×13.51＝7.025	0.52×40.9＝21.27
花生饼	5	5÷25×100%＝20.0	0.20×12.89＝2.578	0.20×44.7＝8.94
鱼粉	2	2÷25×100%＝8.0	0.08×12.55＝1.004	0.08×60.2＝4.816
磷酸氢钙	0.46	0.46÷25×100%＝1.84		
赖氨酸	0.2	0.2÷25×100%＝0.8		
石粉	0.74	0.74÷25×100%＝2.96		
添加剂	1.6	1.6÷25×100%＝6.4		
合计	100	100	11.357	36.28

表5-28　由全价饲料配方推算浓缩饲料配方计算表

原料种类	浓缩饲料配方比例/%	钙/%	磷/%	赖氨酸/%
麦麸	8	0.08×0.11＝0.009	0.08×0.92＝0.736	0.08×0.58＝0.046
豆饼	52	0.52×0.30＝0.156	0.52×0.49＝0.255	0.52×2.38＝1.238
花生饼	20	0.20×0.25＝0.05	0.20×0.53＝0.106	0.20×1.32＝0.264
鱼粉	8	0.08×4.04＝0.32	0.08×2.90＝0.232	0.08×4.72＝0.378
磷酸氢钙	1.84	0.018×23.2＝0.427		0.018×18.6＝0.332
石粉	2.96	0.0296×37.5＝1.11		
赖氨酸	0.8			0.8
添加剂	6.4			
合计	100	2.072	1.329	3.058

（四）列出浓缩饲料配方

20～60kg生长猪25%的浓缩饲料配方见表5-29。

表 5-29 浓缩饲料配方及营养水平

原料种类	浓缩饲料配方比例/%	营养成分	养分含量
麦麸	8	消化能/(MJ/kg)	11.357
豆饼	52	粗蛋白质/%	36.28
花生饼	20	钙/%	2.072
鱼粉	8	磷/%	1.329
磷酸氢钙	1.84	赖氨酸/%	3.058
石粉	2.96		
赖氨酸	0.8		
添加剂	6.4		
合计	100		

九、反刍动物浓缩饲料配方设计

反刍动物浓缩饲料配方设计与单胃动物基本相同。设计时根据选用的蛋白质原料的不同,分为常规蛋白质饲料设计方法和非蛋白氮饲料设计方法两种。

(一) 常规蛋白质饲料设计方法

(1) 根据奶牛饲养标准,设计奶牛精料补充料配方(表 5-30)。

表 5-30 奶牛精料补充料配方

饲料原料	比例/%	饲料原料	比例/%
玉米	55	酒精蛋白粉	4.5
小麦麸	12	棉子饼	3
大豆粕	8	磷酸氢钙	1.5
花生饼	3	石粉	2
菜子饼	3	碳酸氢钙	1.5
饲料酵母	1.5	食盐	1.5
鱼粉	2.5	预混料	1

(2) 计算浓缩饲料配方。设计 40% 的浓缩饲料需要在精料补充料中扣除 60% 的能量饲料。现扣除 55% 的玉米和 5% 的小麦麸,将剩余的饲料原料分别除以 40%,计算出奶牛浓缩饲料配方(表 5-31)。

表 5-31 奶牛浓缩饲料配方

饲料原料	比例/%	饲料原料	比例/%
小麦麸	17.5	酒精蛋白粉	11.25
大豆粕	20	棉子饼	7.5
花生饼	7.5	磷酸氢钙	3.75
菜子饼	7.5	石粉	5
饲料酵母	3.75	碳酸氢钙	3.75
鱼粉	6.25	食盐	3.75
		预混料	2.5

（二）非蛋白氮饲料设计方法

成年反刍动物可用尿素等非蛋白氮代替部分蛋白质饲料。尿素用量一般为饲粮粗蛋白含量的20%～30%，并要注意将非蛋白氮的含氮量换算成粗蛋白质的量，同时考虑补充适当的维生素A和维生素D等其他营养物资。

技能指导

十、直接设计浓缩饲料配方

例 为0～3周龄肉仔鸡设计40%的浓缩饲料配方。

（1）选择能量饲料原料的种类与配比。本例用玉米60%。

（2）查饲养标准（肉仔鸡）（表5-32）。

表 5-32 肉仔鸡饲养标准

ME/(MJ/kg)	粗蛋白/%	赖氨酸/%	蛋氨酸/%	(蛋氨酸+胱氨酸)/%	钙/%	磷/%
12.54	21.5	1.15	0.50	0.91	1.0	0.68

（3）计算与浓缩饲料配合的能量饲料的营养含量（表5-33）。

表 5-33 能量饲料的营养含量

ME/(MJ/kg)	粗蛋白/%	赖氨酸/%	蛋氨酸/%	(蛋氨酸+胱氨酸)/%	钙/%	磷/%
8.244	4.68	0.138	0.09	0.09	0.12	0.162

（4）计算浓缩饲料的营养含量（表5-34）。

方法为用饲养标准规定的营养含量减去与浓缩饲料配合的能量饲料的营养含量，再除以浓缩饲料在全价配合饲料中的比例。例如，代谢能＝(12.54－8.244)÷40%＝10.74。

表 5-34　浓缩饲料的营养含量

ME/(MJ/kg)	粗蛋白/%	赖氨酸/%	蛋氨酸/%	(蛋氨酸+胱氨酸)/%	钙/%	磷/%
10.74	42.05	2.53	1.03	2.03	2.47	1.17

(5) 进行浓缩饲料配方营养含量计算(表 5-35)。

表 5-35　浓缩饲料配方营养含量计算

浓缩饲料中的饲料比例/%	ME/(MJ/kg)	粗蛋白质/%	赖氨酸/%	蛋氨酸/%	钙/%	磷/%
玉米 12.5	0.125×13.74=1.718	0.125×7.8=0.975	0.125×0.23=0.029	0.125×0.50=0.063	0.125×0.02=0.0025	0.125×0.27=0.034
豆粕 70	0.7×10.58=7.406	0.7×47.8=33.53	0.7×2.99=2.093	0.7×0.68=0.476	0.7×0.34=0.238	0.7×0.65=0.455
鱼粉 10	0.1×12.18=1.218	0.1×62.5=6.25	0.1×5.12=0.513	0.1×1.66=0.166	0.1×3.96=0.396	0.1×3.05=0.305
合计	10.34	40.76	2.634	0.689	0.64	0.79
浓缩饲料要求的含量	10.74	42.05	2.53	1.03	2.47	1.17
差数	-0.4	-1.29	0.104	-0.341	-1.83	-0.38

计算结果可以看出,配方的代谢能、粗蛋白质、赖氨酸和蛋氨酸可基本满足需要,仅钙、磷缺乏较多。用脱脂骨粉补充钙和磷。脱脂骨粉中钙的含量为 29.8%,磷为 12.5%,在浓缩饲料中添加 5%,另外添加 2.5% 的预混合饲料。

(6) 写出浓缩饲料配方(表 5-36)。

表 5-36　0~3 周龄肉仔鸡浓缩饲料配方

饲料	比例/%	养分含量
玉米	12.5	ME(MJ/kg)10.34
豆粕	70	粗蛋白质 40.76%
鱼粉	10	赖氨酸 2.63%
脱脂骨粉	5	蛋氨酸 1.27%
预混合饲料	2.5	钙 2.13%
		磷 1.42%
合计	100	

使用时,用 40% 浓缩饲料加 60% 玉米混合配制成全价配合饲料后饲喂 0~3 周龄肉仔鸡。

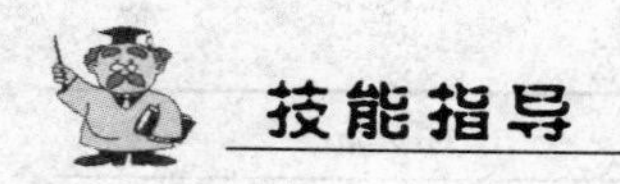

十一、设计肉仔鸡全价配合饲料配方

肉仔鸡具有生长速度快,饲料转化率高的特点。在设计饲料配方时,饲料中蛋白质与能量的比例以及氨基酸的平衡是配方设计的重点。同时,应选择优质的能量和蛋白质原料,不用或少用粗纤维含量高的饲料。地面平养的肉仔鸡还要注意抗球虫剂的添加。若加入一定量的黄玉米、苜蓿粉等,可以改善商品鸡皮肤的颜色,提高其商品价值。

例　某饲料企业可提供玉米、麸皮、豆饼(粕)、鱼粉、骨肉粉、贝壳粉、食盐、微量元素和维生素添加剂等饲料原料,设计满足0~3周龄肉仔鸡营养需要的饲料配方。

(1)查《肉仔鸡的饲养标准》(表5-37)。

表5-37　肉仔鸡每千克饲粮的养分含量

ME/(MJ/kg)	CP/%	赖氨酸/%	蛋氨酸/%	(蛋氨酸+胱氨酸)/%	Ca/%	P/%	NaCl/%
12.75	22	1.2	0.52	0.92	1.0	0.68	0.2

(2)查《中国饲料成分及营养价值表》(表5-38)。

表5-38　每千克饲料中所含营养成分

饲料	ME/(MJ/kg)	CP/%	赖氨酸/%	蛋氨酸/%	(蛋氨酸+胱氨酸)/%	Ca/%	P/%
玉米	13.74	7.8	0.23	0.15	0.15+0.15	0.02	0.13
麸皮	6.78	14.3	0.53	0.12	0.12+0.24	0.10	0.93
豆粕	10.00	44.2	2.68	0.59	0.59+0.65	0.33	0.62
鱼粉	12.13	53.5	3.87	1.39	1.39+0.49	5.88	3.2
肉骨粉	9.96	50.00	2.60	0.67	0.67+0.33	9.20	4.70
贝壳粉						33	

(3)进行代谢能和蛋白质、氨基酸营养指标的试算(表5-39,表5-40)(本例预留2%的比例)。

表 5-39 代谢能和粗蛋白质的计算

饲料	比例/%	ME/(MJ/kg)	CP/%
玉米	62	0.62×13.74=8.519	0.62×7.8=4.836
麸皮	1	0.01×6.78=0.068	0.01×14.3=0.143
豆粕	28	0.28×10.00=2.8	0.28×44.2=12.376
鱼粉	5	0.05×12.13=0.607	0.05×53.5=2.675
肉骨粉	2	0.02×9.96=0.1992	0.02×50.0=1.00
合计	98	12.19	21.06
标准	100	12.75	22.0
差数	-2	-0.56	-0.94

表 5-40 氨基酸的计算

饲料	比例/%	赖氨酸/%	蛋氨酸/%	(蛋氨酸+胱氨酸)/%
玉米	62	0.62×0.23=0.143	0.62×0.15=0.093	0.62×0.15=0.093+0.093=0.186
麸皮	1	0.01×0.53=0.005	0.01×0.12=0.001	0.01×0.24=0.002+0.001=0.003
豆粕	28	0.28×2.68=0.750	0.28×0.59=0.165	0.28×0.65=0.182+0.165=0.347
鱼粉	5	0.05×3.87=0.194	0.05×1.39=0.069	0.05×0.49=0.025+0.069=0.094
肉骨粉	2	0.02×2.60=0.052	0.02×0.67=0.013	0.02×0.33=0.007+0.013=0.020
合计	98	1.144	0.341	0.65
标准	100	1.20	0.52	0.92
差数	-2	-0.06	-0.18	-0.27

(4) 调整饲料原料比例。从表5-39、5-40可以看出,配方中能量与蛋白质指标基本符合饲养标准(与标准相差≤5%),可不作调整。需要补充赖氨酸0.06÷78.8%=0.08%和蛋氨酸0.27%。

(5) 计算钙、磷含量并与饲养标准进行比较(表5-41)。

表 5-41　钙、磷含量计算

饲料名称	比例/%	钙/%	磷/%
玉米	62	0.62 × 0.02 = 0.012	0.62 × 0.13 = 0.081
麸皮	1	0.01 × 0.10 = 0.001	0.01 × 0.93 = 0.009
豆粕	28	0.28 × 0.33 = 0.092	0.28 × 0.62 = 0.174
鱼粉	5	0.05 × 5.88 = 0.294	0.05 × 3.2 = 0.16
肉骨粉	2	0.02 × 9.20 = 0.184	0.02 × 4.70 = 0.094
合计	98	0.58	0.52
标准	100	1.0	0.68
差数	-2	-0.42	-0.16

（6）补充钙、磷。选用骨粉，设需用 $x\%$ 的骨粉来补足磷，骨粉的含磷量为 16.4%，求 x 的过程如下：

$$16.4 \times x\% = 0.16$$

$$x = \frac{0.16 \times 100}{16.4} \approx 1(\%)$$

1% 的骨粉同时补足的钙量为：36.4 × 1% = 0.36%

配方中缺少的钙用贝壳粉来补充。设需贝壳粉的比例为 y，贝壳粉的含钙量为 33.4%，则：

$$33.4 \times y = 0.42 - 0.36$$

$$y = \frac{0.42 - 0.36}{33.4} \approx 0.2\%$$

配方预留下 2% 用作添加矿物质及其他添加剂，现加入 1% 的骨粉、0.2% 贝壳粉，0.27% 的蛋氨酸、0.08% 的赖氨酸和 0.2% 的食盐和 0.25% 复合添加剂预混合饲料。

（7）列出最终的饲料配方及养分含量（表 5-42）。

表 5-42　0 ~ 3 周龄肉仔鸡饲料配方表

饲料名称	含量/%	饲料名称	含量/%	营养指标	提供量
玉米	62	贝壳粉	0.2	代谢能/(MJ/kg)	12.19
麸皮	1	赖氨酸	0.08	粗蛋白/%	21.06
豆粕	28	蛋氨酸	0.27	钙/%	1.0
鱼粉	5	食盐	0.2	总磷/%	0.68
肉骨粉	2	添加剂	0.25	赖氨酸/%	1.2
骨粉	1			蛋氨酸/%	0.52
合计	100				

十二、维生素添加剂预混合饲料配方设计基础

(一) 设计添加剂预混合饲料的原则

1. 实效性

实效性是指所设计的配方以及生产的预混合饲料在养殖实践中必须有实际效果。例如,复合维生素、微量元素等营养性添加剂必须具备满足动物营养需求的功能;抗生素、酶制剂、益生素等非营养性添加剂必须具备促生长作用。

营养性添加剂预混合饲料的实效性突出表现在平衡各种营养物质之间的关系,尤其是科学、合理地进行各种营养物质的配伍,使其发挥各自的最大潜能。

非营养性添加剂配方设计的理论基础较为复杂,如抗生素添加剂的理论基础是药理学和病理学等;酶类添加剂配方又涉及生理和生物化学等。在实际设计时,常常与营养性添加剂联合配制。

2. 安全性

任何一种添加剂预混合饲料在养殖实践中应用时必须安全可靠,没有安全性的前提就谈不上实效性。因此,添加剂预混合饲料所选用的原料品质必须符合国家的有关标准,严格遵守原料禁止使用以及停药期等法律法规。

3. 经济性

添加剂预混合饲料是一种商品,在能够满足使用目的的前提下,应尽可能地降低成本。

(二) 设计添加剂预混合饲料的内容

设计制作添加剂涉及多方面的知识,为了确保配方设计的完整性,设计内容必须考虑以下几个方面:

1. 添加剂名称

包括常用名、商品名等。

2. 添加剂的分类和编号

指所设计的添加剂的归属类别,如复合维生素、复合微量元素添加剂等。

3. 适应的对象

指添加剂适应的动物品种、年龄、性别、生理及生产阶段等。

4. 配方的组分与功能用途

指配方选用的原料种类、规格、配比和养分含量以及应达到的使用目的等。

5. 使用方法与剂量

如使用时是否拌料、饮水以及休药(指添加剂使用一段时间后需间隔多长时间可再次

使用)、停药(指动物出栏或出现某一特定生理状态之前多长时间必须停止使用)等。

6. 包装与贮藏条件

指包装的形式和包装采用的重量单位以及贮藏时是否需要特殊的条件,如干燥、常温、低温、避光等。

7. 添加剂有效期限

指添加剂中活性成分能够保持功能的时限。

8. 设计者与设计日期

应写清楚设计人姓名与设计完成的日期。

(三) 正确选择非活性原料

添加剂原料分为活性成分(主要指维生素、微量元素和药物成分等)、载体(指能够承载活性成分,改善其分散性,并具有良好的化学稳定性和吸附性的可饲物质)、赋形剂(指能够改变产品形态的增重剂、助溶剂等制剂)等。除活性成分以外,其他可称为非活性成分。

1. 载体的种类

常用的载体有两类,即有机载体和无机载体。

载体的种类

有机载体分为含纤维素高和含纤维素低两种。含纤维素高的有机载体如次粉、小麦粉、玉米粉、稻壳粉、脱脂米糠粉、大豆壳粉、大豆粕等;含纤维素低的如淀粉、乳糖等,这类载体多用于维生素添加剂和药物添加剂的制作。

无机载体有碳酸钙、磷酸钙、硅酸盐、二氧化硅、陶土、滑石、蛭石、沸石粉、食盐等,这类载体多用于微量元素预混合饲料的制作。

2. 载体的选择要点

在预混合饲料生产工艺中,为了获得良好的预混合效果,载体的选择要注意以下几个方面:

(1) 合适的水分含量。由于添加剂预混合饲料中各种活性成分彼此的化学反应均以水为媒介,水易溶解和破坏活性成分或使活性成分在贮藏过程中失效而降低预混料的效能。因此,要求载体和稀释剂的含水量越低越好,一般要求小于10%。对含水量高的有机载体要慎重选用或进行烘干处理。

(2) 最佳的粒度状态。载体的粒度决定着承载和稀释活性成分量的多少,在载体达到最佳粒度状态下，即具有最佳的承载能力。用于制作添加剂预混合饲料的载体，其粒度一般要求为0.177～0.59mm（表5-43）。

表5-43　载体与稀释剂粒度要求

筛孔目数	400	325	200	140	100	80	70	60	40	30
								载体		
						稀释剂				
			微量组分							

（3）合适的容重范围。载体的容重是影响混合均匀度的重要因素，当载体或稀释剂的容重与微量组分的容重接近时，才能保证活性成分在混合过程中均匀分布。因此，要根据活性成分的容重来选择合适的载体（表5-44）。

表5-44　常用添加剂、载体的容重

饲料添加剂	容重/(g/L)	载体	容重/(g/L)
L-赖氨酸盐酸盐	670	玉米粉	760
维生素A	810	大麦碎粉	560
维生素E	450	小麸皮	210～350
维生素D_3	650	大麸皮	180～260
食盐	1100	次粉	290～504
脱氟磷酸氢钙	1200	米糠	220～336
碳酸钙	940	石粉	1300

（4）表面要粗糙多孔。若载体表面粗糙或多孔，则有利于吸附活性成分，如粗面粉、碎稻谷粉、大豆皮、玉米芯粉等就具有这样的特点。而微量元素添加剂的载体多选用碳酸钙或二氧化硅等。

（5）pH为中性值。偏酸或偏碱性的载体都会对微量活性组分产生不良影响。例如，泛酸钙在pH≤5时活性功效损失较大，而有些微量活性组分则在pH＞9时活性遭到破坏。因此，选择具有中性pH的载体，有利于维生素和其他活性组分的稳定（表5-45）。

表 5-45　常用载体和稀释剂的 pH

载体和稀释剂	pH	载体和稀释剂	pH
稻壳粉	5.7	玉米干酒糟	3.6
玉米芯粉	4.8	次小麦粉	6.5
玉米面筋粉	4.0	石粉	8.1
大豆加工副产品	6.2	小麦粗粉	6.4

除此以外,还要求载体具有吸湿性低、流散性强、携带的微生物少等特点。

(四) 几种常见的载体介绍

1. 钙盐类

(1) 轻质碳酸钙。为合成的碳酸钙,其纯度高于天然的碳酸钙。

(2) 天然碳酸钙。由石灰石、大理石粉碎制成,通称石粉,纯度因产地和加工方法不同而有较大差异,常含有其他金属成分,因而应用面不广。

(3) 脱脂骨粉。该品较易被动物吸收,是较理想的载体和赋形剂,但来源有限。

(4) 磷酸氢钙。由动物脱脂骨粉或骨碳提取制成,纯度高,但价格也较高,一般用于小动物和毛皮类经济动物。

(5) 磷酸钙。包括天然的磷酸钙和合成的磷酸一钙、磷酸二钙和磷酸氢钙等。天然磷酸钙的质量因磷矿石的产地不同而有差异,尤其是含氟量较高的矿石,须制成脱氟磷酸钙后方可使用。

这类载体具有进入动物机体能够产生良好的影响,一般不会引起中毒和不良后果的特点。

2. 硅铝酸盐类

(1) 沸石粉。沸石是一族多孔的硅铝酸盐晶体的总称,含有硅、钙、镁、钠、钾、铁、铬和铝等 20 余种矿物元素。沸石具有良好的催化、耐热、耐酸性能,对氨、硫化氢、二氧化碳、水等极性分子的吸附性很强。因此,在饲料中添加适量的沸石粉,不仅能为动物提供一定量的微量和常量矿物元素,而且可以吸附动物胃肠道内某些有毒有害物质、某些细菌及病原菌;沸石对氨、硫化氢具有吸附作用,可以减轻动物粪便的臭气、减少环境的污染。

沸石的含水量一般低于 4%,可以吸附矿物盐中的游离水,使添加剂具有良好的流散性;沸石的 pH 为 7 ~ 7.5,属中性物质,对添加剂的原料不具破坏作用,因此,在猪、牛、禽生产和水产养殖业中得到了广泛的应用。

(2) 海泡石。海泡石是含镁质的硅酸盐黏土矿,具有自由流动性和化学惰性、无毒性,是理想的饲料均匀剂和颗粒饲料黏合剂,可制成丸粒饲料长期保存。

(3) 凹凸棒石。凹凸棒石属海泡石族,是一种含水镁铝硅酸盐黏土矿,有悬浮性、多孔性和吸附作用，可用于改善畜舍环境，除臭保氮，用作预混合饲料的载体，可提高其混合均匀度。

（4）二氧化硅。二氧化硅是人工合成的硅盐，含二氧化硅98%以上，具有较强的疏水性和稳定性，在添加剂预混合饲料中，较适于作易氧化变质物质（抗生素类、维生素类等）的载体，一般在饲料中的最高用量不超过3%。

3. 其他类

（1）膨润土。膨润土是一种以蒙脱石为主要成分的黏土，含有钙、磷、钠、钾、铝、铁等多种动物体必需的矿物元素，其特性与沸石有许多共同之处。常用的膨润土有非常显著的膨胀和吸附作用，在添加剂预混合饲料生产中，主要是用作各种微量元素的载体和稀释剂，或用作颗粒饲料的黏合剂和用于改善畜舍环境以及水产动物的水体环境。

（2）滑石。滑石在动物饲料中，用作抗结块剂和抗胶黏剂，加入滑石后的饲料可混入更多的黏性物质，如蜜糖、脂肪等。同时，滑石可有效地控制颗粒饲料内水分的挥发以及对水分的吸收。

（3）谷物、糠麸和淀粉类。此类物质用作载体的特点是来源广、价格低廉、无毒、应用范围广。但是，也存在着含脂率高，贮藏时间长易引起脂肪酸败的缺点。实际应用时，最好选用脱脂后的产品。

（五）稀释剂的种类

稀释剂的种类

稀释剂分有机和无机两类。有机类稀释剂常用的有去胚玉米粉、葡萄糖、蔗糖、豆粕粉、烘烤后的大豆粉、次粉等。这类稀释剂要求在粉碎之前干燥处理，其水分含量要低于10%。

无机类稀释剂主要有石粉、磷酸氢钙、碳酸钙、贝壳粉、白陶土、硫酸钠和食盐等。这类稀释剂要求在无水状态下使用。

稀释剂是指混合于一种或多种微量活性组分中起稀释作用的物质。稀释剂可使活性组分的浓度降低，将活性组分的颗粒彼此分开，减少活性组分之间的相互反应，以增加活性组分的稳定性。

（六）稀释剂的选择要点

（1）稀释剂的粒度、相对密度等物理特性应尽可能与相应的微量活性组分接近，粒度大小应均匀。

（2）含水量低，不吸潮、不结块。

（3）本身不能被活性组分吸收和固定。

（4）化学性质稳定，pH 为 5.5～7.5。

（5）表面光滑，具有良好的流动性和易于混合到微量活性组分中。

（6）不带静电荷。

（七）吸附剂

吸附剂也称吸收剂，其吸附性强、化学性质稳定，具有使活性组分附着在其颗粒表面，使液体微量化合物变为固态化合物的性能。

吸附剂也分为有机和无机两类。有机物有小麦胚粉、脱脂玉米胚粉、玉米芯片、大麸皮、大豆细粉和吸水性强的谷物等。无机物类有二氧化硅、硅酸钙、蛭石等。

生产中，载体、稀释剂和吸附剂往往相互混用，有些成分同时具有承载、稀释和吸附作用。但是，从设计添加剂预混合饲料和制作预混合饲料的工艺角度考虑，正确地选用和区别载体、稀释剂、吸附剂是十分必要的。

（八）活性成分的配伍与配伍禁忌

从添加效力角度，可以理解为一种活性原料的效力是否会因为与另一种原料混合而被减弱甚至完全消失，若两者的效力未因它们的相互混合而遭受损失，则称两者具有可配伍性；反之，则称为配伍禁忌。为此，在设计和制作添加剂预混合饲料时，了解和掌握各活性成分以至非活性成分之间的配伍禁忌，对于提高和保证添加剂预混合饲料的质量是至关重要的。

1. 泛酸钙与烟酸

因纯泛酸不稳定，通常利用泛酸的盐类作为饲料添加剂。又因泛酸钙盐的吸湿性低于泛酸钠盐，所以畜禽饲料中补加的泛酸绝大部分是泛酸钙。

烟酸的商品添加剂形式有烟酸和烟酰胺两种。在活性方面，两者可以互换，两者均较稳定。

泛酸钙具有吸湿性强的特点，在水分含量达到 10% 时容易失活，在酸性环境中（$pH < 6$）不稳定。烟酸的酸性较强，在配合饲料或预混料中添加的比例较大，易使泛酸钙分解破坏。因此，要避免两者混合使用，如需要混合，可先用碳酸钙中和烟酸的酸性后再将两者混合。

2. 氯化胆碱与其他维生素

目前作为饲料添加剂使用的维生素有 14 种，用量最大的是氯化胆碱。

氯化胆碱饲料添加剂主要有两种商品形式：70% 的液态氯化胆碱和在其中加入玉米芯粉、脱脂米糠等有机载体，或无水硅胶等赋形剂制成的 50% 的氯化胆碱粉剂。

胆碱的碱性极强，易溶于水，有吸湿性，若与维生素A、维生素D、维生素K或者水溶性维生素C、维生素B_1、维生素B_2、泛酸、维生素B_6、维生素PP等直接配合，将破坏以上维生素的活性。因此，要避免上述维生素与氯化胆碱直接配合使用。若需要混合时，应添加较大量的载体和稀释剂，以减少胆碱与维生素活性成分直接接触的机会，保证活性成分的有效性。

3. 维生素C与其他维生素

维生素C极不稳定，很容易受到各种因素的破坏。用作饲料添加剂的维生素C的商品形式为不同浓度的L-抗坏血酸。有100%结晶、50%的脂类包被产品和97.5%的乙基纤维素包被产品。

维生素C有较强的还原性，其水溶液呈酸性，维生素B_{12}、泛酸、叶酸等与其混合时可被破坏而失活。混合使用时，应加大载体与稀释剂的用量。

4. 部分维生素之间的协同与颉颃作用

维生素E与维生素C、维生素D与维生素C存在协同作用。

维生素A与维生素C存在颉颃；烟酰胺与维生素C易形成复合物，使维生素复合剂结块。

(九) 影响维生素稳定性和需要量的因素

维生素在所有添加剂中，稳定性差，极易变质和失效。影响维生素稳定性和需要量的因素主要有以下几个方面：

1. 动物因素

不同种类的动物对维生素的需要量不同，同种动物由于不同的品种、年龄、性别、生理状态、营养水平以及生产性能不同对维生素的需要量也不同。

2. 应激因素

目前，饲养集约化程度的提高，使动物的生产力得到了充分的发挥，但同时动物也减少了从自然界或从其他途径获取维生素和微量矿物元素的机会。如在集约化条件下，猪、禽基本上无法接触阳光，饲料中必须添加维生素D；如动物的运输应激、环境温度应激、疾病应激等，都将提高维生素的供应量。

3. 基础饲料的营养成分

日粮中所含的营养成分不同，有的饲料还含有抗营养因子。如日粮中不饱和的脂肪酸、铜、铁、亚硝酸盐等会加速维生素E的损失；小麦、高粱、燕麦等谷物中烟酸是以结合形式存在的，不易被动物吸收。一般认为，动物的生产期、妊娠期和哺乳期，烟酸的添加量应稍高一些；日粮的蛋白质水平提高，或者是缺乏胆碱、铁、维生素C等，叶酸的需要量提高；日粮中粗蛋白质或粗脂肪水平过高会加重胆碱缺乏症等。

4. 抗生素或抗菌药物

氯丙嗪与维生素 B_2 的结构相似，可使动物体内微生物合成维生素 B_2 的量降低，同时，铁、铜、锌与维生素 B_2 生成螯合物，会减少维生素 B_2 在动物肠道的吸收；抗生素抑制动物肠道合成叶酸；抗菌药物特别是磺胺药物会破坏动物肠道微生物区系，降低肠道生物素的合成和胆碱的需要量；真菌会产生硫胺素酶，而硫胺素酶是导致维生素 B_1 缺乏的主要原因。

5. 维生素的稳定性与生物学效价

影响维生素稳定性的因素见表5-46。

表 5-46 影响维生素稳定性的因素

维生素	水分	氧化作用	还原作用	重金属离子	热	光	适宜 pH	特定环境因素
A	(+)	+	−	+	+	+	中性、弱碱性	CC
D_3	(+)	(+)	−	+	+	+	中性、弱碱性	CC
E	−	−	−	(+)	−	−	中性	
K_3^*	(+)	−	+	+	+	(+)	中性、弱碱性	CC
B_1^*	(+)	(+)	+	+	+	−	酸性	B_2
B_2	−	−	+	−	−	(+)	中性、弱碱性	CC
B_6	−	−	−	+	−	(+)	弱酸性	
B_{12}	−	(+)	(+)	(+)	(+)	(+)	弱酸性、弱碱性	B_1、CC
D-泛酸钙	+	−	−	−	(+)	−	弱碱性	B_2、CC、烟酸
叶酸	(+)	−	−	(+)	+	+	弱碱性	B_1、B_2
生物素	−	−	−	−	+	−	弱酸性、弱碱性	
烟酸	−	−	−	(+)	−	−	弱酸性、弱碱性	
烟酰胺	+	−	−	−	−	−	中性	
CC *	(+)	+	−	+	−	+	酸性、中性	B_1、B_2、烟酰胺
CC	+	−	−	−	−	−	酸性、中性	
胡萝卜素	(+)	+	−	+	+	+	中性、弱碱性	

注：+：敏感；−不敏感；(+)：弱度敏感或与其他因素结合时敏感；*：包被的制剂在水溶液中溶解度差，具有较高的稳定性；CC：氯化胆碱。

选择生物学效价高的维生素。人工合成的维生素与天然存在的维生素相比，两者的生物学效价不同。如鱼肝油中维生素 A 的生物学效价为 30% ~70%，而人工合成的维生素 A 生物学效价则可达 100%。

（十）确定维生素的添加量

1. 确定维生素添加量的原则

设计维生素预混合饲料的关键是确定维生素的添加量。

（1）依据动物的饲养标准。饲养标准是设计维生素预混合饲料时确定维生素添加量的依据。饲养标准中规定的动物维生素（或微量矿物元素）需要量是动物最低需要量。最低需要量是指在试验条件下，为预防动物产生某种维生素（或微量矿物元素）缺乏症，对该种维生素（或微量矿物元素）推荐的需要量。最低需要量未包括实际生产条件下，各种影响因素所致的动物对需要量的提高。因此，最低需要量不是最适需要量（指动物取得最佳生产效益和饲料利用率时的活性成分供给量），也不是我们确定添加量的唯一依据。

（2）考虑动物的品种与生产水平。动物因种类不同，在体内合成维生素的能力和对维生素的需要量差别很大。例如，成年反刍动物能够通过瘤胃合成B族维生素和维生素K，并基本满足营养需要；猪和禽能够在体内合成抗坏血酸；种畜、母猪、产蛋鸡对维生素需要量比其他生理状态下的需要量高；等等。

（3）考虑维生素的稳定性与生物学效价。维生素A与维生素D_3制剂比其他维生素易失去活性，并且常用的植物性饲料原料中不含有维生素A与维生素D_3，因此，这两种维生素的添加量需要比推荐量高5～10倍。

（4）考虑基础饲料的营养组成。例如，常用饲料中维生素B_1、维生素B_6和生物素的含量较丰富，故这三种维生素的用量可适当降低一些。

（5）考虑配伍禁忌和疾病因素。维生素之间存在复杂的颉颃与协同关系，如氯化胆碱与其他维生素直接配合时，会影响其他维生素的生物学效价，因此，需要单独添加；为了抗球虫侵袭，可提高维生素K_3的用量等。

2. 确定维生素的添加量

（1）安全系数。由于维生素的稳定性差别很大，加之影响因素多而复杂，因此，动物维生素的最适需要量应为：以饲养标准推荐的最低需要量为基础，加实际生产条件下各种制约因素导致的动物对维生素需要的提高量，即通常所说的“安全系数”或“保险系数”，可表示为：

动物对维生素总需要量＝最低需要量 ＋ 安全系数（保险系数）

安全系数不是一个定值，不同国家、不同地区、不同生产厂家、不同类型的饲料产品处理都不相同，其变化范围一般为10%～100%（表5-47，表5-48）。

表 5-47　各种维生素产品的安全系数

维生素名称	保险系数/%	维生素名称	安全系数/%
维生素 A	2～3	维生素 B_6	5～10
维生素 D_3	5～10	维生素 B_{12}	5～10
维生素 E	1～2	叶酸	10～15
维生素 K_3	5～10	烟酸	1～3
维生素 B_1	5～10	泛酸钙	2～5
维生素 B_2	2～5	维生素 C	5～10

表 5-48　不同条件下家禽对维生素需要的提高量

影响因素	受影响的维生素种类	需要增加量/%
饲料成分	所有种类	10～20
环境温度	所有种类	20～30
舍饲笼养	B 族维生素、维生素 K	40～80
无稳定剂或遇过氧化脂肪	水溶性维生素	100 或以上
蛔虫、线虫、球虫	维生素 A、维生素 K	100 或以上
亚麻籽粉	维生素 B_6	50～100
疾病	维生素 A、维生素 E、维生素 K、维生素 C	100 或以上

摘自：杨久仙. 动物营养与饲料. 北京：中国农业出版社，2006.

（2）维生素的添加量。动物的维生素（或微量矿物元素）的供应有两个途径：一是基础饲料中的含量；另一个是由添加剂提供的量，而后者为添加量。

基础饲料中维生素的含量一般通过饲料营养价值表而获得相关数据。但是，饲料营养价值表中各种养分含量是许多同名饲料中养分含量的平均值，而准确的含量因饲料的产地、收获期以及加工贮藏条件的不同而存在相当大的差异。因此，要获得营养成分的准确数据，最好对饲料原料相关成分进行直接测定。

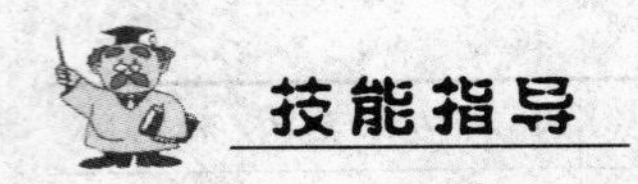

十三、维生素添加剂预混合饲料配方设计

维生素添加剂预混合饲料设计步骤

1.根据饲养标准以及综合考虑各种因素后确定动物对各种维生素的实际需要量。
2.选择维生素添加剂及其产品规格。
3.确定维生素添加剂预混合饲料在配合饲料中的用量。
4.将维生素添加量折算成市售的维生素商品原料用量。

下面以0～3周龄肉仔鸡为例设计维生素添加剂预混合饲料配方。

(一)查饲养标准

0～3周龄肉仔鸡每千克饲料维生素的需要量见表5-49。

表5-49　0～3周龄肉仔鸡每千克饲料各种维生素的需要量

维生素种类	需要量	维生素种类	需要量
维生素A	8000IU	维生素B_6	3.5mg
维生素D	1000IU	维生素B_{12}	0.010mg
维生素E	20IU	叶酸	0.55mg
维生素K	0.5mg	烟酸	35mg
维生素B_1	2.0mg	泛酸钙	10mg
维生素B_2	8mg	生物素	0.18mg
		胆碱	1300mg

(二)选择维生素添加剂及其产品规格

维生素添加剂及其产品规格见表5-50。

表 5-50 维生素添加剂及其产品规格

维生素种类	规格	维生素种类	规格
维生素 A 乙酸酯	50 万 IU/g	盐酸吡哆醇	98%
维生素 D_3	50 万 IU/g	维生素 B_{12}	2%
维生素 E	50%	叶酸	98%
维生素 K(MSB)	50%	烟酸	98%
盐酸硫胺素	98%	泛酸钙	98%
维生素 B_2	96%	生物素	1%
		胆碱	50%

本例中,除生物素和胆碱外,其余维生素都选中。

(三)确定维生素添加剂预混合饲料在配合饲料中的用量

维生素添加剂预混合饲料在日粮中的添加比例,一般为 0.1% ~0.5%,本例为 2000g/t。

(四)确定维生素的添加量

维生素添加量 = 需要量 ×(1 + 安全系数)

具体见表 5-51。

表 5-51 各种维生素的添加量

维生素种类	安全系数/%	每千克饲料添加量	维生素种类	安全系数/%	每千克饲料添加量
维生素 A	3	8000 + 240 = 8240(IU)	维生素 B_6	6	3.5 + 0.21 = 3.71(mg)
维生素 D_3	7	1000 + 70 = 1070(IU)	维生素 B_{12}	6	0.01 + 0.0006 = 0.01(mg)
维生素 E	2	20 + 0.4 = 20.4(IU)	叶酸	8	0.55 + 0.044 = 0.594(mg)
维生素 K	7	0.5 + 0.035 = 0.535(mg)	烟酸	3	0.35 + 1.05 = 1.40(mg)
维生素 B_1	7	2.0 + 0.14 = 2.14(mg)	泛酸钙	2	10 + 0.2 = 10.2(mg)
维生素 B_2	5	8 + 0.4 = 8.4(mg)			

(五)将维生素添加量折算成市售的维生素商品原料用量

商品维生素添加剂原料用量 = 维生素添加量 ÷ 商品维生素活性成分含量

具体见表 5-52。

表 5-52　各种商品维生素添加剂原料用量

商品维生素添加剂名称	规格	每千克基础饲料维生素原料用量
维生素 A	50 万 IU/g	8240IU ÷50 万 IU/g = 16.48mg
维生素 D_3	50 万 IU/g	1070IU ÷ 50 万 IU/g = 2.14mg
维生素 E	50%	20.4IU ÷ 50% = 40.8mg
维生素 K	50%	0.535mg ÷ 50% = 1.07mg
维生素 B_1	98%	2.14mg ÷ 98% = 2.18mg
维生素 B_2	96%	8.4mg ÷ 96% = 8.75mg
维生素 B_6	98%	3.71mg ÷ 98% = 3.79mg
维生素 B_{12}	2%	0.01mg ÷ 2% = 0.5 mg
叶酸	98%	0.594mg ÷ 98% = 0.61mg
烟酸	98%	1.40mg ÷ 98% = 1.43mg
泛酸钙	98%	10.2mg ÷ 98% = 10.41mg
合计		88.16 mg

（六）确定载体用量

用作维生素添加剂预混合饲料的载体种类很多，设计配方时，可根据配方的特点和使用的目的选用适合的载体。本例选用脱脂玉米淀粉，这是维生素添加剂预混合饲料常用的载体之一。由于本例添加剂预混合饲料在配合饲料中的比例是 0.2%，即每千克饲料中需要添加本品 2g。从表 5-52 获得每千克基础饲料中各种商品维生素添加剂添加的总量为 88.16mg，则载体的用量为 2000 - 88.16 = 1911.84(mg)。

（七）列出维生素添加剂预混合饲料配方

具体见表 5-53。

表 5-53 0～3 周龄肉仔鸡维生素添加剂预混合饲料配方

商品维生素添加剂名称	每千克基础饲料维生素原料用量/mg	占添加剂预混料的百分比/%	生产 100kg 维生素预混料需要的原料数量/g
维生素 A	16.48	0.824	82.4
维生素 D_3	2.14	0.107	10.7
维生素 E	40.8	2.040	204
维生素 K	1.07	0.0535	5.35
维生素 B_1	2.18	0.109	10.9
维生素 B_2	8.75	0.4375	43.75
维生素 B_6	3.79	0.1895	18.95
维生素 B_{12}	0.5	0.025	2.5
叶酸	0.61	0.0305	3.05
烟酸	1.43	0.0715	7.15
泛酸钙	10.41	0.5205	52.05
载体(玉米淀粉)	1911.84	95.592	9559.2
合计	2000	100	10000

（八）配方注释

本配方适用于 0～3 周龄肉仔鸡维生素添加剂预混合饲料生产。

本品按照 0.2% 的比例与配合饲料混合均匀后使用。

需要的胆碱在配料时另外加入。配方有效成分及保证含量见表 5-54。

表 5-54 配方有效成分及保证含量

维生素有效成分	每千克预混料产品成分保证含量
维生素 A	412 万 IU(8.24×50 万 IU/g)
维生素 D_3	53.5 万 IU
维生素 E	10.2mg
维生素 K	0.267mg
维生素 B_1	1.068mg
维生素 B_2	4.2mg
维生素 B_6	1.857mg
维生素 B_{12}	0.005mg
叶酸	0.299mg
烟酸	0.700mg
泛酸钙	5.100mg

十四、微量元素添加剂预混合饲料配方设计基础

因常量元素（钙、磷、钠、钾、氯、镁、硫）的需要量较大，饲料中不足的部分可通过石粉、骨粉、食盐、磷酸氢钙等原料加以补充。这里讨论的微量元素只是微量元素的添加剂部分，一般指铁、铜、锰、锌等矿物质的碳酸盐和硫酸盐。

（一）微量元素添加剂的种类与活性成分含量

具体见表5-55。

表5-55　微量元素添加剂的种类与活性成分含量

元素	化合物	分子式	活性成分含量
铁	硫酸亚铁（七水合物）	$FeSO_4 \cdot 7H_2O$	Fe = 20.1
	硫酸亚铁（一水合物）	$FeSO_4 \cdot H_2O$	Fe = 32.9
	三氯化铁	$FeCl_3 \cdot 6H_2O$	Fe = 20.7
	碳酸亚铁	$FeCO_3 \cdot H_2O$	Fe = 41.7
	氧化亚铁	FeO	Fe = 77.8
	延胡索酸亚铁	$FeC_4H_2O_4$	Fe = 32.9
硒	亚硒酸钠	Na_2SeO_3	Se = 45.6，Na = 26.6
	硒酸钠	Na_2SeO_4	Se = 41.8，Na = 24.3
铜	碱性碳酸铜（孔雀石）	$CuCO_3Cu(OH)_2$	Cu = 57.5
	氯化铜（绿色）	$CuCl_2 \cdot 2H_2O$	Cu = 37.3
	氯化铜（白色）	$CuCl_2$	Cu = 64.2
	氧化铜	CuO	Cu = 79.9
	硫酸铜	$CuSO_4 \cdot 5H_2O$	Cu = 25.4
	氢氧化铜	$Cu(OH)_2$	Cu = 65.1
锰	碳酸锰	$MnCO_3$	Mn = 47.8
	氯化锰	$MnCl_2 \cdot 4H_2O$	Mn = 27.8
	氧化锰	MnO	Mn = 77.4
	硫酸锰（五水合物）	$MnSO_4 \cdot 5H_2O$	Mn = 22.7
	硫酸锰（一水合物）	$MnSO_4 \cdot H_2O$	Mn = 32.5

续表

元素	化合物	分子式	活性成分含量
锌	碳酸锌	$ZnCO_3$	Zn = 52.1
	氯化锌	$ZnCl_2$	Zn = 48.0
	氧化锌	ZnO	Zn = 80.3
	硫酸锌(七水合物)	$ZnSO_4 \cdot 7H_2O$	Zn = 22.7
	硫酸锌(一水合物)	$ZnSO_4 \cdot H_2O$	Zn = 32.5
碘	碘化钾	KI	I = 76.4
钴	氯化钴	$CoCl_2 \cdot 10H_2O$	Co = 19.35
	硫酸钴	$CoSO_4 \cdot 5H_2O$	Co = 24.39

注:表中所提供的活性成分含量是按纯化合物计算的,在实际使用这些微量元素时,要注意商品添加剂的成分含量。

制定饲料配方时需要考虑各种微量元素的生物学效价,即利用率的高低。一般水溶性好的饲料,其利用率也高。在生产中,硫酸盐较碳酸盐和氧化物易溶于水,在畜禽体内容易被吸收。但是硫酸盐易吸湿返潮,流动性差,对加工工艺有影响,需要进行强化干燥,加防结块剂和涂层包被等特殊处理。

微量元素添加剂的粒度也是设计配方时需要考虑的内容。微量元素添加剂的粒度一般要求通过 80 ~ 400 目标准筛,即粒径在 0.05 ~ 0.177mm 以下。其中铁、锌、锰等微量元素添加剂的粉碎粒度应全部通过 50 目(0.3mm)筛孔;钴、碘、硒等微量元素粉碎粒度应在 200 目(0.076mm)以下。

(二) 微量元素的最大安全量

动物的微量元素供应量不足会引发缺乏症,但当添加量超过其最大耐受量时,动物会出现中毒症状。同时,超量使用微量元素添加剂还易导致环境污染和畜产品残留增加。一般情况下,铁、锌、锰的安全范围较大,中毒计量在需要量的 50 倍左右,钴和碘用量少且安全范围较宽,需要引起注意的是硒和铜。硒是剧毒元素,其中毒剂量为 3 ~ 5mg/kg,而铜的用量与中毒剂量接近,使用时需要特别注意(表 5-56)。

表 5-56　微量元素的最大安全量

微量元素	动物种类	最大安全量/(mg/kg)	微量元素	动物种类	最大安全量/(mg/kg)
铁	牛	1000	钴	牛	30
	绵羊	500		羊	50
	猪	3000		猪	50
	禽	1000		禽	20

续表

微量元素	动物种类	最大安全量/(mg/kg)	微量元素	动物种类	最大安全量/(mg/kg)
铜	产犊母牛	30	碘	牛	20
	牛	100		羊	50
	绵羊	15		猪	400
	仔猪	250		禽	300
	猪	250			
	禽	300			
锰	牛	1000	硒	牛	3
	羊	1000		羊	3
	猪	400		猪	4
	禽	1000		禽	4
锌	牛	400	钼	牛	6
	羊	300		羊	10
	猪	1000		猪	> 20
	禽	1000		禽	100

(三)矿物元素的协同与颉颃关系

1. 钼、铜、硫关系

钼与铜在吸收上存在着明显的颉颃关系，日粮中铜或硫过量时钼的吸收量减少，尿中的排出量增加。相反，钼含量高时，铜的利用率降低，导致动物的铜缺乏。但在某种特定情况下，钼和铜又存在协同关系，即在饲料中铜、钼比例为(6～10)∶1，不论钼的浓度多高，都不致引发动物的钼中毒或铜缺乏。

2. 铁与锌、锰、铜、铬的关系

酸性环境有利于铁的吸收，当pH为2～3.5时，铁的吸收率最高，日粮高水平的锌、锰、铜、铬降低铁的吸收。

3. 钙与锌、锰、铁、铜的关系

钙与锌、锰、铁、铜存在颉颃关系。高钙对动物(尤其的单胃动物、家禽和鱼类)锌的利用有颉颃作用，钙使锌在动物的消化道内形成难溶的植酸-锌-钙复合物并被排出体外，从而减少了锌在消化道内的吸收，加剧了动物的缺锌症状。

锌还与磷、铁、铜、铬等存在颉颃关系，锌与这些元素的竞争会降低其利用率。

4. 硒与铜、锌和银的关系

铜、锌和银元素的增加会增加硒的需要量。

（四）选择微量元素添加剂载体

微量元素添加剂预混合饲料的载体不能与微量元素发生化学反应，其化学性质必须稳定，不易变质。一般使用石粉或碳酸钙、白陶土粉、沸石粉以及硅藻土粉等。

（五）确定微量元素的添加量

1. 微量元素添加量确定原则

理论上，微量元素添加量应根据动物需要量与基础饲料中相应元素含量来计算，即添加量＝动物需要量－基础饲料中相应元素含量。但在实际操作时，往往将基础饲料中的微量元素含量作为安全裕量（保险系数）忽略不计，而直接以动物的需要量作为添加量。一是因为同类饲料中微量元素含量变化较大，对饲料中微量元素进行实际测定需要较高的条件；二是按照动物需要量＋基础饲料中相应的元素含量，一般不会超过动物的安全限量；三是忽略基础饲料中的元素含量可简化配方设计步骤。

2. 限量添加的特殊元素

（1）硒元素。硒既是营养元素，又是剧毒元素，猪、牛的中毒剂量为5mg/kg，鸡为10mg/kg。预混合饲料中硒的含量不得超过200mg/kg，每吨配合饲料添加这种含硒的预混料不得超过0.5kg，且必须混合均匀。

微量元素硒的添加物一般是硒酸钠或亚硒酸钠。这两种原料的亲水性较强，因此，在使用时要进行预处理：一般是将含硒45%的亚硒酸钠加入81.4℃的热水中，经过5min完全溶解后制成10kg水溶液，然后再喷洒在搅拌机内的砻糠粉上，混合均匀后制成硒稀释剂，再与其他原料混合成为硒的预混料。硒的含量为0.02%。

（2）高铜与高锌。日粮中添加高剂量的铜（125～250 mg/kg）和高剂量的锌（2000～3000 mg/kg），对2～3周龄的仔猪有一定的促生长作用，但可能破坏动物体其他元素的平衡以及造成土壤和环境的污染。

十五、微量元素添加剂预混合饲料配方设计

（一）微量元素添加剂预混合饲料设计步骤

微量元素添加剂预混合饲料设计步骤

1.根据饲养标准并综合考虑各种因素后确定动物对各种微量元素的实际需要量。
2.综合考虑原料的生物学效价、价格和加工工艺要求等因素后选择微量元素原料。
3.计算预混合饲料中各微量元素的商品原料用量：
纯原料量 = 某微量元素需要量 ÷ 纯品中元素含量（%）
商品原料量 = 纯原料量 ÷ 商品原料纯度（%）
4.确定预混合饲料在配合饲料中的用量（一般占全价配合饲料的0.2%~1%）。
5.确定载体用量。
6.列出微量元素添加剂预混合饲料配方并对配方进行注释。

（二）微量元素添加剂预混合饲料设计实例

例 为60～90kg体重生长肥育猪设计微量元素添加剂预混合饲料配方。

（1）查60～90kg体重生长肥育猪饲养标准（表5-57）。

表5-57 60～90kg体重生长肥育猪每千克饲料各种微量元素的需要量

微量元素	铁	锌	铜	锰	碘	硒
需要量/(mg/kg)	50	50	3.50	2.00	0.14	0.25

（2）选择微量元素原料（表5-58）。

表5-58 商品微量元素添加剂规格

商品微量元素	分子式	元素含量/%	商品原料纯度/%
硫酸亚铁	$FeSO_4 \cdot 7H_2O$	Fe = 20.10	98.5
硫酸铜	$CuSO_4 \cdot 5H_2O$	Cu = 25.50	96
硫酸锰	$MnSO_4 \cdot H_2O$	Mn = 32.50	98
硫酸锌	$ZnSO_4 \cdot H_2O$	Zn = 22.70	98
碘化钾	KI	I = 76.40	98
亚硒酸钠	$NaSeO_4 \cdot 5H_2O$	Se = 30.00	95

（3）计算预混合饲料中各微量元素的商品原料用量（表5-59）。

表 5-59　预混合饲料中各微量元素商品原料用量

商品微量元素	计算商品原料用量	每千克饲料中商品原料用量/mg
硫酸亚铁	50 ÷ 20.1% ÷ 98.5%	252.54
硫酸铜	3.5 ÷ 25.5% ÷ 96%	14.29
硫酸锰	2 ÷ 32.5% ÷ 98%	6.28
硫酸锌	50 ÷ 22.7% ÷ 98%	224.76
碘化钾	0.14 ÷ 76.4% ÷ 98%	0.18
亚硒酸钠	0.25 ÷ 30.0% ÷ 95%	0.87
合计		498.92

（4）选择载体并确定用量。本例添加剂预混合饲料的使用量为 1%。表 5-59 的计算结果得出几种元素的商品原料总量为 498.92mg，则载体的用量为 10000 − 498.92 = 9501.08(mg)，即每千克饲料添加量为 10g，载体为 9.501g。现确定使用轻质碳酸钙粉作为载体。

（5）列出微量元素添加剂预混合饲料配方（表 5-60）并对配方进行注释。

表 5-60　60 ~ 90kg 体重生长肥育猪微量元素预混合饲料配方

商品微量元素	每千克饲料中商品原料用量/mg	占预混料的比例/%	每吨预混料用量
硫酸亚铁	252.54	252.54 ÷ 10000 = 2.525	25.25kg
硫酸铜	14.29	14.29 ÷ 10000 = 0.143	1.43kg
硫酸锰	6.28	6.28 ÷ 10000 = 0.063	0.63kg
硫酸锌	224.76	224.76 ÷ 10000 = 2.248	22.48kg
碘化钾	0.18	0.18 ÷ 10000 = 0.00018	1.8g
亚硒酸钠	0.87	0.87 ÷ 10000 = 0.00087	8g
载体（轻质碳酸钙）	9501.08	9501.08 ÷ 10000 = 95.01	950.1kg
合计	10000	100	1000kg

本配方适用于 60 ~ 90kg 体重生长肥育猪微量元素预混合饲料生产。

本品按照 1% 的比例与配合饲料混合均匀后使用。

实训指导

实训一　饲料水分的测定

相关知识

一、饲料水分与动物营养

(1) 水分是六大营养物质之一。水是重要的溶剂,动物体内所有的生化反应都是在水溶液中进行的。水还具有润滑作用,能维持组织器官的形态,参与体温调节。

(2) 饲料中的水分可以给动物提供生命、生长、生产所必需的养分。但是,单位重量的饲料其含水量越高,饲料的干物质含量越低,营养价值则越低。

二、饲料水分与饲料保存

水分是重要的营养物质,同时也是微生物滋生的重要条件。水分只有控制在一定的范围内,饲料才得以长期保存而不发生变质。饲料水分的含量,在我国北方要求不高于14%,南方不高于12.5%。因此,测定饲料水分含量既是原料保存的需要,也是衡量原料中干物质含量的需要。

三、分析数据的处理

饲料水分的测定以及以下介绍的饲料粗蛋白、粗灰分、钙、磷等的测定属于饲料的化学检验,需要分析人员正确掌握分析结果的数据处理方法。

(一) 有效数字

定量分析中能测量的、有实际意义的数字称为有效数字。有效数字不仅反映测量数据“量”的多少，而且反映所用仪器的准确程度。

有效数字包括所有的准确数字和最后一位“可疑数字”。例如，在电子天平上称得一试样为0.5000g，即表明试样的质量为0.5000g，还表明称量的误差在±0.0002g以内。如果将其记录为0.50g，则表明试样是台秤称量的，且称量误差为0.02g。

数字中的“0”是否为有效数字，要视具体情况而定，因“0”在数字中有双重意义，即一种是有效数字；另一种是起定位作用（表6-1）。

表6-1 有效数字中“0”的意义

物质	称量瓶	Na_2CO_3	$H_2C_2O_4$	称量纸
质量/g	10.7830	2.9085	0.2408	0.0180
有效数字	6位	5位	4位	3位

以上数字中，“10.7830”中的两个“0”都是有效数字，即为6位有效数字；“2.9085”中的“0”也是有效数字，即5位有效数字；“0.2408”中，第一个非零数字前面的“0”不是有效数字，仅起定位作用，所以是4位有效数字；“0.0180”中仅末尾的“0”是有效数字，故有3位有效数字。

以“0”结尾的正整数，有效数字的位数不确定。如“5800”，就不能确定是几位有效数字，遇到这种情况，应根据实际有效数字书写成：

5.8×10^3（2位有效数字）；5.80×10^3（3位有效数字）；5.800×10^3（4位有效数字）。

对于滴定管、移液管和吸量管，能准确测量0.01mL溶液体积。当使用50mL滴定管，其测定体积大于10mL而小于50mL时，应记录4位有效数字；测定体积小于10mL，应记录3位有效数字。当用25mL移液管移取溶液时，应记录为25.00mL，用50mL容量瓶定容时，溶液体积应记录为50.00mL。

（二）数字的修约规则

处理分析数据时，要对一定位数的有效数字进行合理的修约。修约规则是“四舍六入五成双”。即当尾数≤4时舍去，尾数≥6时进位，当尾数为“5”时，“5”前为偶数将“5”舍去，“5”前为奇数则“5”进位，当“5”后面还有不为0的任何数时，无论其前面是奇数还是偶数都应进位。例如：

6.346 → 6.35　　6.343 → 6.34　　6.3351 → 6.34

6.345 → 6.34　　6.355 → 6.36　　6.3652 → 6.37

（三）有效数字运算规则

1. 加减法

几个数据相加减时，以小数点后面位数最少的数字为标准，对参与运算的所有数据进行一次修约后再计算，并正确保留计算结果的有效数字。例如：计算0.0122+25.64+

1.05783 时，应以 25.64 为准，修约后的三位数是 0.01、25.64、1.06，则 0.01 + 25.64 + 1.06 = 26.71。

2. 乘除法

几个数据相乘除时，以相对误差最大的数据即有效数字位数最少的数为标准，对参与运算的所有数据进行一次修约后再计算。例如：计算 0.0122 × 25.64 × 1.05783 时，应以 0.0122 为准，结果应保留 3 位有效数字，即 0.0122 × 25.6 × 1.06 = 0.331。

训练器材

电子天平、称量皿、电热恒温干燥箱、干燥器、饲料样品等。

训练指导

一、水分测定设备与仪器的使用

(一) 电子天平

电子天平是饲料化学检验的常用仪器(图 6-1)。

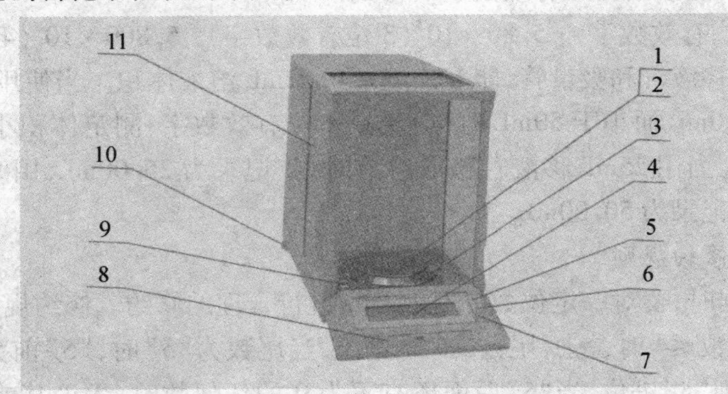

图 6-1　电子天平外形与结构图

1. 称盘　2. 称盘座　3. 气流罩　4. 显示窗　5. M 键　6. C 键　7. I/? 键　8. TARE 键　9. 水平泡　10. 水平调整脚　11. 门玻璃

1. 调试天平(以 FA 型系列为例)

(1) 调整水平仪。使用前调整水平调整脚，使水平泡位于水平仪中央。

(2) 预热。天平预热 30min 以上，精确称重时应预热 120min 以上。

(3) 校准。称盘无加载物，按“TARE”键清零，等待天平稳定后按“C”键，显示“?”，轻轻放校准码至天平中心,关闭玻璃门约30s后,显示校准码值,听到"嘟"音后,取出校准码,天平校准完毕。

2. 称重

(1) 基本称重。按"TARE"将天平清零,等待天平显示零。在秤盘上放置所称物体,称重稳定后即可读取重量读数。

(2) 使用容器称重。液体等物品称重时(不包括容器的重量),先将空容器放置在秤盘上,按"TARE"键清零,等待天平显示零后,将待测物品放入容器中,称重稳定后即可读出重量读数。

(3) 称重模式选择。按住"M"键不放,天平在克、金盎司、克拉、计件、百分比称重模式之间循环切换,待天平显示所需称重模式时,放开"M"键,天平进入所选称重模式。

(二) 干燥器

测定饲料的水分时,试样需要在干燥器中进行冷却。干燥器是一个下层放有干燥剂,之间由带孔的瓷板隔开,上层放置待干燥物品的玻璃器皿。一般按照其外径的大小分为100mm、150mm、180mm、210mm、240mm等不同规格(图6-2)。

新干燥器在使用前需在口上涂一层凡士林,然后盖好盖并反复推动使凡士林涂抹均匀。干燥器开启时,固定干燥器的下部,然后向前用力推开盖子(不可用力向上拔盖)。

干燥器内使用的干燥剂一般是变色硅胶或无水氧化钙,变色硅胶变为红色时或长期使用后,要更换干燥剂。

(三) 电热恒温干燥箱

电热恒温干燥箱是饲料水分测定的必备设备(图6-3)。使用时:

(1) 将需要干燥的试样放入箱内,关闭箱门。

(2) 将电源开关拨至"1"处,此时电源指示灯亮。

图6-2 干燥器

图6-3 电热恒温干燥箱

(3) 按"SET"键,进入温度设定状态,此时 SV 设定闪亮。再按移位键"▽"设定温度,设定完成后按"SET"键确认。

例如,干燥箱原设定温度 86.5℃,现需设定温度 150℃。先按"SET"键,再按移位键,将光标移至显示器百位数,按动加键"△",使百位数从"0"升为"1"。再移动光标设定十位、个位和分位数值,待设定温度显示为 150℃时,按"SET"确认,温度设定结束。

(4) 定时设定。当 PV 窗显示 T1 时,进入定时设定,SV 窗为 0000,表示定时器不工作。不需要定时,可按"SET"键确认退出。

例如,定时 1h,用移位键配合加键,将 SV 窗设定为 0060;定时 2h,设定为 0120。设定结束后,按"SET"确认退出。

(5) 干燥结束后,将电源开关拨至"0"。

二、饲料水分测定步骤

GB6435-86 适用于测定配合饲料和单一饲料中的水分含量,奶制品、动物与植物油脂以及矿物质的测定除外。

试样在(105±2)℃烘箱中,在大气压下烘干直至恒重,逸失的重量即为水分。

(1) 洗净称样皿,在(105±2)℃烘箱中烘 1h,取出在干燥器中冷却 30min,称准至 0.0002g,再烘干 30min,同样冷却、称重,直至两次重量之差小于 0.0005g 为恒重。

(2) 用恒重的称样皿称两份平行试样,每份 2~5g(含水重 0.1g 以上,样品厚度 4mm 以下),准确至 0.0002g。不盖称样皿盖,在(105±2)℃烘箱中烘 3h(以温度到 105℃开始计时)取出,盖好称样皿盖,在干燥器中冷却 30min,称重。

(3) 再同样烘 1h,冷却,称重,直至两次称重之差小于 0.002g。

(4) 测定结果的计算:

$$水分 = \frac{W_1 - W_2}{W_1 - W_0} \times 100\%$$

W_1:105℃烘干前试样及称样皿重(g)。

W_2:105℃烘干后试样及称样皿重(g)。

W_0:已恒重的称样皿重(g)。

[实训作业]

写出测定报告。

实训二　饲料中粗蛋白质的测定

相关知识

一、饲料粗蛋白与真蛋白

蛋白质是由氨基酸构成的一类数量庞大的物质的总称。通常所讲的饲料蛋白质包括真蛋白和非蛋白氮化物，因此统称为粗蛋白质，在实际测定时由饲料中含氮量乘以 6.25 得到。

蛋白质在饲料营养中占有特殊地位。单位重量饲料的粗蛋白质含量越高，饲料的营养价值则越高。

二、化学试剂基础知识

（一）化学试剂的规格

进行饲料的化学检验时需要掌握化学试剂的规格与试剂使用的相关知识。

化学试剂的规格见表 6-2。

表 6-2　化学试剂等级标志对照

质量等级		1	2	3	4	5
我国化学试剂等级标志	级别	一级品	二级品	三级品	四级品	
	中文标志	保证试剂	分析试剂	化学试剂	实验试剂	生物试剂
		优级纯	分析纯	化学纯	化学用	
	符号	GR	AR	CP	LR	BR
	瓶签颜色	绿色	红色	蓝色	棕色等	黄色等
德、美、英等国通用等级和符号		GR	AR	CP		

在一般的分析工作中，通常需要使用 AR 级（分析纯）试剂。

（二）取用固体试剂

固体试剂需装在广口瓶中，遇光易分解的试剂（如 $AgNO_3$、$KMnO_4$）须装在棕色瓶中。固体试剂可放在称量纸上称量，有腐蚀性、强氧化性、易潮解的固体试剂（如 NaOH）需使用称量皿、表面皿或小烧杯装载后称量。

粉末或颗粒状试剂一般用干净的药匙按量取用(药匙不能一匙多用,多取的试剂不能重新放入试剂瓶中),实验结束和使用后应将药匙洗净、晾干备用。

(三)取用液体试剂

取用滴瓶中的试剂时,应提起胶头滴管使其离开液面,捏瘪胶帽挤出空气,再插入瓶中吸取试剂。滴加试剂时滴管须垂直,以保证滴入液体体积的准确。倒出试剂时,胶头滴管应距接受试剂的容器口0.5cm左右,以免造成滴瓶内试剂的污染。胶头滴管不能倒置,以防试剂腐蚀胶帽致使试剂变质。

取用细口瓶中的试剂时,应采取倾倒法。打开瓶盖并反扣在桌面上,将瓶面有标签的一面朝向手心,以免瓶口残留的少量试剂腐蚀标签。一旦有试剂流出瓶外,应立即擦净,切不可污染标签。

试剂使用前应辨明名称、浓度、纯度级别、牌号、批号和使用期限等,若发生颜色变化或出现浑浊等现象时,应停止使用。

三、移液管和吸量管

移液管和吸量管是用来准确量取溶液体积的量器。

移液管是中部较粗、两端较细的玻璃管,有5mL、10mL、15mL、20mL、25mL、50mL等多种规格;吸量管是管身直径均匀并有分刻度的玻璃管,用于吸取不同体积的溶液,常用的有1mL、2mL、5mL、10mL等不同规格(图6-4)。

移液管和吸量管在使用前,应用洗液洗净内壁,再用自来水冲洗和用蒸馏水润洗2~3次,最后用少量待移取溶液润洗2~3次再吸取溶液。

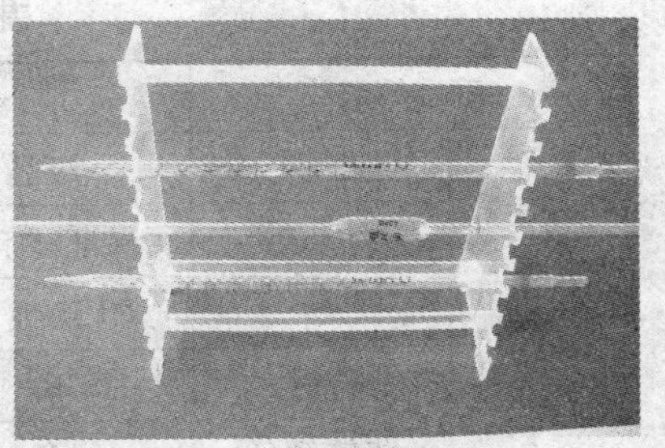

图6-4 移液管和吸量管

吸取溶液时,右手大拇指和中指拿住管的标线以上部位,将其插入移取液下数厘米,但不得触及瓶底,左手持洗耳球并挤出球内空气,将球嘴尖部分紧贴管口,慢慢松开洗耳球,当移取液上升到刻度线以上时,移去洗耳球。迅速用右手食指摁住管口,提管出液面,使管尖紧贴盛液瓶的内壁,使用中指和拇指轻微转动,利用食指与管口产生的空隙使液面缓缓下降,至与刻度线重合时,再用食指迅速摁住管口。将移液管垂直移至接受溶液的容器内,左手倾斜容器使其内壁与管尖相靠,松开右手食指使移取液自由流出。待溶液流尽并停15s后,取出移液管。

若管上印有"吹"、"B"等字样,则要将残留在管尖的液体吹出;否则,不需要吹出。

四、容量瓶与定容

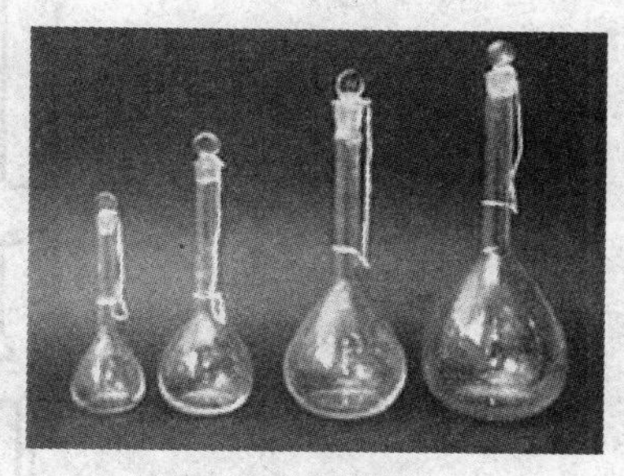
图 6-5　容量瓶

容量瓶是准确测量溶液体积的量器，用于配制或稀释溶液，通常有 50mL、100mL、250mL、500mL 和 1000mL 等多种规格（图 6-5）。

使用前加入一定量的自来水，盖好瓶塞，左手食指压住瓶塞，右手手指托住瓶底，将容量瓶倒立 2min，观察瓶塞周围是否漏水。若不漏水，将瓶正立后使瓶塞旋转 180°，塞紧瓶塞后再将其倒立，不漏水时方可使用。

使用时依次用洗液、自来水、蒸馏水洗涤容量瓶，直至内壁不挂水珠为止。

溶液转移时，应用玻璃棒插入容量瓶引流，以避免溶液损失。

在容量瓶中加蒸馏水至容量瓶体积的 1/2 ~ 2/3 时，直立旋摇容量瓶（不盖瓶塞），使溶液初步混合均匀。继续加入蒸馏水至接近标线下 1cm 处，静置 1 ~ 2min。再用胶头滴管滴加蒸馏水至溶液凹面下缘与标线重合，盖好瓶塞。用右手食指摁住瓶塞，左手托住瓶底，将容量瓶反复倒转数次，使溶液混合均匀。

五、滴定管与滴定

（一）滴定管的种类

滴定管是在滴定过程中用来准确测量滴定溶液体积的量器，分为常量、半微量和微量 3 种。常量滴定管有 50mL 和 25mL 两种规格，最小刻度为 0.1mL，读数时，可估计到 0.01mL。半微量或微量滴定管有 10mL、5mL、2mL、1mL 等规格。

滴定管分酸式和碱式两种（图 6-6）。

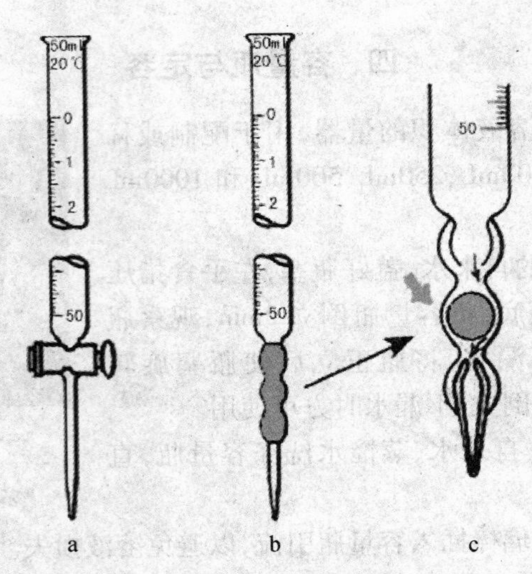

a. 酸式滴定管 b、c. 碱式滴定管

图 6-6 滴定管

酸式滴定管的下端带有玻璃活塞,用于盛放酸性溶液和氧化性溶液;碱式滴定管的下端装有带玻璃珠的橡皮管,用来盛放碱性溶液。

(二) 滴定前的准备

1. 检查

酸式滴定管在使用前要检查其密合性。关闭活塞,在管中加水至"0"刻度线,将其垂直夹在滴定管夹上,直立 2min,观察活塞周围及管尖有否渗水现象;将活塞旋转 180°后再观察,若仍无渗水,则可以使用。若有渗水,需进行涂油处理。

2. 涂油

平放酸式滴定管,取出活塞,将其卷一层滤纸后再插入活塞内转动几次,以除去活塞表面和活塞内残留的油污和水分。取出活塞,用手指粘少量凡士林,均匀地涂抹于活塞孔两侧(注意不要使油堵塞活塞孔),将活塞插入套内,单方向旋转,使其与活塞套的接触部位全部呈透明状、无气泡和纹路且转动灵活,再用橡皮圈或塑料盖将活塞套好以防脱落。

3. 洗涤

用滴定管刷蘸少量洗涤剂刷洗,再用自来水冲洗,最后用蒸馏水润洗 2 ~ 3 次(每次用水 5 ~ 10mL)。润洗时,双手平持滴定管缓慢转动,使水能够润洗滴定管全部内壁,再从两端将水放出。若有油污时,可用 10 ~ 15mL 洗液润洗或浸泡(碱式管应拔去橡皮管,套上橡皮帽再注入洗液),再经自来水冲洗、蒸馏水润洗。

4. 装液

先用待装液润洗滴定管 2 ~ 3 次(每次 5 ~ 10mL,方法同用蒸馏水洗),润洗液一定要从滴定管下端放出。然后从试剂瓶中将待装液直接装入滴定管至“0”刻度以上。

5. 排出气泡

酸式滴定管排气泡时,右手拿滴定管,使其倾斜 30°,左手迅速打开活塞,使溶液冲出将气泡排出;碱式管可将橡皮管向上弯曲,轻轻捏挤玻璃珠右上方的橡皮管,使气泡随溶液排出。

6. 读数

读数时,滴定管应垂直固定,且在溶液注入或放出后等待 2min,视线应和液体凹面下缘处于同一水平面上。无色或浅色的液体,应读取液体凹面下缘最低点处所对应的刻度;深色溶液,读取液体凹面两侧最高点处所对应的刻度;蓝线滴定管,应从蓝线的尖端与液面接触处读数,即读取三角交叉点所对应的刻度。

(三) 滴定

1. 滴定

滴定前必须将悬挂在滴定管尖端的液体除去后记录初读数。将滴定管尖端插入锥形瓶或烧杯内约 1cm 处,不可靠住内壁,左手操作滴定管,右手按单方向摇动锥形瓶;用烧杯滴定时,将滴定管放于烧杯左侧,右手持玻璃棒单方向搅动液体,玻璃棒不要触及杯壁、杯底以及滴定管尖部。

2. 酸式滴定管滴定操作

左手无名指及小指弯曲位于滴定管左侧,轻轻抵住滴定管,其他三指控制活塞,拇指在前,食指和中指在后,轻轻将活塞转动并向里用力(不可向外用力,以防拔出活塞),控制滴定速度。

3. 碱式滴定管滴定操作

用左手无名指和小指夹住橡皮管下端,拇指和食指的指尖挤捏玻璃珠上部右侧的橡皮管,使溶液从橡皮管和玻璃珠之间的隙缝处流出(不可挤捏玻璃珠下部的橡皮管和使玻璃珠发生移动,以免使管尖吸入气泡而造成滴定误差)。

4. 控制滴定速度

滴定开始时,液体不可呈柱状加入;接近终点时,需一滴滴地滴入;每加一滴需轻摇锥形瓶或烧杯,最后要半滴半滴加入。如溶液悬挂在滴定管尖部,用锥形瓶内壁靠上去,使悬挂液沿瓶壁流入瓶内,再用蒸馏水冲洗瓶内壁。若用烧杯滴定,可用玻璃棒接悬挂液,然后将其放入烧杯中搅拌。终点时,需用蒸馏水冲洗瓶壁或杯壁,直至滴定终点。

5. 滴定后的处理

滴定完毕,应将滴定管中剩余的溶液倒出,将滴定管洗净并倒置在滴定管架上,或装满蒸馏水，用大试管套住管口，固定在滴定管架上。

训练器材

1. 试剂

（1）硫酸（GB625）：化学纯，含量98%，无氮。

（2）混合催化剂：0.4g 硫酸铜（GB665）；6g 硫酸钾（HG3-920）或硫酸钠（HG3-908），均为化学纯，磨碎混匀。

（3）氢氧化钠（GB629）：化学纯，40% 水溶液（W/V）。

（4）硼酸（GB628）：化学纯，2% 水溶液（W/V）。

（5）混合指示剂：甲基红（HG3-958）0.1% 乙醇溶液，溴甲酚绿（HG3-1220）0.5% 乙醇溶液，两溶液等体积混合，在阴凉处保存期为3个月。

（6）盐酸标准溶液：邻苯二甲酸氢钾法标定，按 GB601 制备。

盐酸标准溶液：$c(HCl)=0.1mol/L$。8.3mL 盐酸（GB622，分析纯）注入1000mL 蒸馏水中。

盐酸标准溶液：$c(HCl)=0.02mol/L$。1.67mL 盐酸（GB622，分析纯）注入1000mL 蒸馏水中。

（7）蔗糖（HG3-1001）分析纯。

（8）硫酸铵（GB1396）分析纯，干燥。

（9）硼酸吸收液：1% 硼酸水溶液1000mL，加入0.1% 溴甲酚绿乙醇溶液10mL，0.1% 乙醇溶液7mL，4% 氢氧化钠水溶液0.5mL，混合，置阴凉处，保存期为1个月（全自动定氮分析仪用）。

2. 用具

实验室用样品粉碎机或研钵、分析筛、分析天平、消煮炉或电炉、滴定管、凯氏烧瓶、凯氏蒸馏装置、锥形瓶和容量瓶等。

训练指导

一、饲料粗蛋白测定原理

凯氏定氮法测定试样中的含氮量，即在催化剂的作用下，用硫酸破坏有机物，使含氮物转化成硫酸铵，加入强碱进行蒸馏使氨逸出，用硼酸吸收后，再用酸滴定，测出含氮量，将结果乘以蛋白质换算系数6.25，计算出粗蛋白质的含量。

GB/T6432-94 适用于测定配合饲料、浓缩饲料和单一饲料。

二、饲料粗蛋白测定步骤(半微量蒸馏法)

(一)试样的消煮

称取 0.5 ~ 1g 试样,准确至 0.0002g,放入凯氏烧瓶中。加入 6.4g 混合催化剂,与试样混合均匀,再加入 10mL 硫酸和 4 粒玻璃珠。将凯氏烧瓶置于电炉上加热,开始小火,待样品焦化、泡沫消失后,加强火力(360℃ ~ 410℃)直至溶液呈透明的蓝绿色,再继续加热 20 ~ 30min。

(二)安装凯氏定氮装置

1. 凯氏定氮装置构成

凯氏定氮装置由蒸馏烧瓶、反应室、冷凝管和凯氏烧瓶组成(图 6-7)。

2. 安装凯氏定氮装置

(1)蒸馏烧瓶在使用前必须配置合适的橡胶瓶塞,用打孔机在塞上打两个小孔,分别在孔内各插一根合适的玻璃管,在两根玻璃管上分别连接乳胶管,以供进、出蒸气使用,在出气的乳胶管上安置一小铁夹以控制蒸气进出。

图 6-7 凯氏定氮装置

1. 反应室喇叭口 2. 进气乳胶管 3. 反应室 4. 蒸馏瓶 5. 冷凝管 6. 三角瓶

(2)放置蒸馏烧瓶在调温电炉上并使其稳定,将反应室和冷凝管的磨口靠拢吻合并使其呈自然的倒"V"字形(注意磨口结合处保持自然状况,否则,易造成仪器的损坏或破裂),用铁架和铁夹固定。用一乳胶管连接蒸馏烧瓶出气口与反应室的进气口(安置一小铁夹以控制蒸气进出),将冷凝管的下端水口安一乳胶管,另一端与自来水龙头连接,再在冷凝管的上端水口安一段乳胶管,供排水之用。

3. 检查凯氏定氮装置

使用定氮装置前须先进行检查。方法是：吸取0.005mol/L硫酸铵标准溶液5mL，注入反应室，加饱和的氢氧化钠溶液后进行蒸馏，蒸馏过程与样本相同。用滴定硫酸铵蒸馏液所消耗的0.01mol/L盐酸标准溶液量减滴定空白样所消耗的0.01mol/L盐酸标准溶液量为5mL时，蒸馏装置符合标准。

4. 定氮装置使用注意

凯氏定氮装置在使用过程中，要防止冷水碰溅至蒸馏瓶而引起瓶体炸裂；在排除蒸馏废液时，蒸馏瓶的进、出气口不可同时关闭，以免因瓶中压力过大而造成不良后果。

（三）氨的蒸馏

将试样消煮液冷却，加入20mL蒸馏水，转入100mL容量瓶中，冷却后用水稀释至刻度。将蒸馏装置的冷凝管末端浸入装有20mL硼酸吸收液和2滴混合指示剂的锥形瓶内。蒸气发生器的水溶液中加入甲基红指示剂数滴，硫酸数滴，在蒸馏过程中保持此溶液为橙红色，否则须补加硫酸。准确移取试样分解液10～20mL，注入反应室，用少量蒸馏水冲洗进样口，塞好玻璃塞，再加入10mL氢氧化钠溶液，小心提起玻璃塞使之流入反应室，将玻璃塞塞好，且在入口处加水密封，防止漏气。蒸馏4min，取下锥形瓶，使冷凝管末端离开吸收液面，再蒸馏1min。用蒸馏水冲洗冷凝管末端，使洗液流入锥形瓶，停止蒸馏。

（四）蒸馏步骤的检验

精确称取0.2g硫酸铵，代替试样，分别按上述步骤进行操作，测得硫酸铵含量为（21.9±0.2）%，否则应检查加碱、蒸馏和滴定各步骤是否正确。

（五）滴定

蒸馏后的吸收液立即用0.1mol/L或0.02mol/L盐酸标准溶液滴定，溶液由蓝绿色变成灰红色为终点。

（六）空白测定

取蔗糖0.5g，代替试样，进行空白测定，消耗0.1mol/L盐酸标准液的体积不得超过0.2mL，消耗0.02mol/L盐酸标准液体积不得超过0.3mL。

（七）测定结果的计算

$$粗蛋白质=\frac{(V_2-V_1)\times c\times 0.0140\times 6.25}{m\times V'/V}\times 100\%$$

m：试样质量（g）。

V_2：滴定试样时所需标准酸溶液体积（mL）。

V_1：滴定空白时所需标准酸溶液体积（mL）。

c：盐酸标准溶液浓度（mol/L）。

V：试样分解液总体积(mL)。

V'：试样分解液蒸馏用体积(mL)。

0.0140：与1.00mL盐酸标准溶液[c(HCl) =1.0000mol/L]相当的、以克表示的氮的含量。

6.25：氮换算成蛋白质的平均系数。

[实训作业]

完成某一配合饲料或鱼粉的含氮量测定，列出粗蛋白质测定过程中影响测定结果的因素。

实训三　饲料中粗灰分的测定

相关知识

一、饲料粗灰分与饲料营养

粗灰分是饲料经灼烧后的残渣，包括各种矿物元素及其氧化物和一些自然混入饲料中的沙石、泥土等。动物性饲料中粗灰分含量过高，则有机营养物质的含量相对降低。

二、高温电炉的构造与使用

(1) 高温电炉是一种带温度控制设备的高温加热设备(图6-8)，内外衬有耐火材料，之间有作为热源的硅碳棒或镍铬电阻丝，在高温室内有一热电偶与温度控制器连接，以控制炉内的温度。

(2) 高温电炉应安置在结实平稳的台面上，安置后不要轻易移动。电炉周围不要放置易燃、易爆物品。

使用前，应先用干燥的毛刷将炉内清扫干净，以防炉内存有的杂质或矿物性质的异物影响测定结果。使用时，要严格控制温度，防止因温度过高引起试样飞溅，或者因温度控制设备失灵而引发火灾。一旦接通电源后，切不可随意开启炉门，以免高温灼伤作业人员。操作结束后，应切断电源，待炉温下降到200℃以下再开启炉门，否则，可能因炉体内外温差较大而造成炉膛炸裂。

三、坩埚与坩埚钳

坩埚多为陶瓷的杯状容器，有不同的规格。在同时使用多个坩埚时，可用特种记号笔或三氯化铁液作标记。坩埚钳用以钳夹坩埚，是用铁或不锈钢等原料制作的物品（图6-9）。

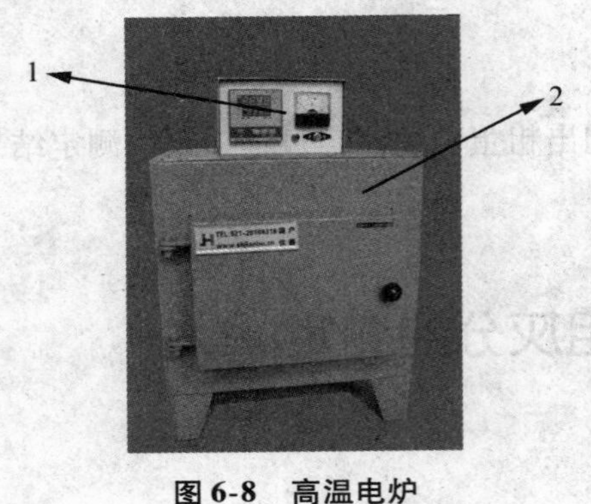

图6-8 高温电炉

1. 温度控制器 2. 炉体

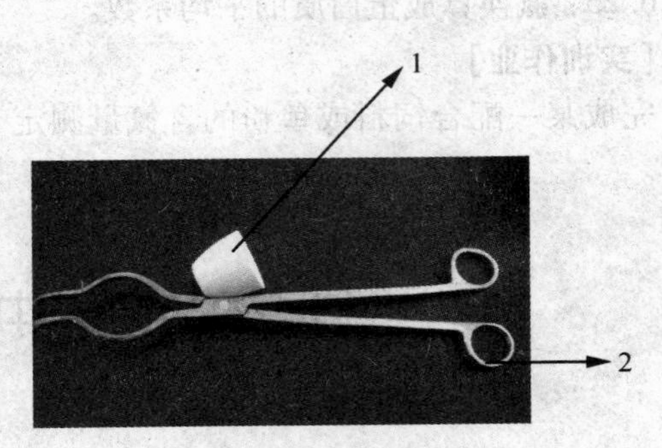

图6-9 坩埚与坩埚钳

1. 坩埚 2. 坩埚钳

训练器材

饲料样品、干燥器和干燥剂、分析天平（精密度0.0001g）、高温炉、坩埚、坩埚钳等。

训练指导

一、粗灰分测定原理

试样在550℃灼烧后所得的残渣，用质量百分率来表示。残渣中主要是氧化物、盐类等矿物质，也包括混入的沙石和泥土，故称粗灰分。

GB/T6438-92适用于配合饲料、浓缩饲料及各种单一饲料中粗灰分的测定。

二、粗灰分步骤

（1）将干净坩埚放入高温炉，在（550±2）℃下灼烧30min，取出，在空气中冷却1min，放入干燥器中冷却30min，称重。再重复灼烧，冷却，称重，直至两次称重之差小于0.0005g为恒重。

（2）在已恒重的坩埚中称取2～5g试样，准确至0.0002g，在电炉上低温小心炭化至无烟后，放入高温电炉，在（550±2）℃下灼烧3h，取出，在空气中冷却1min，放入干燥器中冷却 30min，称重。再灼烧 1h，称重，直至两次重量之差小于 0.001g 为恒重。

（3）测定结果的计算：

$$粗灰分 = \frac{m_2 - m_0}{m_1 - m_0} \times 100\%$$

m_1：坩埚加试样的质量（g）。

m_2：灰化后坩埚加灰分的质量（g）。

m_0：已恒重的坩埚质量（g）。

[实训作业]

完成配合饲料或单一饲料的粗灰分含量的测定并计算其结果。

实训四　饲料中钙的测定

相关知识

一、钙与动物营养

钙是重要的常量矿物元素之一，动物机体中 99% 的钙构成骨骼和牙齿；钙在维持神经肌肉正常功能中起抑制神经和肌肉兴奋性的作用，钙还参与正常的血凝过程。如饲料中钙的含量低，则不能满足动物的营养需要；但含量过高，则可能与其他矿物养分产生颉颃作用。

二、动物需要的钙、磷比例及不同动物的耐受力

一般动物，钙、磷比例为（1～2）：1时吸收率高。不同动物对钙、磷比例的耐受力不同，非反刍动物不能忍受大于 3：1的钙、磷比例，却能忍受小于 1：1的比值。反刍动物能忍受 7：1的钙、磷比值，但钙、磷比值小于 1：1，对生长则产生影响。

训练器材

1. 试剂

（1）盐酸：1＋3。

（2）硫酸：1＋3。

(3) 氨水:1+1。

(4) 草酸铵水溶液 42g/L。

(5) 高锰酸钾标准溶液 $c(1/5KMnO_4=0.05mol/L)$。

配制:称取高锰酸钾(GB643)约 1.6g,溶于 1000mL 蒸馏水中,煮沸 10min,冷却且静置 1~2d,过滤,保存于棕色瓶中。

标定:称取草酸钠(GB1289 基准物于 105℃ 干燥 2h,存于干燥器中)0.1g,准确至 0.0002g,溶于 50mL 水中,再加硫酸溶液 10mL,将此溶液加热至 75℃~85℃,用配制好的高锰酸钾滴定,溶液呈粉红色且 1min 不褪色为终点。滴定结束时,溶液温度应在 60℃ 以上,同时做空白试验。

计算高锰酸钾溶液浓度:

$$c(1/5KMnO_4)=\frac{m}{(V_1-V_2)\times 0.06700}$$

$c(1/5KMnO_4)$:高锰酸钾标准溶液浓度(mol/L)。

m:草酸钠质量(g)。

V_1:高锰酸钾用量(mL)。

V_2:空白试验高锰酸钾溶液用量(mL)。

0.06700:与 1mL 高锰酸钾标准溶液[$c(1/5KMnO_4)=1.000mol/L$]相当的以克表示的草酸钠质量。

(6) 甲基红指示剂:0.1g 甲基红溶于 100mL 95% 乙醇中。

2. 仪器和用具

实验室用样品粉碎机或研钵、分析天平(精密度 0.0001g)、孔径为 0.45mm 的分析筛、高温炉、瓷质坩埚(50mL)、容量瓶(100mL)、酸式滴定管、玻璃漏斗(6cm 直径)、定量滤纸(中速,直径 7~9cm)、移液管(10mL、20mL)、烧杯和凯氏烧瓶等。

训练指导

一、饲料中钙的测定原理

将试样中的有机物破坏,钙变成溶于水的离子,用草酸铵大量沉淀,用高锰酸钾法间接测定钙含量。

本标准适用于配合饲料、浓缩饲料和单一饲料。

二、饲料中钙的测定步骤

（一）试样的分解

1. 干法

称取试样 2 ~ 5g 于坩埚中，准确至 0.0002g，在电炉上小心炭化，待样品无烟后，再放入 550℃高温电炉灼烧 3h，在盛灰坩埚中加入盐酸溶液 10mL 和浓硝酸数滴，小心煮沸。冷却至室温，将此溶液转入容量瓶，用蒸馏水稀释至刻度，摇匀，为试样分解液。

2. 湿法

称取试样 2 ~ 5g 于凯氏烧瓶中，准确至 0.0002g，加入硝酸（GB626，分析纯）10mL，加热煮沸，至二氧化氮黄烟逸尽，冷却后加入 70% ~ 72% 高氯酸（GB623，分析纯）10mL，小心煮沸至溶液无色，不得蒸干（危险）！冷却后加蒸馏水 50mL，煮沸驱逐二氧化氮，冷却后转入容量瓶，用蒸馏水稀释至刻度，摇匀，为试样分解液。

（二）试样的测定

准确移取分解液 10 ~ 20mL 于烧杯中，加蒸馏水 100mL，甲基红指示剂 2 滴，滴加氨水（1 + 1）至溶液呈橙色，再加盐酸（1 + 3）溶液。使溶液恰变红色（pH 2.5 ~ 3.0），小心煮沸，慢慢滴加草酸铵溶液 10mL 且不断搅拌，如溶液变橙色，应补滴盐酸溶液至红色，煮沸数分钟，放置过夜（或在水浴上加热 2h）。

用滤纸过滤，用 1∶50 的氨水溶液洗沉淀 6 ~ 8 次，至无草酸根离子（接滤液数毫升，加硫酸溶液数滴，加热至 80℃，再加高锰酸钾溶液 1 滴，呈微红色，半分钟不褪色）。将沉淀和滤纸转入原烧杯，加硫酸溶液（1 + 3）10mL，蒸馏水 50mL，加热至 75 ~ 80℃，用 0.05mol/L 高锰酸钾溶液滴定，溶液呈粉红色且半分钟不褪色为终点。同时进行空白溶液的测定。

（三）测定结果的计算

$$w(\mathrm{Ca}) = \frac{(V - V_0) \times c \times 0.02}{m \times V'/100} \times 100\% = \frac{(V - V_0) \times c \times 2}{m \times V'} \times 100\%$$

V：0.05mol/L 高锰酸钾溶液用量（mL）。

V_0：测定空白时 0.05mol/L 高锰酸钾溶液用量（mL）。

c：高锰酸钾标准溶液浓度（mol/L）。

V'：滴定时移取试样分解液体积（mL）。

m：试样质量（g）。

0.02：与 1mL 高锰酸钾标准溶液相当的以克表示的钙的质量。

[实训作业]

完成配合饲料或鱼粉中的钙含量的测定，写出测定注意事项。

实训五　饲料中总磷量的测定

相关知识

一、总磷与有效磷

（1）饲料中的总磷（TP）是饲料中的无机磷和有机磷的总和。谷实类及加工副产品中的磷，大多以有机磷的形式存在，单胃动物对其水解的能力弱，很难吸收。因此，对猪和家禽提出了有效磷的供应问题。

（2）有效磷（AP）是饲料总磷中可被饲养动物利用的部分，又称可利用磷。一般认为，矿物质饲料和动物性饲料中的磷 100% 为有效磷，而植物性饲料中的磷 30% 为有效磷。

二、分光光度计使用常识（S22PC 型）

（一）S22PC 型可见分光光度计外形及操作键

S22PC 型可见分光光度计（图 6-10、图 6-11）是一种简单易用的分光光度通用仪器，能够在 340～1000nm 波长范围内执行透过率、吸光度和浓度直读测定，是饲料总磷量测定的必备仪器。

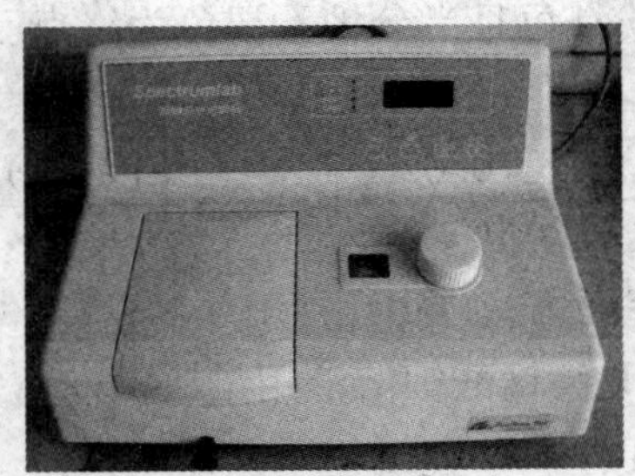

图 6-10　分光光度计外形

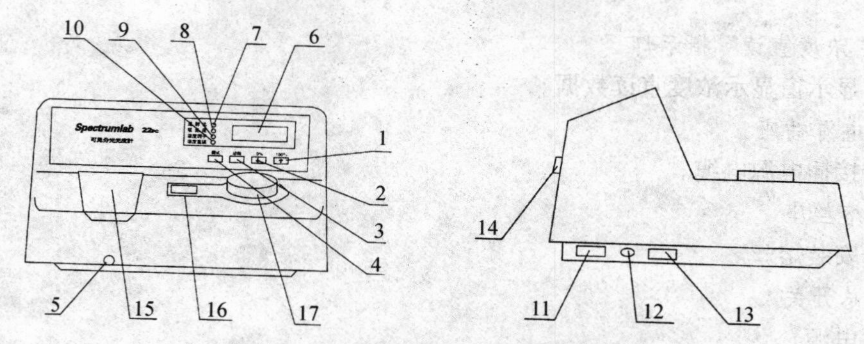

图 6-11　S22PC 分光光度计外形及操作键

1. ↑100%键　2. ↓/0%键 3. 功能键　4. 模式键　5. 试样槽架拉杆　6. 显示窗　7.“透射比”指示灯　8.“吸光度”指示灯　9.“浓度因子”指示灯　10.“浓度直读”指示灯　11. 电源插座　12. 熔丝座　13. 总开关　14. 接口插座　15. 样品室　16. 波长指示窗　17. 波长调节钮

图中数字标注的关键操作键使用如下：

1. ↑100% 键

在“透射比”灯亮时，用作自动调整 100% *T*（一次未到位可加按一次）；在“吸光度”灯亮时，用作自动调节吸光度 0（一次未到位可加按一次）。

2. ↓/0% 键

在“透射比”灯亮时，用作自动调整 0% *T*（调整范围 < 10% *T*）。

3. 功能键

预定功能扩展键用。

4. 模式键

用作选择显示标尺，按“透射比”灯亮、“吸光度”灯亮。

5. 试样槽架拉杆

用于改变样品槽位置。

6. 显示窗 4 位 LED 数字

用于显示读出数据。

7.“透射比”指示灯

指示显示窗显示透射比数据。

8.“吸光度”

指示灯 指示显示窗显示吸光度数据。

9.“浓度因子”指示灯

指示显示窗显示浓度因子数据。

10．“浓度直读”指示灯

指示显示窗显示浓度直读数据。

11．电源插座

用于接插电源电缆。

12．熔丝座

用于安装熔丝。

13．总开关

开关电源。

14．接口插座

用于连接 RS232C 串行电缆及 Centronic parallel 打印电缆。

15．样品室

供安装各种样品附件。

16．波长指示窗

显示波长。

17．波长调节钮

调节波长。

（二）操作使用

1．预热

开机后灯及电子部分需热平衡，需开机预热 30min 后方可进行测定工作。

2．调零

打开试样盖（关闭光门）或用不透光材料在样品室中遮断光路，再按 0% 键，即自动调整零位。

3．调整 100% T

将用作背景的空白样品置入样品室光路中，盖下试样盖（同时打开光门），按下 100% 键，即能自动调整 100% T。

4．调整波长

使用仪器上唯一的旋钮，即可方便地调整仪器当前测试波长，读波长时目光垂直观察。

5．改变试样槽位置

让不同样品进入光路。

6．确定滤光片位置

滤光片位于样品室内侧，用一拨杆来改变位置。通常可不使用此滤光片，可将拨杆推到 400～1000nm 位置。

（三）应用操作

1．测定透明材料的透射比

预热—设定波长—置入空白—置标尺为“透射比”—确定滤光片位置—粗调 100% T—调零—调 100% T—置入样品—读出数据。

2．测定透明溶液的吸光度

预热—设定波长—置入空白—调 100% T、0% T—置标尺为吸光度—样品置入光格—读出数据。

三、标准曲线绘制

以磷酸标准液磷含量为横坐标，吸光度为纵坐标绘制标准曲线。例如，磷含量为 1μg、2μg、3μg、5μg，分光光度计测定的对应吸光度数字分别为 1、3.5、6、8，即可在坐标纸上分别找出磷含量和吸光度对应的交会点，最后画出标准曲线（图 6-12）。

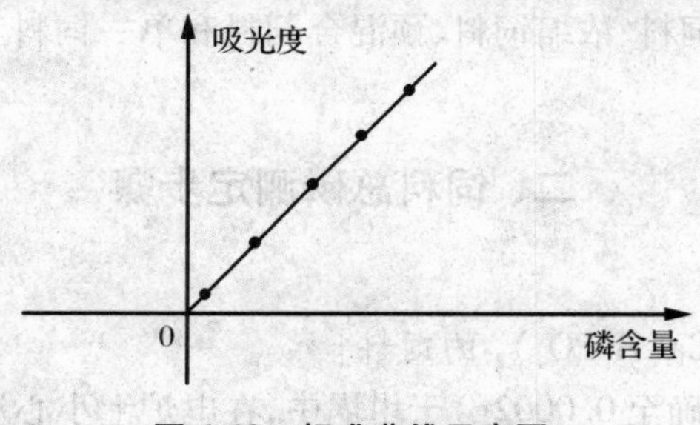

图 6-12　标准曲线示意图

训练器材

1．试剂

（1）盐酸（1+1）水溶液、硝酸、高氯酸。

（2）钒钼酸铵显色剂：称取偏钒酸铵 1.25g，加水 200mL 加热溶解，冷却后加硝酸 250mL；称取钼酸铵 25g，加水 400mL 加热溶解，在冷却的条件下，将两种溶液混合，用水定容 1000mL，避光保存，若生成沉淀，则不能使用。

（3）磷标准液：将磷酸二氢钾在 105℃ 干燥 1h，在干燥器中冷却后称取 0.2195g 溶解于水，定量转入 1000mL 容量瓶中，加硝酸 3mL，用水稀释至刻度，摇匀，即为 50μg/mL 的磷标准液。

2. 仪器和用具

分析天平(精密度0.0001g)、分光光度计(有10mm比色池,可在400nm下测定吸光度)、实验室用样品粉碎机或研钵、孔径为0.42mm的分析筛、高温炉、瓷质坩埚(50mL)、容量瓶(50mL、100mL、1000mL)、刻度移液管(1.0mL、2.0mL、3.0mL、5.0mL、10.0mL)和凯氏烧瓶(125mL、250mL)等。

训练指导

一、饲料总磷测定原理

将试样中的有机物破坏,使磷游离出来,在酸性溶液中,用钒钼酸铵处理,生成黄色的$(NH_4)_3PO_4NH_4VO_3 \cdot 16MoO_3$,在波长420nm下进行比色测定。

本标准规定了用钼黄显色光度法测定饲料中总磷量的方法。

本标准适用于配合饲料、浓缩饲料、预混合饲料和单一饲料。测定范围为磷含量0~20μg/mL。

二、饲料总磷测定步骤

(一) 试样的分解

1. 干法[不适用含$Ca(H_2PO_4)_2$的饲料]

称取试样2~5g(准确至0.0002g)于坩埚中,在电炉上小心炭化,再放入高温电炉,在550℃灼烧3h,取出冷却,加入10mL盐酸溶液和硝酸数滴,小心煮沸10min,冷却后转入100mL容量瓶中,用水稀释至刻度,摇匀,为试样分解液。

2. 湿法

称取试样0.5~5g(准确至0.0002g)于凯氏烧瓶中,加入硝酸30mL,小心加热煮沸至黄烟逸尽,稍冷,加入高氯酸10mL,继续加热至高氯酸冒白烟(不得蒸干),溶液基本无色,冷却,加水30mL,加热煮沸,冷却后,用水转移至100mL容量瓶中,稀释至刻度,摇匀,为试样分解液。

(二) 工作曲线的绘制

准确移取磷酸标准液0mL、1.0mL、2.0mL、5.0mL、10.0mL、15.0mL于50mL容量瓶中,各加钒钼酸铵显色剂10mL,用水稀释至刻度,摇匀,在常温下放置10min以上,以0mL溶液为参比,用10mL比色池,在420nm波长下,用分光光度计测定各溶液的吸光度。以磷含量为横坐标,吸光度为纵坐标绘制标准曲线。

（三）试样的测定

准确吸取试样分解液 1 ~ 10mL，于 50mL 容量瓶中，加入钒钼酸铵显色剂 10mL，按上述方法显色和进行比色测定，测出试样分解液的吸光度，再由标准曲线查得试样分解液的含磷量。

（四）测定结果的计算

$$X = \frac{m_1 \times V}{m \times V_1 \times 10^6} \times 100\%$$

m：试样的质量（g）。

m_1：由工作曲线查得试样分解液磷含量（μg/mL）。

X：以质量分数表示的磷含量（%）。

V：试样分解液的总体积（mL）。

V_1：试样测定时移取试样分解液的体积（mL）。

[实训作业]

完成配合饲料或单一饲料中总磷含量的测定并计算其结果。

实训六　饲料中尿素酶活性的测定

相关知识

一、尿素酶活性的定义

指在（30 ± 0.5）℃和 pH 为 7 条件下，每分钟每克大豆制品分解尿素所释放的氨态氮的毫克数。

二、尿素酶活性与大豆制品营养

生大豆饼粕含有抗营养物质，如抗胰蛋白酶、甲状腺肿因子、皂角素、凝集素等。但是，以上抗营养物质不耐热，适当地热处理（110℃，3min）即可灭活，因此，通常以尿素酶活性大小来衡量大豆制品的加热程度。

三、水浴锅

水浴锅有四孔、六孔、八孔等不同的规格，内设电热丝，通电后按照需要的温度进行调节并保持温度设定（图6-13）。

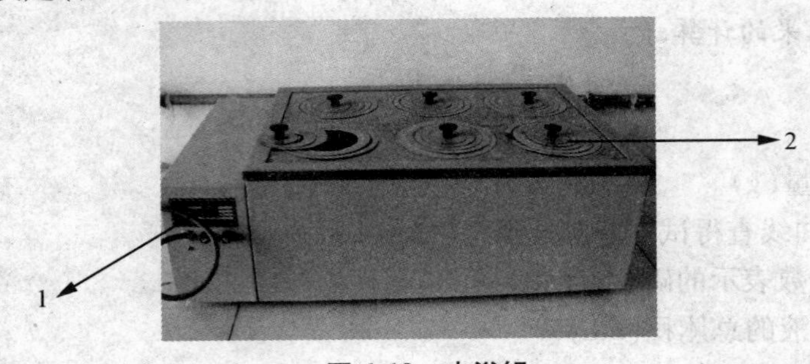

图6-13　水浴锅

1. 温度控制开关　**2.** 水浴孔

训练器材

1. 试剂

（1）样品筛：孔径100μm。

（2）酸度计：pH精度0.02，附有磁力搅拌器和滴定装置。

（3）恒温水浴：可控温（30±0.5）℃。

（4）试管：直径18mm，长15mm，有磨口塞子。

（5）精密计时器。

（6）粉碎机：粉碎时应不产生强热。

（7）分析天平：感量0.0001g。

（8）移液管：10mL。

2. 试剂和溶液

（1）尿素（GB696-77）为分析纯。

（2）磷酸二氢钾（GB1274-77）、磷酸氢二钠（GB1263-77）均为分析纯。

（3）尿素缓冲溶液（pH 6.9～7.0）：4.45g磷酸氢二钠和3.40g磷酸二氢钾溶于水并稀释至1000mL，再将30g尿素溶在此溶液中，可保存1个月。

（4）盐酸（GB622-77）为分析纯，0.1mol/L。

（5）氢氧化钠（GB629-77）为分析纯，0.1mol/L标准溶液，按GB601标准溶液制备方法的规定配制。

训练指导

一、饲料中尿素酶活性的测定原理

将粉碎的大豆制品与中性尿素缓冲溶液混合，在30℃保存30min，尿素酶催化尿素水解产生氨的反应。用过量盐酸中和所产生的氨，再用氢氧化钠标准溶液回滴。

本标准适用于由大豆制得的产品和副产品中尿素酶的测定。本法可确认大豆制品的湿热处理程度。

二、饲料中尿素酶活性的测定步骤

（1）称取约0.2g已粉碎的试样，称准至0.1mg，转入试管中（如活性很高，可只称0.05g试样），移入10mL尿素缓冲液，立即盖好试管并剧烈摇动，置于（30±0.5）℃恒温水浴中，准确计时保持30min。即刻移入10mL尿素缓冲液，迅速冷却至20℃。将试管内容物全部转入烧杯，用5mL水冲洗试管两次，立即用氢氧化钠标准溶液滴定至pH为4.70。

（2）另取试管做空白试验，移入10mL尿素缓冲液。称取与上述试样量相当的试样，称准至0.1mg，迅速加入此试管中。立即盖好试管并剧烈摇动。将试管置于（30±0.5）℃恒温水浴中，同样准确保持30min。冷却至20℃，将试管内容物全部转入烧杯，用5mL水冲洗试管两次，并用氢氧化钠标准溶液滴定至pH为4.70。

（3）测定结果的计算。以每分钟每克大豆制品释放氮的毫克量表示尿素酶活性u，按下式计算：

$$u=\frac{14\times c(v_0-v)}{30\times m}$$

c：氢氧化钠标准溶液浓度（mol/L）。

v_0：空白试验消耗氢氧化钠溶液体积（mL）。

v：测定试样消耗氢氧化钠溶液体积（mL）。

m：试样质量（g）。

注：若试样经粉碎前的预干燥处理时，则

$$u=\frac{14\times c(v_0-v)}{30\times m\times(1-s)}$$

s：预干燥时试样失重的百分率。

同一分析人员用相同方法，同时或连续两次测定。结果之差不得超过平均值的10%，以其算术平均值报告结果。

[实训作业]

测定大豆粕中尿素酶的活性，写出实训报告。

实训七 饲料中水溶性氯化物的测定

相关知识

一、氯化钠含量与饲料质量

植物性饲料中钠离子的含量较少，动物性饲料特别是饲料鱼粉中的含盐量较高。一般淡鱼粉的含盐量 $< 5\%$，咸鱼粉的含盐量 $> 5\%$，鱼粉的含盐量越高，则营养价值越低。

二、不同动物对食盐的需要量

动物缺少食盐，生长停滞，生产力下降，并有异嗜行为；食盐过多易引发食盐中毒。因此，要严格控制动物的食盐给量。一般来说，猪的给量为混合饲料的0.25%～0.5%，鸡为0.35%～0.37%。奶牛可根据产奶量进行调整。

训练器材

1. 试剂

(1) 硝酸。

(2) 硫酸铁(60g/L)：称取硫酸铁60g加水微热溶解后，调成1000mL。

(3) 硫酸铁指示剂：250g/L的硫酸铁水溶液，过滤除去不溶物，与等体积的浓硫酸混合均匀。

(4) 氨水：1+19水溶液。

(5) 硫氰酸铵：称取硫氰酸铵1.52g溶于1000mL水中。

(6) 氯化钠标准贮备溶液：基准级氯化钠于500℃灼烧1h，在干燥器中冷却保存，称取5.8454g溶解于水，转入1000mL容量瓶中，用水稀释至刻度，摇匀。此氯化钠标准贮备溶液的浓度为0.1000mol/L。

(7) 氯化钠标准工作液：准确吸取氯化钠标准贮备溶液20.00mL于100mL容量瓶中，用水稀释至刻度，摇匀。此氯化钠标准工作液的浓度为0.0200mol/L。

（8）硝酸银标准工作液：称取 3.4g 硝酸银于 1000mL 水中，贮于棕色瓶中。

计算体积比：吸取硝酸银溶液 20.00mL，加硝酸 4mL，指示剂 2mL，在剧烈摇动下用硫氰酸铵溶液滴定，滴至终点为持久的淡红色，由此计算两溶液的体积比：

$$F=\frac{20.00}{V_2}$$

F：硝酸银与硫氰酸铵溶液的体积比。

20.00：硝酸银溶液的体积（mL）。

V_2：硫氰酸铵溶液的体积（mL）。

标定：准确移取氯化钠标准溶液 10.00mL 于 100mL 容量瓶中，加硝酸 4mL，硝酸银标准溶液 25.00mL，振荡使沉淀凝结，用水稀释至刻度，摇匀，静置 5min，过滤入锥形瓶中，吸取滤液 50.00mL，加硫酸铁指示剂 2mL，用硫氰酸铵滴定，出现淡红棕色且 30s 不褪色为终点。硝酸银标准溶液浓度的计算：

$$c(AgNO_3)=\frac{m'\times(20/1000)(10/100)}{0.05845\times(V_1-F\times V_2\times100/50)}$$

$c(AgNO_3)$：硝酸银标准溶液的量浓度（mol/L）。

m'：氯化钠质量（g）。

V_1：硝酸银标准溶液体积（mL）。

V_2：硫氰酸铵溶液体积（mL）。

F：硝酸银与硫氰酸铵溶液的体积比。

0.05845：与 1.00mL 硝酸银标准溶液相当的以克表示的氯化钠质量。

2. 仪器和用具

分析天平（感量 0.0001g）、实验室用样品粉碎机或研钵、孔径为 0.45mm 的分析筛、容量瓶（100mL、1000mL）、刻度移液管（10mL、2.0mL）、滴定管（酸式）、烧杯和滤纸（快速，直径 15.0cm；慢速，直径 12.5cm）等。

训练指导

一、饲料水溶性氯化物测定原理

溶液澄清，在酸性条件下，加入过量硝酸银溶液，使样品溶液中的氯化物形成氯化银沉淀，除去沉淀后，用硫氰酸铵回滴过量的硝酸银，根据消耗的硫氰酸铵的量，计算出氯化物的含量。

本标准适用于各种配合饲料、浓缩饲料和单一饲料。检测范围为氯元素含量为

0～60mg。

本标准规定了用硫氢酸盐反滴定测定饲料可溶性氯化物的方法。

二、饲料水溶性氯化物测定步骤

(一) 试样的选取和制备

选取有代表性的试样，粉碎至0.44mm(40目)，用四分法缩减至200g，密封保存。

(二) 饲料中可溶性氯化物含量的测定

1. 氯化物的提取

称取样品适量(氯含量在0.8%以内，称取样品5g左右；氯含量在0.8%～1.6%，称取样品3g左右；氯含量在1.6%以上，称取样品1g左右)，准确至0.0002g。准确加入硫酸铁溶液50mL，氨水溶液100mL，搅拌数分钟，放置10min。用干的快速滤纸过滤。

2. 测定

准确吸取滤液50.00mL于100mL容量瓶中，加浓硝酸10mL，硝酸银标准溶液25.00mL，用力振荡使沉淀凝结，用水稀释至刻度，摇匀，静置5min，过滤入150mL干锥形瓶中或静置使沉淀陈化。吸取滤液50.00mL，加硫酸铁指示剂10mL，用硫氰酸铵溶液滴定，出现淡橘红色且30s不褪色为终点。

(三) 测定结果的计算

氯化物含量用氯元素的百分含量来表示：

$$w(\mathrm{Cl})=\frac{(V_1-V_2\times F\times 100/50)\times c\times 150\times 0.0355}{m\times 50}\times 100\%$$

m：样品质量(g)。

V_1：硝酸银溶液体积(mL)。

V_2：滴定消耗的硫氰酸铵溶液体积(mL)。

F：硝酸银与硫氰酸铵溶液体积比。

c：硝酸银的量浓度(mol/L)。

0.0355：与1.00mL硝酸银标准溶液相当的以克表示的氯元素的质量。

每个试样应取两份平行样进行测定，以其算术平均值为分析结果。

氯含量在3%以下(含3%)，允许绝对误差0.05；氯含量在3%以上，允许绝对误差3%。

三、水溶性氯化物快速测定法

称取5～10g试样，准确至0.001g，准确加蒸馏水200mL，搅拌15min，放置15min，准确移取上清液20mL,加蒸馏水50mL,10%铬酸钾指示剂1 mL,用硝酸银标准溶液滴定,呈现砖红色且1min不褪色为终点。

计算公式:

$$w(Cl)=\frac{V_2\times c\times 200\times 0.0355}{m\times 20}\times 100\%$$

V_2:滴定消耗的硫氰酸铵溶液体积(mL)。

c:硝酸银的量浓度(mol/L)。

0.0355:与1.00mL硝酸银标准溶液相当的以克表示的氯元素的质量。

[**实训作业**]

测定鱼粉中氯化物的含量,并写出实训报告。

实训八　配合饲料粉碎度的测定

相关知识

一、配合饲料粒度

配合饲料粒度是指饲料产品的粗细度,用筛析法测定。

二、配合饲料粒度与粉碎度的测定方法

目前,我国采用的饲料产品粒度测定和表示方法有两种,即筛上留存百分率法(三层筛法)和几何平均粒度法(十五层筛法)。

三层筛法是我国国标《配合饲料质量标准及检验方法》中规定的饲料粒度测定方法。该法采用标准圆孔筛,用感量为0.01g的天平称取样品100g,放入规定筛的最上层,用电动摇筛机筛10min,然后分别称取各层筛上物重量,再按公式计算筛上物留存百分率(表6-3)。

表 6-3　配合饲料粉碎粒度

饲　料	粉碎粒度
仔猪、生长肥育猪饲料 奶牛配合饲料 肉用仔鸡(前期四周龄)饲料 生长鸡(0~6 周龄)饲料 生长鸭(1~8 周龄)饲料、肉用鸭前期饲料	全部通过孔径 2.5mm 的圆孔筛，孔径 1.5mm 的圆孔筛筛上物 < 15%
产蛋鸡(开产 5% 以后)饲料、生长鸭(7~20 周龄)饲料 生长鸭(9~20 周龄)饲料、产蛋鸭饲料、种鸭饲料、肉用鸭后期饲料	全部通过孔径 3.5mm 的圆孔筛，孔径 2.0mm 的圆孔筛筛上物 < 15%

此法的优点是简单易行，缺点是比较粗糙。

《饲料粉碎机试验法》(GB6971-86)粉碎产品的粒度测定采用十五层筛法，这是目前各国普遍认同的一种粉状饲料粉碎粒度的测定方法。

训练器材

标准编织筛(图 6-14)，筛目 4、6、8、12、16 目；净孔边长 5.00、3.20、2.50、1.60、1.25mm；统一型号电动摇筛机(图 6-15)；感量为 0.01g 天平(图 6-16)；待测饲料样品。

图 6-14　标准筛

图 6-15　电动摇筛机

图 6-16　电子天平

训练指导

一、采样

袋装料和仓装饲料采样时，通常按总袋数的 10% 采样；粉状饲料按不少于总袋数的

3%采样,包装袋的数量每增加100包需在原采样数量上增加1包。

取样时,用口袋取样器(图6-17)从口袋上下两个部位取样,或将饲料袋放平,将取样器槽口向下,从饲料袋的一角沿对角线方向插入,然后将取样器旋转180°(槽口向上)取出样本。取完一袋,再取下一袋,直至全部取完为止。

图6-17　取样器

将各袋取出的样本均匀混合后即得原始样本。

二、原始样本按"四分法"进行缩样

将采集的原始样本放置在塑料纸或帆布上,分别并且反复提起塑料纸或帆布的对角,使样本饲料混合均匀。然后,将样本堆成圆锥形(图6-18),用分样板或药铲从中间划一"十"字,将其分成四等份(图6-19),再任意除去其中对角的两份(图6-20),将余下的两份如前法混合均匀后堆成圆锥形(图2-21)再用分样板或药铲从中间划一"十"字,除去与上次对角相反的两份(图6-22),重复以上的操作,直至样本量与需要量接近(100g)为止。

图6-18　粉料堆成圆锥形

图6-19　粉料分成四份

图6-20　留取任一对角的两份

图6-21　留取的粉料堆成圆锥形

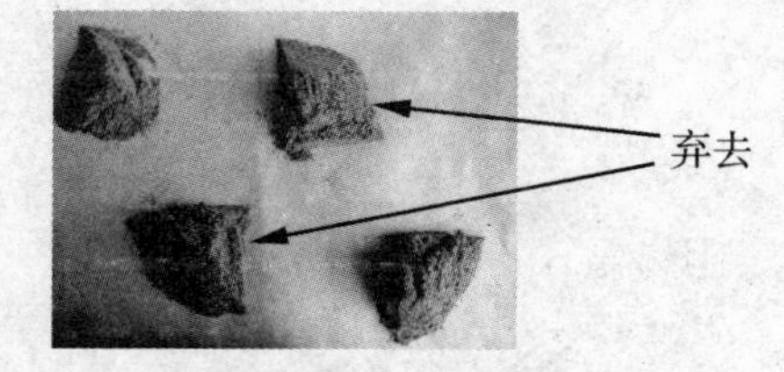

图6-22　粉料再分成四份,留相反对角的两份

三、测定步骤

(1)开动电动摇筛机连续筛10min,分别称取各层筛上物重量。

(2)按照下列公式进行计算:

$$该层筛上留存百分率 = \frac{该层筛上留存粉样的重量}{试样重量} \times 100\%$$

检验结果计算到小数点后第一位，第二位四舍五入。

过筛的损失量不得超过1%，双试验允许误差不超过1%，求其平均数即为检验结果。

注意：测定结果以统一型号的电动摇筛机为准，在该摇筛机未定型和普及前，可暂用测定面粉粗细度的电动筛筛理（或手工筛5min计算结果）。

筛分时若发现有未经粉碎的谷粒与种子时，应加以称重并记录。

[实训作业]

（1）完成一配合饲料粉碎粒度的测定，并写出测定报告。

（2）完成粉状饲料的“四分法”操作。

单元学习指导

单元一 畜禽营养物质及其营养作用

一、掌握概念

1. 常量元素与微量元素
2. 水分与干物质
3. 风干饲料与绝干饲料
4. 粗蛋白质、粗脂肪、粗灰分
5. 粗纤维与无氮浸出物
6. 饱和脂肪酸与不饱和脂肪酸
7. 寡聚糖与多聚糖
8. 脂肪的水解与酸败
9. 必需脂肪酸
10. 蛋白质系数

二、理解与辨别

1. 植物与动物体水分、粗灰分、粗蛋白质、粗脂肪、碳水化合物和维生素六种营养物质组成的异同点
2. 碳水化合物供能与蛋白质供能的异同点
3. 脂溶性维生素与水溶性维生素特点

三、熟记营养物质的营养生理功能

1. 水分的营养作用
2. 蛋白质的营养作用
3. 碳水化合物的营养作用
4. 脂肪的营养作用
5. 维生素的营养作用

单元二　畜禽营养物质及其利用规律

一、掌握概念

1. 必需氨基酸(EAA)与非必需氨基酸(NEAA)
2. 限制性氨基酸
3. 氨基酸的平衡与氨基酸中毒
4. 瘤胃降解蛋白(RDP)与未降解蛋白质(UDP)
5. 粗纤维与无氮浸出物
6. 木质素
7. 非蛋白氮(NPN)
8. 植酸与植酸磷
9. 有效磷与总磷
10. 缺镁痉挛症与草痉挛
11. 饲料水与代谢水
12. 总能(GE)
13. 表观消化能与真实消化能
14. 代谢能(ME)
15. 净能(NE)
16. 体增热(HI)、发酵热(HF)与营养代谢热(HNM)

二、理解并指导生产应用

1. 瘤胃氮素循环在反刍动物蛋白质营养中的重要意义
2. 各种畜禽饲粮的粗纤维水平
3. 饲料脂肪性质对动物体脂肪品质的影响
4. 饲粮中添加油脂的注意事项
5. 钙、磷合理供应的方法与途径
6. 高铜与铜的利用
7. 预防仔猪贫血的措施
8. 猪对饲料蛋白质消化代谢特点
9. 反刍动物对饲料蛋白质消化代谢特点
10. 单胃动物对饲料碳水化合物消化代谢特点
11. 反刍动物对饲料碳水化合物消化代谢特点
12. 维生素 B 族共性
13. 维生素 C 的合理供应

14. 生产中需要补饲的维生素及添加量
15. 如何合理供水
16. 畜禽的能量供应体系

三、熟记矿物质的营养生理功能

1. 钙、磷的营养生理功能
2. 钠和氯的营养生理功能
3. 镁的营养生理功能
4. 硫的营养生理功能
5. 铁、铜、钴的营养生理功能
6. 硒的营养生理功能
7. 锌的营养生理功能
8. 锰的营养生理功能
9. 碘的营养生理功能

四、正确描述畜禽营养缺乏症的典型症状

1. 佝偻病与骨质疏松
2. 渗出性素质病
3. 白肌病
4. 不全角化症
5. 滑腱症
6. 多发性神经炎
7. 卷爪麻痹症
8. 鹅行步伐

单元三　畜禽营养需要及其饲养标准

一、掌握概念

1. 营养需要与维持需要
2. 饲养标准与饲料成分及营养价值表
3. 能量蛋白比

二、理解并指导生产应用

1. 维持需要的生产实际意义
2. 饲养标准的生产实际应用

单元四　畜禽常用饲料及其加工利用

一、掌握概念

1. 饲料与饲料原料
2. 饲料的国际分类法
3. 粗饲料
4. 青干草
5. 秸秕
6. 氨化法与氨化饲料
7. 青饲料
8. 青贮饲料
9. 能量饲料
10. 糠麸
11. 次粉
12. 砻糠与统糠
13. 感官检验与感官检验的方法
14. 肉骨粉和肉粉
15. 单细胞蛋白质饲料(SCP)和非蛋白氮饲料(NPN)
16. 石粉与贝壳粉
17. 蒸骨粉与煮骨粉
18. 磷酸一钙、磷酸二钙和磷酸三钙
19. 饲料添加剂
20. 饼与粕

二、熟记与理解

1. 青绿饲料的共同特点与使用注意事项
2. 青贮原理和成功的条件
3. 动物青贮饲料每天每头喂量
4. 谷实类饲料的营养特点
5. 糠麸类饲料的营养特点
6. 感官检验项目与观察要求
7. 大豆饼(粕)的感官特征
8. 菜子饼(粕)的感官特征
9. 棉子饼(粕)的感官特征

10. 鱼粉的感官特征
11. 肉粉和肉骨粉的感官特征
12. 饲料添加剂应具备的基本条件
13. 饲料添加剂的分类
14. 氨基酸添加剂的种类与特征
15. 常见维生素种类与感官特征
16. 显微镜检验饲料原料的意义与目的

三、掌握操作要点

1. 青干草的调制
2. 氨化饲料的制作与后期管理
3. 氨化饲料的品质鉴定与利用
4. 紫花苜蓿及其栽培利用
5. 白三叶及其栽培利用
6. 墨西哥类玉米及其栽培利用
7. 多花黑麦草及其栽培利用
8. 苏丹草及其栽培利用
9. 聚合草及其栽培利用
10. 菊苣及其栽培利用
11. 青贮饲料的品质鉴定与利用
12. 籽实类饲料的加工方法
13. 能量饲料的感官检验
14. 立体显微镜的使用
15. 饼粕与动物性蛋白质饲料的显微镜检验

单元五　畜禽配合饲料及其配方设计

一、掌握概念

1. 配合饲料与全价配合饲料
2. 添加剂预混合饲料
3. 单项预混合饲料和复合预混合饲料
4. 浓缩饲料
5. 维生素添加量的安全系数
6. 精料补充饲料

7. 粉料、颗粒饲料、膨化饲料
8. 日粮与饲粮
9. 试差法
10. 高产奶牛、中产奶牛、低产奶牛
11. 产奶阶段
12. 活性成分与非活性成分

二、熟记与理解

1. 配合饲料的特点与优点
2. 添加剂预混合饲料的核心地位
3. 各种饲料原料在禽饲料配方中的大致用量
4. 各种饲料原料在猪饲料配方中的大致用量
5. 各种饲料原料在奶牛精料中的大致用量
6. 奶牛日粮的最大喂量
7. 设计蛋禽饲料配方时应考虑的因素
8. 设计仔猪饲料配方时应考虑的因素
9. 反刍动物的生理特点
10. 浓缩饲料的设计特点与设计比例
11. 设计添加剂预混合饲料的原则
12. 设计添加剂预混合饲料的内容
13. 载体的种类与选择要点
14. 稀释剂的种类与选择要点
15. 活性成分的配伍与配伍禁忌
16. 影响维生素稳定性和需要量的因素
17. 确定维生素的添加量
18. 微量元素添加剂的种类与活性成分含量
19. 微量元素的最大安全量

三、掌握操作要点

1. 采用试差法设计全价配合饲料的步骤
2. 利用 Excel 进行最低成本饲料配方的设计
3. 产蛋鸡全价(平衡)配合饲料配方设计步骤
4. 猪全价(平衡)配合饲料配方设计步骤
5. 奶牛青、粗、精料配方设计步骤

6. 单胃动物浓缩饲料配方设计方法
7. 反刍动物浓缩饲料配方设计方法
8. 维生素添加剂预混料设计步骤
9. 微量元素添加剂预混料设计步骤

相关专业网站

http:/www.cav.net.cn 中国畜牧兽医信息网
http:/www.feedtrade.com.cn 中国饲料行业信息网
http:/www.chinafeed.com.cn 中国饲料网
http:/www.feedindustry.com.cn 饲料工业网
http:/www.jingpinke.com 国家精品课程资源网

习 题 库

1. 动、植物体包括几大营养成分？
2. 动、植物体组成成分有何异同？
3. 动物对饲料营养物质的消化和吸收方式有几种？
4. 简述影响消化率的因素。
5. 水的生理作用有哪些？
6. 简述动物体内水的来源和排出途径。
7. 影响动物需水量的因素有哪些？
8. 生长猪的必需氨基酸包括哪几种？
9. 禽的必需氨基酸包括哪几种？
10. 单胃动物和反刍动物对蛋白质消化吸收有何异同？
11. 提高饲料蛋白质利用效率的措施有哪些？
12. 单胃动物的理想蛋白的实质和意义是什么？
13. NPN 的利用原理与合理利用措施是什么？
14. 什么叫限制性氨基酸？
15. 第一限制性氨基酸在蛋白质营养中有何意义？
16. 猪、禽饲料最常见的第一限制性氨基酸各是什么？
17. 挥发性脂肪酸包括哪几种？
18. 碳水化合物在瘤胃降解的主要产物是什么？
19. 简述猪对碳水化合物的消化、吸收特点。
20. 简述反刍动物对碳水化合物的消化、吸收特点。
21. 粗纤维的营养生理作用是什么？
22. 必需脂肪酸的生物作用是什么？
23. 反刍动物和非反刍动物对脂肪类的消化、吸收和代谢有何异同？
24. 描述能量在动物体内的代谢过程。

25．简述提高饲料能量利用率的措施。
26．能量的作用及来源是什么？
27．描述畜禽缺锌的临床症状。
28．铁的主要营养生理功能是什么？
29．描述畜禽缺铁的临床症状。
30．描述畜禽缺镁的临床症状。
31．影响镁吸收率的因素有哪些？
32．简述 Ca、P 的营养生理功能。
33．影响钙、磷吸收的因素有哪些？
34．缺铜会出现什么症状？
35．脂溶性和水溶性维生素的概念是什么？
36．简述维生素 A 缺乏的典型症状及其机制。
37．简述维生素 D 缺乏的典型症状及其机制。
38．简述维生素 K 缺乏的典型症状。
39．简述维生素 B_1 缺乏的典型症状。
40．简述维生素 B_2 缺乏的典型症状。
41．简述烟酸缺乏的典型症状。
42．简述维生素 B_6 缺乏的典型症状。
43．生产实践中怎样考虑单胃非草食动物对维生素的需要？
44．比较脂溶性和水溶性维生素的代谢特点。
45．维生素的需要量受哪些因素的影响？
46．益生素的作用有哪些？
47．益生素的使用前景怎样？
48．饲料添加剂在动物营养中的作用和发展方向如何？
49．简述饲用酶制剂的应用原理。
50．提高酶制剂应用效果的措施有哪些？
51．简述饲料中添加酶制剂的必要性与可能性。
52．简述酸化剂的应用原理与使用效果。
53．选用饲养标准的基本原则是什么？
54．研究维持需要的意义是什么？
55．影响维持需要的因素有哪些？
56．动物生长的概念是什么？

57. 论述动物生长的一般规律与影响因素。

58. 产蛋禽饲料的钙、磷比例是多少?

59. 在实际生产中应如何应用饲养标准?

60. 什么是AA平衡?

61. 反刍动物氮素循环的实际意义是什么?

62. 如何正确使用非蛋白氮?

63. 影响动物维持需要的因素有哪些?

64. 配合饲料中添加油脂有什么好处?

65. 叙述饲料原料显微镜检验的目的与意义。

66. 立体显微镜和生物显微镜各检验什么项目?

67. 描述玉米粉、米糠、稻壳、大豆粕、菜子粕、棉子粕、鱼粉、血粉等的立体显微镜特征。

68. 饲料和饲料原料有何区别与联系?

69. 饲料原料可以分为几类? 饲料工业主要原料一般指哪些?

70. 原料感官检测的方法有哪些?

71. 为什么要进行饲料原料的感官检测? 检测的项目有哪些?

72. 玉米的水分含量与玉米局部的形态有关吗? 为什么?

73. 谷实类不完善情况的含义是什么?

74. 棉酚的含量与棉子饼(粕)的颜色有关吗? 为什么?

75. 肉粉与肉骨粉是怎样界定的?

76. 采用哪种加工方法生产的血粉对于动物的利用率高?

77. 骨粉有哪些种类? 哪种质量较好? 为什么?

78. 何为"双低"油菜?

79. 分析:若小麦麸中掺杂有石粉、贝壳粉、骨粉、稻糠,当用手抓起一把麸皮并握紧时,如果麸皮容易成团或掌心有涨满的感觉,哪一种可能掺有稻糠? 若将手插入麸皮中后再抽出,如果手上粘有许多白色粉末,且不易抖落时,则可能掺有哪种物质?

80. 容重测定的意义与目的是什么?

81. 用容重仪测量玉米和小麦的容重时,哪一种倒入的速度要快,哪一种倒入的速度要慢? 为什么?

82. 用量筒称量饲料原料的容重时为什么不能施加外力?

83. 当某种饲料原料的容重与标准样品的容重相差大时,可能是什么情况?

84. 你能通过容重值来确认饲料原料中掺入哪种杂物吗? 为什么?

85. 饲料加工指标检验有哪些项目?

86. 配合饲料有哪些种类？各有何特点？

87. 什么是单项预混合饲料和复合单项预混合饲料？

88 如何进行散装饲料、包装饲料、仓装饲料和液体饲料的采样？

89. 不同的原料接受有何不同？

90. 颗粒饲料和膨化饲料各有何优点？

91. 饲料加工质量的检验项目主要包括哪些？

92. 什么是饲料的硬度？硬度越高越好吗？为什么？

93. 酸式和碱式滴定管在外形和功能上有什么不同？

94. 为什么要用待装液体润洗滴定管并将润洗液由管下端放出？

95. 深色或浅色液体在滴定管中的读取方法有何差异？

96. 用锥形瓶或烧杯滴定时，应怎样操作？

97. 如何控制滴定速度？

98. 容量瓶在使用前如何检查？如何定容？

99. 如何使用移液管或吸量管吸取和释放液体？

100. 在什么情况下需要将移液管和吸量管中残留的液体“吹”出？

101. 试分析：凯氏定氮装置在蒸馏过程中，某一部位漏出气体对测定有影响吗？为什么？测定过程中易漏气的部位有哪些？如何防止气体的泄漏？

102. 为什么在样品包装入浸提管中时，样品包的高度应低于虹吸管高度的2/3，其宽度应窄于浸提管径？

103. 平行实验时，为什么要求每次滴定应从零刻度开始？

104. 定容时，溶液若有明显的热量变化，为什么必须待溶液温度恢复到室温后再移入容量瓶？

105. 腐蚀性、强氧化性、易潮解的固体试剂应怎样分别称量？

106. 多取出的试剂可以重新放入试剂瓶中吗？为什么？

107. 使用胶头滴管取试剂时应注意些什么？

108. 试剂在取用前应做哪些项目的检查？

109. 化学试剂在贮存时应注意些什么？

110. 什么叫标准溶液？标定的含义是什么？

111. 什么是基准物质？基准物质应具备什么条件？

112. 什么是准确度？什么是精密度？它们分别用什么表示？

113. 什么是有效数字？下列数据中包括几位有效数字？

1.00；0.01；1.543；1×10^4；1.0×10^4

114. 什么是饲养标准？目前国际、国内动物饲养标准制定和颁发的情况如何？

115. 如何理解饲养标准的时间滞后性、发展静态性、应用地区性以及其权威性和科学性？

116. 怎样保证配方原料的安全性和合法性？

117. 你是怎样理解配方设计的市场认同性的？

118. 什么是试差法？采用试差法设计饲料配方的基本步骤是什么？

119. 你怎样看待最低成本配方与最佳效益配方？

120. 用试差法设计饲料配方时，为什么要先进行能量与蛋白质两项营养指标的计算，然后再计算钙和磷？

121. 鸡的饲料配方设计中为什么要考虑能量蛋白比？当环境温度升高时，饲料蛋白质、矿物质水平为什么要相应提高？

122. 玉米中含有________因子，用量过大时，影响________、________、________等矿物元素的利用。

123. 大豆粕适用于任何生长阶段的鸡，在饲料配方中的用量可以不受限制吗？

124. 鱼粉适合于哪些生长阶段的鸡饲喂？为什么？

125. 肉仔鸡各阶段蛋白质与能量营养指标有何特点？

126. 全价配合饲料配方设计思路是________、________、________、________。

127. 设计饲料配方时，如何保持断奶仔猪胃内一定的 pH 以控制仔猪腹泻？

128. 玉米是猪配合饲料的主要原料，若使用不当，易造成________脂肪；玉米中含有的________也会影响猪体脂肪的颜色。

129. 仔猪不宜使用的饲料原料有________、________、________、________、________、________。

130. 简要阐述乳清粉和酸化剂对仔猪的营养作用。

131. 在饲料中加入亚铁盐会降低________的毒性，但硫酸亚铁与赖氨酸同时加入饲料时，易形成两种以上复杂化合物而减低________价值。

132. 酒糟喂猪时，为什么要多喂青饲料和同时搭配玉米、饼粕类饲料？

133. 为什么断奶前后的仔猪要限量使用3% ~5%的鱼粉？

134. 为什么仔猪料应避免使用花生粕？

135. 为什么仔猪和种猪饲料一般不使用棉粕？

136. 由于麸皮的有机物消化率低，用于________猪的饲养效果较差，________猪饲料不宜使用。

137. 反刍动物饲料中需要关注限制性氨基酸的供应吗？高产奶牛潜在的限制性氨基酸有哪几种？

138. 奶牛需要在饲料中考虑胡萝卜素的添加吗？为什么？

139. 写出高产、中产和低产奶牛的概念。

140. 依据当地当时的饲料原料价格，计算一头中产奶牛全年的饲料成本。

141. 为什么奶牛围产期饲料中粗纤维的含量高？

142. 奶牛泌乳期和干奶期饲料 CF 含量分别是________、________、________。

143. 给奶牛配合饲料时，怎样防止酮病和骨营养不良？

144. 对乳品质有影响的精料原料主要有______粕、______粉、______粉等。

145. 为什么反刍动物较少使用鱼粉？

146. 什么是浓缩饲料？猪、禽浓缩饲料设计的比例一般是多少？

147. 写出由全价配合饲料推算浓缩饲料的步骤。

148. 写出直接设计浓缩饲料配方的步骤。

149. 在设计浓缩饲料配方时，怎样选择与浓缩饲料配合的能量饲料？

150. 设计添加剂预混合饲料的原则是什么？设计的实效性是指__________，突出表现在平衡__________之间的关系，尤其是科学、合理进行__________物质的配伍。

151. 添加剂预混合饲料设计的内容有________、________及________、________、________、________。

152. 写出活性原料和非活性原料的概念。

153. 载体是指__________，一般分为________和________两类。含纤维素低的载体一般用于________添加剂的制作；无机载体多用于________预混合饲料的制作。

154. 叙述载体的选择要点。

155. 稀释剂的选择有哪些要求？

156. 氯化胆碱与其他维生素配合时应注意些什么？为什么？

157. 查找有关资料，归纳和整理影响维生素稳定性和生物学效价的有关因素。

158. 写出最低维生素需要量、最适需要量和添加量的概念。

159. 维生素添加量的确定应遵循哪些原则？

160. 列出维生素添加剂预混合饲料配方设计的步骤。

161. 按照下表中的项目，填写你所了解的商品维生素添加剂的种类与特点。

商品维生素名称	规格	活性成分计量单位	感官性状	贮存要求
维生素 A 乙酸酯 维生素 A 棕榈酸酯	50 万 IU/g 65 万 IU/g 20 万 IU/g	以国际单位 IU 表示 1IU = 0.358μg 维生素 A 乙酸酯 1IU = 0.55μg 棕榈酸酯	灰黄至淡褐色颗粒；棕榈酸酯黄色油状或固体状晶体	存放于密闭容器。避光、防潮，室温 20℃以下
……				

162. 写出微量元素添加剂的主要种类和特性。

163. 写出主要的微量元素添加剂的最大安全剂量。

164. 怎样理解理论上“微量元素添加量 = 动物需要量 - 基础饲料中元素含量”？

165. 限量添加的微量元素添加剂主要有________和________。

166. 预混合饲料中硒的含量不得超过__________，每吨配合饲料添加这种含硒的预混料不得超过________kg，且必须混合均匀。

167. 计算预混合饲料中微量元素的商品原料用量方法是______________。

168. 硒的中毒剂量为__________mg/kg。

169. 写出微量元素添加剂预混合饲料配方设计的步骤。

170. 设计复合添加剂预混合饲料配方的意义是什么？需要注意哪些问题？

171. 怎样保证维生素在预混合饲料中的有效含量？

172. 确定氨基酸添加量的原则是什么？

173. 叙述复合添加剂预混合饲料配方设计步骤。

174. 写出国际分类法的八大类饲料的概念。

175. 何为青干草？营养特点是什么？

176. 论述青干草的调制方法。

177. 简述秸秕类饲料的主要种类与营养特点。

178. 粗饲料的加工调制方法有哪些？

179. 简述氨化饲料的优点。

180. 简述氨化饲料的制作步骤（堆垛法）。

181. 如何进行氨化饲料的品质鉴定？

182. 如何饲喂氨化饲料？

183. 简述青绿饲料的营养特点与利用时注意事项。
184. 简述紫花苜蓿的栽种要点与利用。
185. 简述白三叶的栽种要点与利用。
186. 简述墨西哥类玉米的营养特点及其栽培利用。
187. 简述多花黑麦草的营养特点及其栽培利用。
188. 简述苏丹草的营养特点及其栽培利用。
189. 简述聚合草的营养特点及其栽培利用。
190. 简述菊苣的营养特点及其栽培利用。
191. 何为“三水一萍”?
192. 畜禽亚硝酸盐和氢氰酸中毒的临床表现有什么不同?
193. 畜禽双香豆素中毒有哪些表现?
194. 简述青贮饲料的制作方式。
195. 简述添加剂青贮的工艺路线。
196. 青贮饲料的优点有哪些?
197. 简述青贮的原理。
198. 青贮成功的条件是什么?
199. 何为易贮、难贮和不宜贮原料?
200. 青贮原料的适宜含水量为__________,测定含水量的简易方法是______________________。
201. 青贮窖有__________式、__________式、__________式三种。
202. 写出常见青贮饲料每立方米的重量。
203. 简述一般动物每天每头青贮饲料的喂量。
204. 青贮饲料在封窖__________d 后可开窖饲喂。
205. 简述谷实类籽实的营养特点。
206. 高粱中的单宁是一种________因子,可降低单胃动物对________利用率,有苦味,适口性差。高粱颜色越________单宁的含量越高。
207. 简述糠麸类饲料的营养特点。
208. 何为米糠、统糠、砻糠?
209. 淀粉质块根、块茎类饲料主要有哪些?
210. 简述籽实类饲料的加工方法。
211. 何为蛋白质饲料? 动物性蛋白质饲料包括哪些种类?
212. 简述饼粕的营养异同点。

213. 生大豆饼粕含有＿＿＿＿＿＿、＿＿＿＿＿＿因子等抗营养物质，适当的热处理＿＿＿＿＿＿即可灭活，但长时高温则降低赖氨酸的有效性，通常以＿＿＿＿＿＿酶活性的大小衡量其生熟程度。

214. 棉子饼粕含有棉酚，＿＿＿＿＿棉酚对动物有害。这也是棉子饼（粕）呈棕色的主要原因，通常＿＿＿＿＿色者品质较好。

215. 简述玉米蛋白粉的概念。

216. 鱼粉是优质蛋白质饲料，进口鱼粉蛋白质含量在＿＿＿%以上，高的可达70%，赖氨酸和＿＿＿＿含量很高，＿＿＿＿氨酸含量低，含有未知的生长因子可有效促进动物生长。

217. 鱼粉中还含有有害物质＿＿＿＿，以导致＿＿＿＿肌胃糜烂。在贮存过程中应注意通风干燥，防＿＿＿＿＿和自燃。

218. 通常含磷量在4.4%以上的称＿＿＿＿，含磷量在4.4%以下的称＿＿＿＿粉。

219. 写出单细胞蛋白质饲料（SCP）和非蛋白氮饲料（NPN）概念。

220. 饲用石粉主要指石灰石粉，为天然的碳酸钙，含钙＿＿＿＿%，是来源最广、价格最低的补钙饲料。外观为淡灰色至＿＿＿＿色粉末，无味，无吸湿性。

221. 简述磷酸一钙、磷酸二钙、磷酸三钙的感官特征。

222. 饲料添加剂应具备的基本条件有哪些？

223. 商品蛋氨酸广泛使用的是粉状DL－蛋氨酸，其含量为＿＿＿%，使用时无需折算。

224. 生产中常用的商品赖氨酸是98.5%的＿＿＿＿＿盐酸盐，其生物活性只有L－赖氨酸的＿＿＿%，故添加时需要进行折算。

225. 作为饲料添加剂使用的酶类主要是帮助消化的＿＿＿酶、＿＿＿酶、纤维素分解酶、胰酶等单一酶制剂和＿＿＿酶制剂。

226. 微生态制剂也称为益生素、＿＿＿＿素或＿＿＿＿剂。

227. 常用的抗氧化剂有乙氧基喹啉（山道喹EMQ）、二丁基羟基甲苯（BHT）、丁基羟基茴香醚（BHA）、＿＿＿＿＿及＿＿＿＿＿。

228. 黏结剂也称＿＿＿＿和制粒添加剂，是加工工艺常用的添加剂。目的是提高颗粒饲料的＿＿＿＿程度，减少＿＿＿＿和压模受损。

229. 流散剂也称流动剂和＿＿＿剂。主要目的是使饲料和饲料添加剂有良好的流动性，防止饲料在加工过程中＿＿＿。这类添加剂难以消化，一般用量在＿＿＿%为宜。

230. 显微镜检验主要是检查饲料中＿＿＿是否存在；是否存在＿＿＿物、存在有害物、存在＿＿＿等。

附录1 鸡饲养标准(NY/T33—2004)(摘录)

一、蛋用鸡营养需要

附表1 生长鸡营养需要

营养指标	单位	0周龄至8周龄	9周龄至18周龄	19周龄至开产
代谢能(ME)	MJ/kg(Mcal/kg)	11.92(2.85)	11.70(2.80)	11.50(2.75)
粗蛋白质(CP)	%	19.0	15.5	17.0
蛋白能量比(CP/ME)	g/MJ(g/Mcal)	15.95(66.67)	13.25(55.30)	14.78(61.82)
赖氨酸能量比(Lys/ME)	g/MJ(g/Mcal)	0.84(3.51)	0.58(2.43)	0.61(2.55)
赖氨酸(Lys)	%	1.00	0.68	0.70
蛋氨酸 Met	%	0.37	0.27	0.34
蛋氨酸+胱氨酸(Met+Cys)	%	0.74	0.55	0.64
钙	%	0.90	0.80	2.00
总磷(TP)	%	0.70	0.60	0.55
非植酸磷(NP)	%	0.40	0.35	0.32
钠	%	0.15	0.15	0.15
氯	%	0.15	0.15	0.15
铁	mg/kg	80	60	60
铜	mg/kg	8	6	8
锌	mg/kg	60	40	80
锰	mg/kg	60	40	60
碘	mg/kg	0.35	0.35	0.35
硒	mg/kg	0.30	0.30	0.30
亚油酸	%	1	1	1
维生素 A	IU/ kg	4000	4000	4000
维生素 D	IU/ kg	800	800	800
维生素 E	IU/ kg	10	8	8
维生素 K	mg/kg	0.5	0.5	0.5
硫胺素	mg/kg	1.8	1.3	1.3
核黄素	mg/kg	3.6	1.8	2.2

续表

营养指标	单位	0 周龄至 8 周龄	9 周龄至 18 周龄	19 周龄至开产
泛酸	mg/kg	10	10	10
烟酸	mg/kg	30	11	11
吡哆醇	mg/kg	3	3	3
生物素	mg/kg	0.15	0.10	0.10
叶酸	mg/kg	0.55	0.25	0.25
维生素 B_{12}	mg/kg	0.010	0.030	0.004
胆碱	mg/kg	1300	900	500

注:根据中型体重鸡制定,轻型鸡可酌减10%,开产日龄按5%产蛋率计算。

附表 2　产蛋鸡营养需要

营养指标	单位	开产至高峰期(>85%)	高峰后(<85%)	种鸡
代谢能(ME)	MJ/kg(Mcal/kg)	11.29(2.70)	10.87(2.65)	11.29(2.70)
粗蛋白质(CP)	%	16.5	15.5	18.0
蛋白能量比(CP/ME)	g/MJ(g/Mcal)	14.61(61.11)	14.26(58.49)	15.94(66.67)
赖氨酸能量比(Lys/ME)	g/MJ(g/Mcal)	0.64(2.67)	0.61(2.54)	0.63(2.63)
赖氨酸(Lys)	%	0.75	0.70	0.75
蛋氨酸(Met)	%	0.34	0.32	0.34
蛋氨酸+胱氨酸(Met+Cys)	%	0.65	0.56	0.65
钙	%	3.5	3.5	3.5
总磷(TP)	%	0.60	0,60	0.62
非植酸磷(NP)	%	0.32	0.32	0.32
钠	%	0.15	0.15	0.15
氯	%	0.15	0.15	0.15
铁	mg/kg	60	60	60
铜	mg/kg	8	8	8
锌	mg/kg	60	60	60
锰	mg/kg	80	80	80
碘	mg/kg	0.35	0.35	0.35
硒	mg/kg	0.30	0.30	0.30
亚油酸	%	1	1	1
维生素 A	IU/ kg	8000	8000	10000
维生素 D	IU/ kg	1600	1600	2000
维生素 E	IU/ kg	5	5	10

续表

营养指标	单位	开产至高峰期（>85%）	高峰后（<85%）	种鸡
维生素 K	mg/kg	0.5	0.5	1.0
硫胺素	mg/kg	0.8	0.8	0.8
核黄素	mg/kg	2.5	2.5	3.8
泛酸	mg/kg	2.2	2.2	10
烟酸	mg/kg	20	20	30
吡哆醇	mg/kg	3.0	3.0	4.5
生物素	mg/kg	0.10	0.10	0.15
叶酸	mg/kg	0.25	0.25	0.35
维生素 B_{12}	mg/kg	0.004	0.004	0.004
胆碱	mg/kg	500	500	500

附表 3　生长鸡体重与耗料量

周龄	周末体重/(克/只)	耗料量/(克/只)	累计耗料量/(克/只)
1	70	84	84
2	130	119	203
3	200	154	357
4	275	189	546
5	360	224	770
6	445	259	1029
7	530	294	1323
8	615	329	1652
9	700	357	2009
10	785	385	2394
11	875	413	2807
12	965	441	3248
13	1055	469	3717
14	1145	497	4214
15	1235	525	4739
16	1325	546	5285
17	1415	567	5852
18	1505	588	6440
19	1595	609	7049
20	1670	630	7679

注：0 ~8 周龄为自由采食,9 周龄开始结合光照进行限食。

二、肉用鸡营养需要

附表4　肉用仔鸡营养需要之一

营养指标	单位	0周龄至3周龄	4周龄至6周龄	7周龄以上
代谢能(ME)	MJ/kg(Mcal/kg)	12.54(3.00)	12.96(3.10)	13.17(3.15)
粗蛋白质(CP)	%	21.5	20.0	18.0
蛋白能量比(CP/ME)	g/MJ(g/Mcal)	17.14(71.67)	15.43(64.52)	13.67(57.14)
赖氨酸能量比(Lys/ME)	g/MJ(g/Mcal)	0.92(3.83)	0.77(3.23)	0.67(2.81)
赖氨酸(Lys)	%	1.15	1.00	0.87
蛋氨酸(Met)	%	0.50	0.40	0.34
蛋氨酸+胱氨酸(Met+Cys)	%	0.91	0.76	0.65
钙	%	1.0	0.9	0.8
总磷(TP)	%	0.68	0.65	0.60
非植酸磷(NP)	%	0.45	0.40	0.35
钠	%	0.20	0.15	0.15
氯	%	1.00	0.15	0.15
铁	mg/kg	8	80	80
铜	mg/kg	120	8	8
锌	mg/kg	100	100	80
锰	mg/kg	0.7	80	80
碘	mg/kg	0.35	0.70	0.70
硒	mg/kg	0.30	0.30	0.30
亚油酸	%	1	1	1
维生素A	IU/kg	8000	6000	2700
维生素D	IU/kg	1000	750	400
维生素E	IU/kg	20	10	10
维生素K	mg/kg	0.5	0.5	0.5
硫胺素	mg/kg	2.0	2.0	2.0
核黄素	mg/kg	8	5	5
泛酸	mg/kg	10	10	10
烟酸	mg/kg	35	30	30
吡哆醇	mg/kg	3.5	3.0	3.0
生物素	mg/kg	0.18	0.5	0.10

续表

营养指标	单位	0周龄至3周龄	4周龄至6周龄	7周龄以上
叶酸	mg/kg	0.55	0.55	0.50
维生素 B_{12}	mg/kg	0.010	0.010	0.007
胆碱	mg/kg	1300	1000	750

附表5　肉用仔鸡营养需要之二

营养指标	单位	0周龄至2周龄	3周龄至6周龄	7周龄以上
代谢能(ME)	MJ/kg(Mcal/kg)	12.75(3.05)	12.96(3.10)	13.17(3.15)
粗蛋白质(CP)	%	22.0	20.0	17.0
蛋白能量比(CP/ME)	g/MJ(g/Mcal)	17.25(72.13)	15.43(64.52)	12.91(53.97)
赖氨酸能量比(Lys/ME)	g/MJ(g/Mcal)	0.88(3.67)	0.77(3.23)	0.62(2.60)
赖氨酸(Lys)	%	1.20	1.00	0.82
蛋氨酸(Met)	%	0.52	0.40	0.32
蛋氨酸+胱氨酸(Met+Cys)	%	0.92	0.76	0.63
钙	%	1.05	0.95	0.80
总磷(TP)	%	0.68	0.65	0.60
非植酸磷(NP)	%	0.50	0.40	0.35
钠	%	0.20	0.15	0.15
氯	%	0.20	0.15	0.15
铁	mg/kg	120	80	80
铜	mg/kg	10	8	8
锌	mg/kg	120	100	80
锰	mg/kg	120	80	80
碘	mg/kg	0.70	0.70	0.70
硒	mg/kg	0.30	0.30	0.30
亚油酸	%	1	1	1
维生素A	IU/ kg	10000	6000	2700
维生素D	IU/ kg	2000	1000	400
维生素E	IU/ kg	30	10	10
维生素K	mg/kg	1.0	0.5	0.5
硫胺素	mg/kg	2	2	2
核黄素	mg/kg	10	5	5
泛酸	mg/kg	10	10	10

续表

营养指标	单位	0 周龄至 2 周龄	3 周龄至 6 周龄	7 周龄以上
烟酸	mg/kg	45	30	30
吡哆醇	mg/kg	4.0	3.0	3.0
生物素	mg/kg	0.20	0.15	0.10
叶酸	mg/kg	1.00	0.55	0.50
维生素 B_{12}	mg/kg	0.010	0.010	0.007
胆碱	mg/kg	1500	1200	750

附表 6　肉用仔鸡体重与耗料量

周龄	周末体重/(克/只)	耗料量/(克/只)	累计耗料量/(克/只)
1	126	113	113
2	317	273	386
3	558	473	859
4	900	643	1502
5	1309	867	2369
6	1696	954	3323
7	2117	1164	4487
8	2457	1079	5566

附表 7　肉用种鸡营养需要

营养指标	单位	0 周龄至 6 周龄	7 周龄至 18 周龄	19 周龄至开产	开产至高峰期(产蛋率>65%)	高峰期后(产蛋率<65%)
代谢能(ME)	MJ/kg(Mcal/kg)	12.12(2.90)	11.91(2.85)	11.70(2.80)	11.70(2.80)	11.70(2.80)
粗蛋白质(CP)	%	18.0	15.0	16.0	17.0	16.0
蛋白能量比(CP/ME)	g/MJ(g/Mcal)	14.85(62.07)	12.59(52.63)	13.68(57.14)	14.53(60.71)	13.68(57.14)
赖氨酸能量比(Lys/ME)	g/MJ(g/Mcal)	0.76(3.17)	0.55(2.28)	0.64(2.68)	0.68(2.86)	0.64(2.68)
赖氨酸(Lys)	%	0.92	0.65	0.75	0.80	0.75
蛋氨酸(Met)	%	0.34	0.30	0.32	0.34	0.20
蛋氨酸+胱氨酸(Met+Cys)	%	0.72	0.56	0.62	0.64	0.60
钙	%	1.00	0.90	0.20	3.30	3.50

续表

营养指标	单位	0 周龄至 6 周龄	7 周龄至 18 周龄	19 周龄至开产	开产至高峰期（产蛋率 >65%）	高峰期后（产蛋率 <65%）
总磷（TP）	%	0.68	0.65	0.65	0.68	0.65
非植酸磷（NP）	%	0.45	0.40	0.42	0.45	0.42
钠	%	0.18	0.18	0.18	0.18	0.18
氯	%	0.18	0.18	0.18	0.18	0.18
铁	mg/kg	60	60	80	80	80.
铜	mg/kg	6	6	8	8	8
锌	mg/kg	80	80	100	100	100
锰	mg/kg	60	60	80	80	80
碘	mg/kg	0.70	0.70	1.00	1.00	1.00
硒	mg/kg	0.30	0.30	0.30	0.30	0.30
亚油酸	%	1	1	1	1	1
维生素 A	IU/ kg	8000	6000	9000	1200	1200
维生素 D	IU/ kg	1600	1200	1800	2400	2400
维生素 E	IU/ kg	20	10	10	30	30
维生素 K	mg/kg	1.5	1.5	1.5	1.5	1.5
硫胺素	mg/kg	1.8	1.5	1.5	2.0	2.0
核黄素	mg/kg	8	6	6	9	9
泛酸	mg/kg	12	10	10	12	12
烟酸	mg/kg	30	20	20	35	35
吡哆醇	mg/kg	3.0	3.0	3.0	4.5	4.5
生物素	mg/kg	0.15	0.10	0.10	0.20	0.20
叶酸	mg/kg	1.0	0.5	0.5	1.2	1.2
维生素 B_{12}	mg/kg	0.010	0.006	0.008	0.012	0.012
胆碱	mg/kg	1300	900	500	520	520

附表 8　肉用种鸡体重与耗料量

周龄	周末体重（克/只）	耗料量（克/只）	累计耗料量（克/只）
1	90	100	100
2	185	168	268
3	340	231	499
4	430	266	765

续表

周龄	周末体重(克/只)	耗料量(克/只)	累计耗料量(克/只)
5	520	287	1052
6	610	301	1353
7	700	322	1675
8	795	336	2011
9	890	357	2368
10	985	378	2746
11	1080	406	3152
12	1180	434	3586
13	1280	462	4048
14	1380	497	4545
15	1480	518	5063
16	1595	553	5616
17	1710	588	6204
18	1840	630	6834
19	1970	658	7492
20	2100	707	8199
21	2250	749	8948
22	2400	798	9746
23	2550	847	10593
24	2710	896	11489
25	2870	952	12441
29	3477	1190	13631
3	3603	1169	14800
43	3608	1141	15941
58	3782	1064	17005

附录2 猪饲养标准(NY/T65—2004)(摘录)

一、瘦肉型猪营养需要

附表9 瘦肉型生长肥育猪每千克饲粮养分含量(自由采食,88%干物质)[a]

体重/kg	3～8	8～20	20～35	35～60	60～90
平均体重/kg	5.5	14.0	27.5	47.5	75
日增重/(kg/d)	0.24	0.44	0.61	0.69	0.80
采食量/(kg/d)	0.30	0.74	1.43	1.90	2.50
饲料/增重	1.25	1.59	2.34	2.75	3.13
饲粮消化能含量(DE)/(MJ/kg)(/kcal/kg)	14.02(3350)	13.60(3250)	13.39(3200)	13.39(3200)	13.39(3200)
饲粮代谢能含量[b](ME)/(MJ/kg)(/kcal/kg)	13.36(3215)	13.06(3120)	12.86(3070)	12.86(3070)	12.86(3070)
粗蛋白质(CP)/%	21.0	19.0	17.8	16.4	14.5
能量蛋白比(DE/CP)/(kJ/%)(/kcal/%)	668(160)	716(170)	752(180)	817(195)	923(220)
赖氨酸能量比(Lys/DE)/(g/MJ)(/g/Mcal)	1.01(4.24)	0.85(356)	0.68(283)	0.61(12.56)	0.53(2.19)
氨基酸[c]					
赖氨酸(Lys)/%	1.42	1.16	0.90	0.82	0.70
蛋氨酸(Met)/%	0.40	0.30	0.24	0.22	0.19
蛋氨酸+胱氨酸(Met+Cys)/%	0.81	0.66	0.51	0.48	0.40
矿物质[d]或每千克饲粮含量					
钙/%	0.88	0.74	0.62	0.55	0.49
总磷(TP)/%	0.74	0.58	0.53	0.48	0.43
非植酸磷(NP)/%	0.54	0.36	0.25	0.20	0.17
钠/%	0.25	0.15	0.12	0.10	0.10
氯/%	0.25	0.15	0.10	0.09	0.08
镁/%	0.04	0.04	0.04	0.04	0.04

续表

体重/kg	3~8	8~20	20~35	35~60	60~90
钾/%	0.30	0.26	0.24	0.21	0.18
铜/mg	6.00	6.00	4.50	4.00	3.50
碘/mg	0.14	0.14	0.14	0.14	0.14
铁/mg	105	105	70	60	50
锰/mg	4.00	4.00	3.00	2.00	2.00
硒/mg	0.30	0.30	0.30	0.25	0.25
锌/mg	110	110	70	60	50
维生素和脂肪酸[e]					
维生素 A/IU[f]	2200	1800	1500	1400	1300
维生素 D/IU[g]	220	200	170	160	150
维生素 E/IU[h]	16	11	11	11	11
维生素 K/mg	0.50	0.50	0.50	0.50	0.50
硫胺素/mg	1.50	1.00	1.00	1.00	1.00
核黄素/mg	4.00	3.50	2.50	2.00	2.00
泛酸/mg	12.00	10.00	8.00	7.50	7.00
烟酸/mg	20.00	15.00	10.00	8.50	7.50
吡哆醇/mg	2.00	1.50	1.00	1.00	1.00
生物素/mg	0.08	0.05	0.05	0.05	0.05
叶酸/mg	0.30	0.30	0.30	0.30	0.30
维生素 B_{12}/μg	20.00	17.50	11.00	8.00	6.00
胆碱/g	0.60	0.50	0.35	0.30	0.30
亚油酸/%	0.10	0.10	0.10	0.10	0.10

注：[d] 矿物质需要量包括饲料原料中提供的矿物质量，对于发育公猪和后备母猪，钙、总磷和有效磷的需要量应提高 0.05~0.1 个百分点。

[e] 维生素需要量包括饲料原料中提供的维生素量。

[f] 1IU 维生素 A＝0.344μg 维生素 A 醋酸酯。

[g] 1IU 维生素 D_3＝0.025μg 胆钙化醇。

[h] 1IU 维生素 E＝0.67μg D-α-生育酚或 1mg DLD-α-生育醋酸酯。

附表 10 瘦肉型生长肥育猪每日每头养分需要量(自由采食,88% 干物质)[a]

体重/kg	3~8	8~20	20~35	35~60	60~90
平均体重/kg	5.5	14.0	27.5	47.5	75.0
日增重/(kg/d)	0.24	0.44	0.61	0.69	0.80
采食量/(kg/d)	0.30	0.74	1.43	1.90	2.50
饲料/增重	1.25	1.59	2.34	2.75	3.13
饲粮消化能摄入量(DE)/(MJ/d)(/Mcal/d)	421(1005)	10.06(2405)	19.15(4575)	25.44(6080)	33.48(8000)
饲粮代谢能摄入量[b](ME)/(MJ/d)(/Mcal/d)	4.04(965)	9.66(2310)	18.39(4390)	14.43(5835)	32.15(7675)
粗蛋白质(CP)/(g/d)	63	141	255	312	363
氨基酸[c]					
赖氨酸(Lys)/g	43	8.6	12.9	15.6	17.5
蛋氨酸(Met)/g	1.2	2.2	3.4	4.2	4.8
蛋氨酸+胱氨酸(Met+Cys)/g	2.4	4.9	7.3	9.1	10.0
矿物质[d]					
钙/g	2.64	5.48	8.87	10.45	12.25
总磷(TP)/g	2.22	4.29	7.58	9.12	10.27
非植酸磷(NP)/g	1.62	2.66	3.58	3.80	4.25
钠/%	0.75	1.11	1.72	1.90	2.50
氯/%	0.75	1.11	1.43	1.71	2.00
镁/%	0.12	0.30	0.57	0.76	1.00
钾/%	0.90	1.92	3.43	3.99	4.50
铜/mg	1.80	4.44	6.44	7.60	8.75
碘/mg	0.04	0.10	0.20	0.27	0.35
铁/mg	31.50	77.70	100.10	114.00	125.00
锰/mg	1.20	2.96	4.29	3.80	5.00
硒/mg	0.09	0.22	0.43	0.48	0.63
锌/mg	33.00	81.40	100.10	114.00	125.00
维生素和脂肪酸[e]					
维生素 A/IU[f]	660	1330	2145	2660	3250
维生素 D/IU[g]	66	148	243	304	375
维生素 E/IU[h]	5	8.5	16	21	28
维生素 K/mg	0.15	0.37	0.72	0.95	1.25
硫胺素/mg	0.45	0.74	1.43	1.90	2.50

续表

体重/kg	3~8	8~20	20~35	35~60	60~90
核黄素/mg	1.20	2.59	3.58	3.80	5.00
泛酸/mg	3.60	7.40	11.44	14.25	17.5
烟酸/mg	6.00	11.10	14.30	16.15	18.75
吡哆醇/mg	0.60	1.11	1.43	1.90	2.50
生物素/mg	0.02	0.04	0.07	0.10	0.13
叶酸/mg	0.09	0.22	0.43	0.57	0.75
维生素 B_{12}/μg	6.00	12.95	15.73	15.20	15.00
胆碱/g	0.18	0.37	0.50	0.57	0.75
亚油酸/%	0.30	0.74	1.43	1.90	2.50

注：[d] 矿物质需要量包括饲料原料中提供的矿物质量，对于发育公猪和后备母猪，钙、总磷和有效磷的需要量应提高0.05~0.1个百分点。
[e] 维生素需要量包括饲料原料中提供的维生素量。
[f] 1IU 维生素 A = 0.344μg 维生素 A 醋酸酯。
[g] 1IU 维生素 D_3 = 0.025μg 胆钙化醇。
[h] 1IU 维生素 E = 0.67μg D-α-生育酚或 1mg DLD-α-生育醋酸酯。

附表 11　瘦肉型妊娠母猪每千克饲粮养分含量(88%干物质)[a]

妊娠期	妊娠前期			妊娠后期		
配种体重/kg[b]	120~150	150~180	>180	120~150	150~180	>180
预期窝产仔数	10	11	11	10	11	11
采食量/(kg/d)	2.10	2.10	2.00	2.60	2.80	3.00
饲粮消化能含量[c](DE)/(MJ/kg)(/kcal/kg)	12.75(3035)	12.35(2950)	12.15(2950)	12.75(3035)	12.55(3000)	12.55(3000)
饲粮代谢能含量[d](ME)/(MJ/kg)(/kcal/kg)	12.25(2930)	11.85(2830)	11.65(2830)	12.25(2930)	12.05(2880)	12.05(2880)
粗蛋白质(CP)/%	13.0	12.0	12.0	14.0	13,0	12,0
能量蛋白比(DE/CP)/(KJ/%)(/kcal/%)	98(235)	1029(246)	1013(246)	911(218)	965(231)	1045(250)
赖氨酸能量比(Lys/DE)/(g/MJ)(/g/Mcal)	0.42(1.74)	0.40(1.67)	0.38(1.58)	0.42(1.74)	0.41(1.70)	0.38(1.60)
氨基酸						
赖氨酸(Lys)/%	0.53	0.49	0.46	0.53	0.51	0.48
蛋氨酸(Met)/%	0.14	0.13	0.12	0.14	0.13	0.12

续表

妊娠期	妊娠前期			妊娠后期		
蛋氨酸+胱氨酸(Met+Cys)/%	0.34	0.22	0.31	0.34	0.33	0.32
矿物元素						
钙/%	0.68					
总磷(TP)/%	0.54					
非植酸磷(NP)/%	0.32					
钠/%	0.14					
氯/%	0.11					
镁/%	0.04					
钾/%	0.18					
铜/mg	5.0					
碘/mg	.0.13					
铁/mg	75.0					
锰/mg	18.0					
硒/mg	0.14					
锌/mg	45.0					
维生素和脂肪酸						
维生素 A/IU	3620					
维生素 D/IU	180					
维生素 E/IU	40					
维生素 K/mg	0.50					
硫胺素/mg	0.90					
核黄素/mg	3.40					
泛酸/mg	11					
烟酸/mg	9.05					
吡哆醇/mg	0.90					
生物素/mg	0.19					
叶酸/mg	1.20					
维生素 B_{12} μg	14					
胆碱/g	1.15					
亚油酸/%	0.10					

注：[b] 妊娠前期指妊娠前 12 周，妊娠后期指妊娠后 4 周，“120～150kg”阶段适用于初产母猪和因泌乳期消耗过度的经产母猪，“150～180kg”阶段适用于自身尚有生长潜力的经产母猪，“180kg 以上”指达到标准成年体重的经产母猪，其对养分的需要量不随体重增长而变化。

[c] 假定代谢能为消化能的 96%。

[d] 以玉米－豆粕型日粮为基础确定。

附表 12　瘦肉型泌乳母猪每千克饲粮养分含量(88% 干物质)

分娩体重/kg	140 ~ 180		180 ~ 240	
泌乳期体重变化/kg	0.0	-10.0	-7.5	-15
哺乳窝仔数/头	9	9	10	10
采食量/(kg/d)	5.25	4.65	5.65	5.2
饲粮消化能含量(DE)/(MJ/kg)(/kcal/kg)	13.80(3300)	13.80(3300)	13.80(3300)	13.80(3300)
饲粮代谢能含量(ME)/(MJ/kg)(/kcal/kg)	13.25(3170)	13.25(3170)	13.25(3170)	13.25(3170)
粗蛋白质(CP)/%	17.5	18.0	18.0	18.5
能量蛋白比(DE/CP)/(kJ/%)(/Mcal/%)	789(189)	767(183)	767(183)	746(178)
赖氨酸能量比(Lys/DE)/(g/MJ)(g/Mcal)	0.64(2.67)	0.67(2.82)	0.66(2.76)	0.68(2.85)
氨基酸				
赖氨酸(Lys)/%	0.88	0.93	0.91	0.94
蛋氨酸(Met)/%	0.22	0.24	0.23	0.24
蛋氨酸+胱氨酸(Met+Cys)/%	0.42	0.45	0.44	0.45
矿物元素				
钙/%	0.77			
总磷(TP)/%	0.62			
非植酸磷(NP)/%	0.36			
钠/%	0.21			
氯/%	0.16			
镁/%	0.04			
钾/%	0.21			
铜/mg	5.0			
碘/mg	0.14			
铁/mg	80.0			
锰/mg	20.5			
硒/mg	0.15			
锌/mg	51.0			
维生素和脂肪酸[e]				
维生素 A/IU	2050			
维生素 D/IU	205			
维生素 E/IU	45			
维生素 K/mg	0.5			
硫胺素/mg	1.00			
核黄素/mg	3.85			
泛酸/mg	12			

续表

分娩体重/kg	140~180		180~240	
烟酸/mg	10.25			
吡哆醇/mg	1.00			
生物素/mg	0.21			
叶酸/mg	1.35			
维生素 B_{12}/μg	15.0			
胆碱/g	1.00			
亚油酸/%	0.10			

二、肉脂型猪营养需要

附表13 肉脂型生长育肥猪每千克饲粮养分含量(一型标准[a],自由采食,88%干物质)

体重/kg	5~8	8~15	15~30	30~60	60~90
增重/(kg/d)	0.22	0.38	0.50	0.60	0.70
采食量/(kg/d)	0.40	0.87	1.36	2.02	2.94
饲料增重	1.80	2.30	2.73	3.35	4.20
饲粮消化能含量(DE)/(MJ/kg)(/kcal/kg)	13.80(3300)	13.6(3250)	12.93(3100)	12.95(3100)	12.95(3100)
粗蛋白质(CP[b])/%	21.0	18.2	16.0	14.0	13.0
能量蛋白比(DE/CP)/(kJ/%)(/Mcal/%)	657(157)	747(179)	810(194)	925(221)	996(238)
赖氨酸能量(Lys/DE)/(g/MJ)(/g/Mcal)	0.97(4.06)	0.77(3.23)	0.66(2.75)	0.53(2.23)	0.46(1.94)
氨基酸					
赖氨酸 Lys/%	1.34	1.05	0.85	0.69	0.60
蛋氨酸+胱氨酸(Met+Cys)/%	0.65	0.53	0.43	0.38	0.34
苏氨酸(Thr)/%	0.77	0.62	0.50	0.45	0.39
矿物元素					
钙/%	0.86	0.74	0.64	0.55	0.46
总磷(TP)/%	0.67	0.60	0.55	0.46	0.37
非植酸磷(NP)/%	0.42	0.32	0.29	0.21	0.14
钠/%	0.20	0.15	0.09	0.09	0.09
氯/%	0.20	0.15	0.07	0.07	0.07
镁/%	0.04	0.04	0.04	0.04	0.04

续表

体重/kg	5～8	8～15	15～30	30～60	60～90
钾/%	0.29	0.26	0.24	0.21	0.16
铜/mg	6.00	5.5	4.6	3.7	3.0
碘/mg	100	92	74	55	37
铁/mg	0.13	0.13	0.13	0.13	0.13
锰/mg	4.00	3.00	3.00	2.00	2.00
硒/mg	0.30	0.27	0.23	0.14	0.09
锌/mg	100	90	75	55	45
维生素和脂肪酸					
维生素 A IU	2100	2000	1600	1200	1200
维生素 D/IU	210	200	180	140	140
维生素 E/IU	15	15	10	10	10
维生素 K/mg	0.50	0.50	0.50	0.50	0.50
硫胺素/mg	1.50	1.00	1.00	1.00	1.00
核黄素/mg	4.00	3.5	3.0	2.0	2.0
泛酸/mg	12.00	10.00	8.00	7.00	6.00
烟酸/mg	20.00	14.00	12.0	9.00	6.50
吡哆醇/mg	2.00	1.50	1.50	1.00	1.00
生物素/mg	0.08	0.05	0.05	0.05	0.05
叶酸/mg	0.30	0.30	0.30	0.30	0.30
维生素 B_{12}/μg	20.00	16.5	14.5	10.00	5.00
胆碱/g	0.50	0.40	0.30	0.30	0.30
亚油酸/%	0.10	0.10	0.10	0.10	0.10

注：[a] 一型标准：瘦肉率52% ±1.5%，达90kg体重时间175d左右。
[b] 粗蛋白质的需要量原则上是以玉米－豆粕日粮满足可消化氨基酸需要而确定的。为克服早期断奶给仔猪带来的应激，5～8kg阶段使用了较多的动物蛋白和乳制品。

附表14　肉脂型生长育肥猪每日每头养分需要(一型标准[a]，自由采食，88%干物质)

体重/kg	5～8	8～15	15～30	30～60	60～90
增重/(kg/d)	0.22	0.38	0.50	0.60	0.70
采食量/(kg/d)	0.40	0.87	1.36	2.02	2.94
饲料/增重	1.80	2.30	2.73	3.35	4.20
饲粮消化能含量(DE)/(MJ/kg)(/kcal/kg)	13.80 (3300)	13.60 (3250)	12.95 (3100)	12.95 (3100)	12.95 (3100)
粗蛋白质(CP[b])/%	84.0	158.3	217.6	282.8	282.2

续表

体重/kg	5～8	8～15	15～30	30～60	60～90
氨基酸					
赖氨酸(Lys)/g	54	9.1	11.6	13.9	17.6
蛋氨酸＋胱氨酸(Met＋Cys)/g	2.6	4.6	5.8	7.7	10.0
苏氨酸(Thr)/g	3.1	5.4	6.8	9.1	11.5
矿物质					
钙/g	3.4	6.4	8.7	11.1	13.5
总磷(TP)/g	2.7	5.2	7.5	9.3	10.9
非植酸磷(NP)/g	1.7	2.8	3.9	4.2	4.1
钠/%	0.8	1.3	1.2	1.8	2.6
氯/%	0.8	1.3	1.0	1.4	2.1
镁/%	0.2	0.3	0.5	0.8	1.2
钾/%	1.2	2.3	3.3	4.2	4.7
铜/mg	2.4	4.79	6.12	8.08	8.82
碘/mg	40.00	80.04	100.64	111.10	108.78
铁/mg	0.05	0.11	0.18	0.26	0.38
锰/mg	1.60.	2.61	4.08	4.04	5.88
硒/mg	0.12	0.22	0.34	0.30	0.29
锌/mg	40.0	78.3	102.0	111.1	132.3
维生素和脂肪酸					
维生素 A/IU	840.0	1740.0	2176.0	2424.0	3528.0
维生素 D/IU	84.0	174.0	244.8	282.8	411.6
维生素 E/IU	6.0	13.1	13.6	20.2	29.4
维生素 K/mg	0.2	0.4	0.7	1.0	1.5
硫胺素/mg	0.6	0.9	1.4	2.0	2.9
核黄素/mg	1.6	3.0	4.1	4.0	5.9
泛酸/mg	4.8	8.7	10.9	14.1	17.6
烟酸/mg	8.0	12.2	16.3	18.2	19.1
吡哆醇/mg	0.8	1.3	2.0	2.0	2.9
生物素/mg	0.0	0.0	0.1	0.1	0.1
叶酸/mg	0.1	0.3	0.4	0.6	0.9
维生素 B_{12}/μg	8.0	14.4	19.7	20.2	14.7
胆碱/g	0.2	0.3	0.4	0.6	0.9
亚油酸/%	0.4	0.9	1.4	0.2	2.9

附录3　奶牛饲养标准（NY/T34—2004）（摘录）

附表15　成年母牛维持的营养需要

体重/kg	日粮干物质/kg	奶牛能量单位/NND	产奶净能Mcal	产奶净能/MJ	可消化粗蛋白质/g	小肠可消化粗蛋白质/g	钙/g	磷/g	胡萝卜素/mg	维生素A/IU
350	5.02	9.17	6.88	28.79	243	202	21	16	63	25000
400	5.55	10.13	7.60	31.80	268	224	24	18	75	30000
450	6.06	11.07	8.30	34.73	293	244	27	20	85	34000
500	6.56	11.97	8.98	37.57	317	264	30	22	95	38000
550	7.04	12.88	9.65	40.38	341	284	33	25	105	42000
600	7.52	13.73	10.30	43.10	364	303	36	27	115	46000
650	7.98	14.59	10.94	45.77	386	322	39	30	123	49000
700	8.44	15.43	11.57	48.41	408	340	42	32	133	53000
750	8.89	16.24	12.18	50.96	430	358	45	34	143	57000

注：1：对第一个泌乳期的维持需要按上表基础增加20%，第二个泌乳期增加10%。
2：如第一个泌乳期的年龄和体重小，应按生长牛的需要计算实际增重的营养需要量。
3：放牧运动时，须在上表基础上增加能量需要量，按正文说明计算。
4：在环境温度低的情况下，维持能量消耗增加，须在上表基础上增加能量需要量，按正文说明计算。
5：泌乳期间，每增重1kg体重需增加8NND和325g可消化粗蛋白质；每减重1kg体重需扣除6.56NND和250g可消化粗蛋白质。

附表16　每产1kg奶的营养需要

乳脂率/%	日粮干物质/kg	奶牛能量单位/NND	产奶净能/Mcal	产奶净能/MJ	可消化粗蛋白质/g	小肠可消化粗蛋白质/g	钙/g	磷/g	胡萝卜素/mg	维生素A/IU
2.5	0.31～0.35	0.80	0.60	2.51	49	42	3.6	2.4	1.05	420
3.0	0.34～0.38	0.87	0.65	2.72	51	44	3.9	2.6	1.13	452
3.5	0.37～0.41	0.93	0.70	2.93	53	46	4.2	2.8	1.22	486
4.0	0.40～0.45	1.00	0.75	3.14	55	47	4.5	3.0	1.26	502
4.5	0.43～0.49	1.06	0.80	3.35	57	49	4.8	3.2	1.39	556
5.0	0.46～0.52	1.13	0.84	3.52	59	51	5.1	3.4	1.46	584
5.5	0.49～0.55	1.19	0.89	3.72	61	53	5.4	3.6	1.55	619

附表 17　母牛妊娠最后四个月的营养需要

体重/kg	怀孕月份	日粮干物质/kg	奶牛能量单位/NND	产奶净能/Mcal	产奶净能/MJ	可消化粗蛋白质/g	小肠可消化粗蛋白质/g	钙/g	磷/g	胡萝卜素/mg	维生素A/IU
350	6	5.78	10.51	7.88	32.97	293	245	27	18	67	27
	7	6.28	11.44	8.58	35.90	327	275	31	20		
	8	7.23	13.17	9.88	41.34	375	317	37	22		
	9	8.70	15.84	11.84	49.54	437	370	45	25		
400	6	6.30	11.47	8.60	35.99	318	267	30	20	76	30
	7	6.81	12.40	9.30	38.92	352	297	34	22		
	8	7.76	14.13	10.60	44.36	400	339	40	24		
	9	9.22	10.80	12.60	52.72	462	392	48	27		
450	6	6.81	12.40	9.30	38.92	343	287	33	22	81	34
	7	7.32	13.33	10.00	41.84	377	317	37	24		
	8	8.27	15.07	11.30	47.28	425	359	43	26		
	9	9.73	17.73	13.30	55.65	487	412	51	29		
500	6	7.31	13.32	9.99	42.80	367	307	36	25	95	38
	7	7.82	14.25	10.69	44.73	401	337	40	27		
	8	8.78	15.99	11.99	50.17	449	379	46	29		
	9	10.04	18.65	13.99	58.54	511	432	54	32		
550	6	7.80	14.20	10.65	44.56	391	327	39	27	105	42
	7	8.31	15.13	11.35	47.49	425	357	43	29		
	8	9.26	16.87	12.65	52.93	473	399	49	31		
	9	10.72	19.53	14.65	61.30	535	452	57	34		
600	6	8.27	15.07	11.30	47.28	414	346	42	29	114	46
	7	8.78	16.00	12.00	50.21	448	376	46	31		
	8	9.73	17.73	13.30	55.65	496	418	52	33		
	9	11.29	20.40	15.30	64.02	558	471	60	36		
650	6	8.74	15.92	11.94	49.96	436	365	45	31	124	50
	7	9.25	16.85	12.64	52.89	470	395	49	33		
	8	10.21	18.59	13.94	58.33	518	437	55	35		
	9	11.67	21.25	15.94	66.70	580	490	63	38		

续表

体重/kg	怀孕月份	日粮干物质/kg	奶牛能量单位/NND	产奶净能/Mcal	产奶净能/MJ	可消化粗蛋白质/g	小肠可消化粗蛋白质/g	钙/g	磷/g	胡萝卜素/mg	维生素A/IU
700	6	9.22	16.76	12.57	52.60	458	383	48	34	133	53
	7	9.71	17.69	13.27	55.53	492	413	52	36		
	8	10.67	19.43	14.57	60.97	540	455	58	38		
	9	12.13	22.09	16.57	89.33	602	508	66	41		
750	6	9.65	17.57	13.13	55.15	480	401	51	36	143	57
	7	10.16	18.51	13.88	58.08	514	431	55	38		
	8	11.11	20.24	15.18	63.52	562	473	61	40		
	9	12.58	22.91	17.18	71.89	624	526	69	43		

附表18 生长母牛的营养需要

体重/kg	日增重/g	日粮干物质/kg	奶牛能量单位/NND	产奶净能/Mcal	产奶净能/MJ	可消化粗蛋白质/g	小肠可消化粗蛋白质/g	钙/g	磷/g	胡萝卜素/mg	维生素A/IU
40	0		2.20	1.65	6.90	41		2	2	4.0	1.6
	200		2.67	2.00	8.37	92		6	4	4.1	1.6
	300		2.93	2.20	9.21	117		8	5	4.2	1.7
	400		2.23	2.42	10.13	141		11	6	4.3	1.7
	500		3.52	2.64	11.05	164		12	7	4.4	1.8
	600		3.84	3.86	12.05	188		14	8	4.5	1.8
	700		4.19	3.14	13.14	210		16	10	4.6	1.8
	800		4.56	33.42	14.31	231		18	11	4.7	1.9
50	0		2.56	1.92	8.04	49		3	3	5.0	2.0
	300		3.32	2.49	10.42	124		9	5	5.3	2.1
	400		3.60	2.70	11.30	148		11	6	5.4	2.2.
	500		3.92	2.94	12.31	172		13	8	5.5	2.2
	600		4.24	3.18	13.31	194		15	9	5.6	2.2
	700		4.60	3.45	14.44	216		17	10	5.7	2.3
	800		4.99	3.74	15.65	238		19	11	5.8	2.3

续表

体重/kg	日增重/g	日粮干物质/kg	奶牛能量单位/NND	产奶净能/Mcal	产奶净能/MJ	可消化粗蛋白质/g	小肠可消化粗蛋白质/g	钙/g	磷/g	胡萝卜素/mg	维生素A/IU
60	0		2.89	2.17	9.08	56		4	3	6.0	2.4
	300		3.67	2.75	11.51	131		10	5	6.3	2.5
	400		3.96	2.89	12.43	154		12	6	6.4	2.6
	500		4.28	3.21	13.44	178		14	8	6.5	2.6
	600		4.63	3.47	14.52	199		16	9	6.6	2.6
	700		4.99	3.74	15.65	221		18	10	6.7	2.7
	800		5.37	4.03	16.87	143		20	11	6.8	2.7
70	0	1.22	3.21	2.41	10.09	63		4	4	7.0	2.8
	300	1.67	4.01	3.01	12.60	142		10	6	7.9	3.2
	400	1.85	4.32	3.24	13.56	168		12	7	8.1	3.2
	500	2.03	4.64	3.48	14.56	193		14	8	8.3	3.3
	600	2.21	4.99	3.74	15.65	215		16	10	8.4	3.4
	700	2.30	5.36	4.02	16.82	239		18	11	8.5	3.4
	800	3.61	5.76	4.32	18.08	262		20	12	8.6	3.4
80	0	1.35	3.51	2.63	11.01	70		5	4	8.0	3.2
	300	1.80	1.80	3.24	13.56	149		11	6	9.0	3.6
	400	1.98	4.64	3.48	14.57	174		13	7	9.1	3.6
	500	2.16	4.96	3.72	15.57	198		15	8	9.2	3.7
	600	2.34	5.32	3.99	16.70	222		17	10	9.3	3.7
	700	2.57	5.71	4.28	17.91	245		19	11	9.4	3.8
	800	2.79	6.12	4.59	19.21	268		21	12	9.5	3.8
90	0	1.45	3.80	2.85	11.93	76		6	5	9.0	3.6
	300	1.84	4.64	3.48	14.57	154		12	7	9.5	3.8
	400	2.12	4.96	3.72	15.57	179		14	8	9.7	3.9
	500	2.30	5.29	3.97	16.62	302		16	9	9.9	4.0
	600	2.48	5.65	4.24	17.75	226		18	11	10.1	4.0
	700	2.70	6.06	4.54	19.00	249		20	12	10.3	4.1
	800	2.93	6.48	4.86	20.34	272		22	13	10.5	4.21

续表

体重/kg	日增重/g	日粮干物质/kg	奶牛能量单位/NND	产奶净能/Mcal	产奶净能/MJ	可消化粗蛋白质/g	小肠可消化粗蛋白质/g	钙/g	磷/g	胡萝卜素/mg	维生素A/IU
100	0	1.62	4.08	3.06	12.81	82		6	5	10.0	4.0
	300	2.07	4.93	3.70	15.49	173		13	7	10.5	4.2
	400	2.25	5.27	3.95	16.53	202		14	8	10.7	4.3
	500	2.43	5.61	4.21	17.62	231		16	9	11.0	4.4
	600	2.66	5.99	4.49	18.70	258		18	11	11.2	4.4
	700	2.84	6.39	4.79	20.05	285		20	12	11.4	4.5
	800	3.11	6.81	5.11	21.39	311		22	13	11.6	4.6
125	0	1.89	4.73	3.55	14.86	97	82	8	6	12.5	5.0
	300	2.39	5.64	4.23	17.70	186	164	14	7	13.0	5.3
	400	2.57	5.96	4.47	18.71	215	190	16	8	13.2	5.3
	500	2.79	6.35	4.76	19.92	243	215	18	10	13.4	5.4
	600	3.02	6.75	5.06	21.18	268	239	20	11	13.6	5.4
	700	3.24	7.17	5.38	22.51	295	264	22	12	13.8	5.5
	800	3.51	7.63	5.72	23.94	322	288	24	13	14.0	5.6
	900	3.74	8.12	6.09	25.48	347	311	26	14	14.2	5.7
	1000	4.05	8.67	6.50	27.20	370	332	28	16	14.4	5.8
150	0	2.21	5.35	4.01	16.78	111	94	9	8	15.0	6.0
	300	2.70	6.31	4.73	19.80	202	175	15	9	15.7	6.3
	400	2.88	6.67	5.00	20.92	226	200	17	10	16.0	6.4
	500	3.11	7.05	5.29	22.14	254	225	19	11	16.3	6.5
	600	3.33	7.47	5.60	23.44	279	248	21	12	16.6	6.6
	700	3.60	7.92	5.94	24.86	305	272	23	13	17.0	6.8
	800	3.83	8.40	6.30	26.36	331	296	25	14	17.3	6.9
	900	4.10	8.92	6.69	28.00	356	319	27	16	17.6	7.0
	1000	4.41	9.49	7.12	29.80	378	339	29	17	18.0	7.2

续表

体重/kg	日增重/g	日粮干物质/kg	奶牛能量单位/NND	产奶净能/Mcal	产奶净能/MJ	可消化粗蛋白质/g	小肠可消化粗蛋白质/g	钙/g	磷/g	胡萝卜素/mg	维生素A/IU
175	0	2.48	5.93	4.45	18.62	125	106	11	9	17.5	7.0
	300	3.02	7.05	5.29	22.14	210	184	17	10	18.2	7.3
	400	3.20	7.48	5.61	23.48	238	210	19	11	18.5	7.4
	500	3.42	7.35	5.96	24.94	266	235	22	12	18.7	7.5
	600	3.65	8.43	6.32	26.45	290	257	23	13	19.1	7.6
	700	3.92	8.96	6.72	28.12	316	281	25	14	19.4	7.8
	800	4.19	9.53	7.15	29.92	341	304	27	15	19.7	7.9
	900	4.50	10.15	7.61	31.85	365	326	29	16	20.0	8.0
	1000	4.82	10.81	8.11	33.94	387	346	31	17	20.3	8.1
200	0	2.70	6.48	4.86	20.34	160	133	12	10	20.0	8.0
	300	3.29	7.65	5.74	24.02	244	210	18	11	21.0	8.4
	400	3.51	8.11	6.08	25.44	271	235	20	12	21.5	8.6
	500	3.74	8.59	6.44	26.95	297	259	22	13	22.0	8.8
	600	3.96	9.11	6.83	28.58	322	282	24	14	22.5	9.0
	700	4.23	9.67	7.25	30.34	347	305	26	15	23.0	9.2
	800	4.55	10.25	7.69	32.18	372	327	28	16	23.5	9.4
	900	4.86	10.91	8.18	34.23	396	349	30	17	24.0	9.6
	1000	5.18	11.60	8.70	16.41	417	368	32	18	24.5	9.8
250	0	3.20	7.53	5.65	23.64	189	157	15	13	25.0	10.0
	300	3.83	8.83	6.62	27.70	270	231	21	14	26.5	10.6
	400	4.05	9.31	6.98	29.21	296	255	23	15	27.0	10.8
	500	4.32	9.83	7.37	30.84	323	279	25	16	27.5	11.0
	600	4.59	10.40	7.80	32.64	345	300	27	17	28.0	11.2
	700	4.86	11.01	8.26	34.56	370	323	29	18	28.5	11.4
	800	5.18	11.65	8.74	36.57	394	345	31	19	29.0	11.6
	900	5.54	12.37	9.28	38.83	417	365	33	20	29.5	11.8
	1000	5.90	13.13	9.83	41.13	437	385	35	21	30.0	12.0

续表

体重/kg	日增重/g	日粮干物质/kg	奶牛能量单位/NND	产奶净能/Mcal	产奶净能/MJ	可消化粗蛋白质/g	小肠可消化粗蛋白质/g	钙/g	磷/g	胡萝卜素/mg	维生素A/IU
300	0	3.69	8.51	6.38	26.70	216	180	18	15	30.0	12.0
	300	4.37	10.08	7.56	31.64	295	253	26	16	31.5	12.6
	400	4.59	10.68	8.01	33.52	321	276	26	17	32.0	12.8
	500	4.92	11.31	8.48	35.49	346	299	28	18	32.5	13.0
	600	5.18	11.99	8.99	37.62	368	320	30	19	33.0	13.2
	700	5.49	12.72	9.54	39.92	392	342	32	20	33.5	13.4
	800	5.85	13.51	10.13	42.39	415	362	34	21	34.0	13.6
	900	6.21	14.36	10.77	45.07	438	383	36	22	34.5	13.8
	1000	6.62	15.29	11.47	48.00	458	402	38	23	35.0	14.0
350	0	4.14	9.43	7.07	29.59	243	202	21	18	35.0	14.0
	300	4.86	11.11	8.33	34.86	321	273	27	19	36.8	14.7
	400	5.13	11.76	8.82	36.91	345	296	29	20	37.4	15.0
	500	5.45	12.44	9.33	39.04	369	318	31	21	38.0	15.2
	600	5.76	13.17	9.88	41.34	392	338	33	22	38.6	15.4
	700	6.08	13.96	10.47	43.81	415	360	35	23	39.2	15.7
	800	6.39	14.83	11.12	46.53	442	381	37	24	39.8	15.9
	900	6.84	15.75	11.81	49.42	460	401	39	25	40.4	16.1
	1000	7.29	16.75	12.56	52.56	480	409	41	26	41.0	16.4
400	0	4.55	10.32	7.74	32.39	268	224	24	20	40.0	16.0
	300	5.36	12.28	9.21	38.54	344	294	30	21	42.0	16.0
	400	5.63	13.03	9.77	40.88	368	316	32	22	43.0	17.2
	500	5.94	13.81	10.36	43.35	393	338	34	23	44.0	17.6
	600	6.30	14.65	10.99	45.99	415	359	36	24	45.0	18.0
	700	6.66	15.57	11.68	48.87	438	380	38	25	46.0	18.4
	800	7.07	16.56	12.42	51.97	460	400	40	26	47.0	18.8
	900	7.47	17.64	13.24	55.40	482	420	42	27	48.0	19.2
	1000	7.97	18.80	14.10	59.00	501	437	44	28	49.0	19.6

续表

体重/kg	日增重/g	日粮干物质/kg	奶牛能量单位/NND	产奶净能/Mcal	产奶净能/MJ	可消化粗蛋白质/g	小肠可消化粗蛋白质/g	钙/g	磷/g	胡萝卜素/mg	维生素A/IU
450	0	5.00	11.16	8.37	35.03	293	244	27	23	45.0	18.0
	300	5.80	13.25	9.94	41.59	368	313	33	24	48.0	19.2
	400	6.10	14.04	10.53	44.06	393	335	35	25	49.0	19.6
	500	6.50	14.88	11.16	46.70	417	355	37	26	50.0	20.0
	600	6.80	15.80	11.85	49.59	439	377	39	27	51.0	20.4
	700	7.20	16.29	12.58	52.64	461	398	41	28	52.0	20.8
	800	7.70	17.84	13.38	55.99	484	419	43	29	53.0	21.2
	900	8.10	18.99	14.24	59.59	505	439	45	30	54.0	21.6
	1000	8.60	20.23	15.17	63.48	524	456	47	31	55.0	22.0
500	0	5.4	11.97	8.93	37.58	317	264	30	25	50.0	20.0
	300	6.2	14.13	10.60	44.36	392	333	36	26	53.0	21.2
	400	6.5	14.93	11.20	46.87	417	355	38	27	54.0	21.6
	500	6.8	15.81	11.86	49.63	441	377	40	28	55.0	22.0
	600	7.1	16.73	12.55	52.51	463	397	42	29	56.0	22.4
	700	7.6	17.75	13.31	55.69	485	418	44	30	57.0	22.8
	800	8.0	18.85	14.14	59.17	507	438	46	31	58.0	23.2
	900	8.4	20.01	15.01	62.81	529	458	48	32	59.0	23.6
	1000	8.9	21.29	15.97	66.82	548	476	50	33	60.0	24.0
550	0	5.8	12.77	9.58	40.09	341	284	33	28	55.0	22.0
	300	6.7	15.04	11.28	47.20	417	354	39	29	58.0	23.0
	400	6.9	15.92	11.94	49.96	441	376	41	30	59.0	23.6
	500	7.3	16.84	12.64	52.85	465	397	43	31	60.0	24.0
	600	7.7	17.84	13.58	55.99	487	418	45	32	61.0	24.4
	700	8.1	18.89	14.17	59.29	510	439	47	33	62.0	24.8
	800	8.5	20.04	15.03	62.89	533	460	49	34	63.0	25.2
	900	8.9	21.31	15.98	66.87	554	480	51	35	64.0	25.6
	1000	9.5	22.67	17.00	71.13	573	496	53	36	65.0	26.0

续表

体重/kg	日增重/g	日粮干物质/kg	奶牛能量单位/NND	产奶净能/Mcal	产奶净能/MJ	可消化粗蛋白质/g	小肠可消化粗蛋白质/g	钙/g	磷/g	胡萝卜素/mg	维生素A/IU
600	0	6.2	13.53	10.15	42.47	364	303	36	30	60.0	24.0
	300	7.1	16.11	12.08	50.55	441	374	42	31	66.0	26.4
	400	7.4	17.08	12.81	53.60	465	396	44	32	67.0	26.8
	500	7.8	18.13	13.60	56.91	489	418	46	33	68.0	27.2
	600	8.2	19.24	14.43	60.38	512	439	48	34	69.0	27.6
	700	8.6	20.45	15.34	64.19	535	459	50	35	70.0	28.0
	800	9.0	21.76	16.32	68.29	557	480	52	36	71.0	28.4
	900	9.5	23.17	17.78	72.72	580	501	54	37	72.0	28.8
	1000	10.1	24.69	18.52	77.49	599	518	56	38	73.0	29.2

附录4　中国饲料成分及营养价值表（2010年第21版，摘录）

附表19　饲料描述及常规成分

饲料名称	饲料描述	干物质(DM)/%	粗蛋白质(CP)/%	粗脂肪(EE)/%	粗纤维(CF)/%	无氮浸出物(NFE)/%	粗灰分(Ash)/%	中洗纤维(NDF)/%	酸洗纤维(ADF)/%	钙(Ca)/%	总磷(TP)/%	有效磷(AP)/%
1 玉米	成熟，高蛋白质	86.0	9.4	3.1	1.2	71.1	1.2	9.4	3.5	0.09	0.22	0.09
2 玉米	成熟，GB/17890—19991 级	86.0	8.7	3.6	1.6	70.7	1.4	9.3	2.7	0.02	0.27	0.11
3 玉米	成熟，GB/17890—19992 级	86.0	7.8	3.5	1.6	71.8	1.3	7.9	2.6	0.02	0.27	0.11
4 高粱	成熟，NY/T1 级	86.0	9.0	3.4	1.4	70.4	1.8	17.4	8.0	0.13	0.36	0.12
5 小麦	混合小麦，成熟 NY/T2 级	87.0	13.9	1.7	1.9	67.6	1.9	13.3	3.9	0.17	0.41	0.13
6 大麦（裸）	裸大麦，成熟 NY/T2 级	87.0	13.0	2.1	2.0	67.7	2.2	10.0	2.2	0.04	0.39	0.13
7 大麦（皮）	皮大麦，成熟 NY/T1 级	87.0	11.0	1.7	4.8	67.1	2.4	18.4	6.8	0.09	0.33	0.12
8 稻谷	成熟，晒干 NY/T2 级	86.0	7.8	1.6	8.2	63.8	4.6	27.4	28.7	0.03	0.36	0.15
9 糙米	良，成熟，除去外壳整粒米	87.0	8.8	2.0	0.7	74.2	1.3	1.6	0.8	0.03	0.35	0.13
10 碎米	良，加工精米后副产品	88.0	10.4	2.2	1.1	72.7	1.6	0.8	0.6	0.06	0.35	0.12
11 次粉	黑面、黄粉、NY/T2 级	88.0	15.4	2.2	1.5	67.1	1.5	18.7	4.3	0.08	0.48	0.15
12 次粉	黑面、黄粉、NY/T1 级	87.0	13.6	2.1	2.8	66.7	1.8	31.9	10.5	0.08	0.48	0.15
13 小麦麸	传统制粉工艺 NY/T1 级	87.0	15.7	3.9	6.5	56.0	4.9	37.0	13.0	0.11	0.92	0.28
14 小麦麸	传统制粉工艺 NY/T2 级	87.0	14.3	4.0	6.8	57.1	4.8	41.3	11.9	0.10	0.93	0.28
15 米糠	新鲜，不脱脂 NY/T2 级	87.0	12.8	16.5	5.7	44.5	7.5	22.9	13.4	0.07	1.43	0.20

续表

饲料名称	饲料描述	干物质(DM)/%	粗蛋白质(CP)/%	粗脂肪(EE)/%	粗纤维(CF)/%	无氮浸出物(NFE)/%	粗灰分(Ash)/%	中洗纤维(NDF)/%	酸洗纤维(ADF)/%	钙(Ca)/%	总磷(TP)/%	有效磷(AP)/%
16 米糠饼	未脱脂,机榨 NY/T1 级	88.0	14.7	9.0	7.4	48.2	8.7	27.7	11.6	0.14	1.69	0.24
17 米糠粕	浸提或预压浸提 NY/T1 级	87.0	15.1	2.0	7.5	53.6	8.8	23.3	10.9	0.15	1.82	0.25
18 大豆饼	机榨 NY/T2 级	89.0	41.8	5.8	4.8	30.7	5.9	18.1	15.5	0.31	0.50	0.17
19 大豆粕	浸提或预压浸提 NY/T1 级	89.0	47.9	1.5	3.3	29.7	4.9	8.8	5.3	0.34	0.65	0.22
20 大豆粕	浸提或预压浸提 NY/T2 级	89.0	44.2	1.9	5.9	28.3	6.1	13.6	9.6	0.33	0.62	0.21
21 棉籽饼	机榨 NY/T2 级	88.0	36.3	7.4	12.5	26.1	5.7	32.1	22.9	0.21	0.83	0.28
22 棉籽粕	浸提或预压浸提 NY/T1 级	90.0	47.0	0.5	10.2	26.3	6.0	22.5	15.3	0.25	1010	0.38
23 棉籽粕	浸提或预压浸提 NY/T2 级	90.0	43.5	0.5	10.5	28.9	6.6	28.4	19.4	0.28	1.04	0.36
24 菜籽饼	机榨 NY/T2 级	88.0	35.7	7.4	11.4	26.3	7.2	33.3	26.0	0.59	0.96	0.33
25 菜籽粕	浸提或预压浸提 NY/T2 级	88.0	38.6	1.4	11.5	28.9	7.3	20.7	16.8	0.65	1.02	0.35
26 芝麻饼	机榨,CP 40%	92.0	39.2	10.3	7.2	24.9	10.4	18.0	13.2	2.24	1.19	0.22
27 玉米蛋白粉	去胚芽淀粉的面筋部分 CP 60%	90.1	63.5	5.4	1.0	19.2	1.0	8.7	4.6	0.07	0.44	0.16
28 玉米蛋白粉	同上,中等蛋白 CP 50%	91.2	51.3	7.8	2.1	28.0	2.0	10.1	7.5	0.06	0.42	0.15
29 玉米蛋白粉	同上,中等蛋白 CP 40%	89.9	44.3	6.0	1.6	37.1	0.9	29.1	8.2	0.12	0.50	0.31
30 玉米蛋白饲料	去胚芽淀粉后的含皮残渣	88.0	19.3	7.5	7.8	48.0	5.4	33.6	10.5	0.15	0.70	0.17
31 玉米胚芽饼	玉米湿磨后的胚芽,机榨	90.0	16.7	9.6	6.3	50.8	6.6	28.5	7.4	0.04	0.50	0.15

续表

饲料名称	饲料描述	干物质(DM)/%	粗蛋白质(CP)/%	粗脂肪(EE)/%	粗纤维(CF)/%	无氮浸出物(NFE)/%	粗灰分(Ash)/%	中洗纤维(NDF)/%	酸洗纤维(ADF)/%	钙(Ca)/%	总磷(TP)/%	有效磷(AP)/%
32 玉米胚芽粕	玉米湿磨后的胚芽,浸提	90.0	20.8	2.0	6.5	54.8	5.9	38.2	10.7	0.06	0.50	0.15
33 鱼粉 CP 64.5%	7 样平均值	90.0	64.5	5.6	0.5	8.0	11.4	0.0	0.0	3.81	2.83	2.83
34 鱼粉 CP 62.5%	8 样平均值	90.0	62.5	4.0	0.5	10.0	12.3	0.0	0.0	3.96	3.05	3.05
35 鱼粉 CP 60.2%	海鱼粉,脱脂,12 样平均值	90.0	60.2	4.9	0.5	11.6	12.8	0.0	0.0	4.04	2.90	2.90
36 鱼粉 CP 53.5%	海鱼粉,脱脂,11 样平均值	90.0	53.5	10.0	0.8	4.9	20.8	0.0	0.0	5.88	3.20	3.20
37 血粉	鲜猪血,喷雾干燥	88.0	82.8	0.4	0.0	1.6	3.2	0.0	0.0	0.29	0.31	0.31
38 羽毛粉	纯净羽毛,水解	88.0	77.9	2.2	0.7	0.0	5.8	0.0	0.0	0.20	0.68	0.68
39 皮革粉	废牛皮,水解	88.0	74.4	0.8	1.6	0.0	10.9	0.0	0.0	4.40	0.15	0.15
40 肉骨粉	屠宰下脚,带骨粉碎干燥	93.0	50.0	8.5	2.8	4.3	31.7	32.5	5.6	9.20	4.70	4.70
41 肉粉	脱脂	94.0	54.0	12.0	1.4	33.8	22.3	31.6	8.3	7.69	3.88	3.88
42 苜蓿草粉 CP 14%	NY/T3 级	87.0	14	2.1	29.8	40.8	10.1	36.8	2.9	1.34	0.19	0.19
43 啤酒糟	大麦酿造副产品	88.0	14.3	5.3	13.4	71.6	4.2	39.4	24.6	0.32	0.42	0.14
44 乳清粉	乳清,脱水,低乳糖含量	94.0	24.3	0.7	0.0	0.59	9.7	0.0	0.0	0.87	0.79	0.79
45 猪油		99.0	12.0	98.0	0.0	0.5	0.5	0.0	0.0	0.00	0.00	0.00
46 家禽脂肪		99.0	0.0	98.0	0.0	0.5	0.5	0.0	0.0	0.00	0.00	0.00
47 菜籽油		99.0	0.0	98.0	0.0	0.5	0.5	0.0	0.0	0.00	0.00	0.00

附表 20　饲料中有效能值、氨基酸含量

饲料名称	猪消化能		猪代谢能		鸡代谢能		牛产奶净能		羊消化能		赖氨酸	蛋氨酸	胱氨酸
	/(Mcal/kg)	/(MJ/kg)	/(Mcal/kg)	/(MJ/kg)	/(Mcal/kg)	/(MJ/kg)	/(Mcal/kg)	/(MJ/kg)	/(Mcal/kg)	/(MJ/kg)	/%	/%	/%
1 玉米	3.44	14.39	3.24	13.57	3.18	13.31	1.83	7.66	3.40	14.23	0.26	0.19	0.22
2 玉米	3.41	14.27	3.21	13.43	3.24	13.56	1.84	7.70	3.41	14.27	0.24	0.18	0.20
3 玉米	3.39	14.18	3.20	13.39	3.22	13.47	1.83	7.66	3.38	14.14	0.23	0.15	0.15
4 膏粱	3.15	13.18	2.97	12.43	2.94	12.30	1.59	6.65	3.12	13.05	0.18	0.17	0.12
5 小麦	3.39	14.18	3.16	13.22	3.04	12.72	1.75	7.32	3.40	14.23	0.30	0.25	0.24
6 大麦(裸)	3.24	13.56	3.03	12.68	2.68	11.21	1.68	7.03	3.21	13.43	0.44	0.14	0.25
7 大麦(皮)	3.02	12.64	2.83	11.48	2.70	11.30	1.62	6.78	3.16	13.22	0.42	0.18	0.18
8 稻谷	2.69	11.25	2.54	10.63	2.63	11.00	1.53	6.40	3.02	12.64	0.29	0.19	0.16
9 糙米	3.44	14.39	3.24	13.57	3.33	14.06	1.84	7.70	3.41	14.27	0.32	0.20	0.14
10 碎米	3.60	15.06	3.38	14.14	3.40	14.23	1.97	8.24	3.43	14.35	0.42	0.22	0.17
11 次粉	3.27	13.68	3.04	12.72	3.05	12.76	1.99	8.32	3.32	13.89	0.59	0.23	0.37
12 次粉	3.21	13.43	2.99	12.51	2.99	12.51	1.95	8.16	3.25	13.60	0.52	0.16	0.33
13 小麦麸	2.24	9.37	2.08	8.70	1.36	5.69	1.46	6.11	2.91	12.18	0.58	0.13	0.26
14 小麦麸	2.23	9.33	2.07	8.66	1.35	5.65	1.45	6.08	2.89	12.10	0.53	0.12	0.24
15 米糠	3.02	12.64	2.82	11.80	2.68	11.21	1.78	7.45	3.29	13.77	0.74	0.25	0.19
16 米糠饼	2.99	12.51	2.78	11.63	2.43	10.17	1.50	6.28	2.85	11.92	0.66	0.26	0.30
17 米糠粕	2.76	11.55	2.57	10.75	1.98	8.28	1.26	5.27	2.39	10.00	0.72	0.23	0.32
18 大豆饼	3.44	14.39	3.01	12.59	2.52	10.54	1.75	7.32	3.37	14.10	2.43	0.60	0.62
19 大豆粕	3.60	15.06	3.11	13.01	2.53	10.58	1.78	7.45	3.42	14.31	2.99	0.68	0.73
20 大豆粕	3.37	14.26	2.97	12.43	2.39	10.00	1.78	7.45	3.41	14.27	2.68	0.59	0.65

续表

饲料名称	猪消化能		猪代谢能		鸡代谢能		牛产奶净能		羊消化能		赖氨酸	蛋氨酸	胱氨酸
	/(Mcal/kg)	/(MJ/kg)	/(Mcal/kg)	/(MJ/kg)	/(Mcal/kg)	/(MJ/kg)	/(Mcal/kg)	/(MJ/kg)	/(Mcal/kg)	/(MJ/kg)	/%	/%	/%
21 棉籽饼	2.37	9.92	2.10	8.79	2.16	9.04	1.58	6.61	3.16	13.22	1.40	0.41	0.70
22 棉籽粕	2.25	9.41	1.95	8.28	1.86	7.78	1.56	6.53	3.12	13.05	2.13	0.56	0.66
23 棉籽粕	2.31	9.68	2.01	8.43	2.03	8.49	1.54	6.44	2.98	12.47	1.97	0.58	0.68
24 菜籽饼	2.88	12.05	2.56	10.71	1.95	8.16	1.42	5.94	3.14	13.14	1.33	0.60	0.82
25 菜籽粕	2.53	10.59	2.23	9.33	1.77	7.41	1.39	5.82	2.88	12.05	1.30	0.63	0.87
26 芝麻饼	3.20	13.39	2.82	11.80	2.14	8.95	1.69	7.07	3.51	14.69	0.82	0.82	0.75
27 玉米蛋白粉	3.60	15.06	3.00	12.55	3.88	16.23	2.02	8.45	4.39	18.37	0.97	1.42	0.96
28 玉米蛋白粉	3.73	15.61	3.19	13.56	3.41	14.27	1.89	7.91	3.56	14.90	0.92	1.14	0.76
29 玉米蛋白粉	3.59	15.02	3.13	13.10	3.18	13.31	1.74	7.28	3.28	13.73	0.71	1.04	0.65
30 玉米蛋白饲料	2.48	10.38	2.28	9.54	2.02	8.45	1.70	7.11	3.20	13.39	0.63	0.29	0.33
31 玉米胚芽饼	3.51	14.69	3.25	13.60	2.24	9.37	1.75	7.32	3.29	13.77	0.70	0.31	0.47
32 玉米胚芽粕	3.28	13.72	3.01	12.59	2.07	8.66	1.60	6.69	3.01	12.60	0.75	0.21	0.28
33 鱼粉	3.15	13.18	2.61	10.92	2.96	12.38	1.69	7.07	3.22	13.48	5.22	1.71	0.58
34 鱼粉	3.10	12.97	2.58	10.79	2.91	12.18	1.63	6.82	3.10	12.97	5.12	1.66	0.55
35 鱼粉	3.00	12.55	2.52	10.54	2.82	11.80	1.63	6.82	3.07	12.85	4.72	1.64	0.52
36 鱼粉	3.09	12.93	2.63	11.00	2.90	12.13	1.61	6.74	3.14	13.14	3.87	1.39	0.49
37 血粉	2.73	11.42	2.76	9.04	2.46	10.29	1.34	5.61	2.40	10.04	6.67	0.74	0.98
38 羽毛粉	2.77	11.59	2.22	9.29	2.73	11.42	1.34	5.61	2.54	10.63	1.65	0.59	2.93

续表

饲料名称	猪消化能		猪代谢能		鸡代谢能		牛产奶净能		羊消化能		赖氨酸	蛋氨酸	胱氨酸
	/(Mcal/kg)	/(MJ/kg)	/(Mcal/kg)	/(MJ/kg)	/(Mcal/kg)	/(MJ/kg)	/(Mcal/kg)	/(MJ/kg)	/(Mcal/kg)	/(MJ/kg)	/%	/%	/%
39 皮革粉	2.75	11.51	2.23	9.33	1.48	6.19	0.74	3.10	2.64	11.05	2.18	0.80	0.16
40 肉骨粉	2.83	11.84	2.43	10.17	2.38	9.96	1.432	5.98	2.77	11.59	2.60	0.67	0.33
41 肉粉	2.70	11.30	2.30	9.62	2.20	9.20	1.34	5.61	2.52	10.55	3.07	0.80	0.60
42 苜蓿草粉	1.49	6.23	1.39	5.82	0.84	3.51	1.00	4.18	1.87	7.83	0.60	0.18	0.15
43 啤酒糟	2.25	9.4·1	2.05	8.58	2.37	9.92	1.39	5.82	2.58	10.80	0.72	0.52	0.35
44 乳清粉	3.44	14.39	3.22	13.47	2.73	11.42	1.72	7.20	3.43	14.35	1.10	0.20	0.30
45 猪油	8.29	34.69	7.69	33.30	9.11	38.11	4.86	20.34	8.51	35.60			
46 家禽脂肪	8.52	35.65	8.18	34.23	9.36	39.16	4.96	20.76	8.68	36.30			
47 菜籽油	8.76	36.65	8.46	35.19	9.21	38.53	5.01	20.97	8.92	37.33			

附录5 饲料卫生标准(节录)

GB13078—2001

前 言

本标准所有技术内容均为强制性。

本标准是对 GB13078—1991《饲料卫生标准》的修订和补充。

本标准与 GB13078—1991 的主要技术内容差异是:

根据饲料产品的客观需要,增加了铬在饲料、饲料添加剂中的允许量指标。

补充规定了饲料添加剂及猪、禽添加剂预混合饲料和浓缩饲料,牛、羊精料补充料产品中的砷允量指标,砷在磷酸盐产品中的允量由每千克 10mg 修订为 20mg。

补充规定了铅在鸭配合饲料,牛精料补充料,鸡、猪浓缩饲料,骨粉,肉骨粉,鸡、猪复合预混料中的允量指标。

氟在磷酸氢钙产品中的允量由每千克 2000mg 修订为 1800mg;补充规定了氟在骨粉,肉骨粉,鸭配合饲料,牛精料补充料,猪、禽添加剂预混合饲料,产蛋鸡、猪、禽浓缩饲料产品中的允许量指标。

补充规定了霉菌在豆饼(粕),菜子饼(粕),鱼粉,肉骨粉,猪、鸡、鸭配合饲料,猪、鸡浓缩饲料,牛精料补充料产品中的允许量指标。

黄曲霉毒素 B_1 卫生指标中,将肉用仔鸡配合饲料分为前期和后期料两种,其允许量指标分别修订为每千克饲料中 10μg 和 20μg;补充规定了黄曲霉毒素 B_1 在棉子饼(粕),菜子饼(粕),豆粕,仔猪、种猪配合饲料及浓缩饲料,雏鸡配合饲料,雏鸡、仔鸡、生长鸡、产蛋鸡浓缩饲料,鸭配合饲料及浓缩饲料,鹌鹑配合饲料及浓缩饲料,牛精料补充料产品中的允许量指标。

补充规定了各项卫生指标的试验方法。

本标准自实施之日起代替 GB13078—1991。

本标准由全国饲料工业标准化技术委员会提出并归口。

本标准起草单位:国家饲料质量监督检验中心(武汉)、江西省饲料工业标准化技术委员会、国家饲料质量监督检验中心(北京)、华中农业大学、中国农业科学院畜牧研究所、无锡轻工业大学、中国兽药监察所、上海农业科学院畜牧兽医研究所、西北农业大学兽医系、全国饲料工业标准化技术委员会秘书处等。

1 范围

本标准规定了饲料、饲料添加剂产品中有害物质及微生物的允许量及其试验方法。

本标准适用于表 1 中所列各种饲料和饲料添加剂产品。

2 引用标准

下列标准所包含的条文,通过在本标准中引用而构成为本标准的条文。本标准出版时,所示版本均为有效，所有标准都会被修订，使用本标准的各方应探讨使用下列标准最新版本的可能性。

GB/T 8381—1987 饲料中黄曲霉毒素 B_1 的测定方法

GB/T 13079—1999 饲料中总砷的测定

GB/T 13080—1991 饲料中铅的测定方法

GB/T 13081—1991 饲料中汞的测定方法

GB/T 13082—1991 饲料中镉的测定方法

GB/T 13083—1991 饲料中氟的测定方法

GB/T 13084—1991 饲料中氰化物的测定方法

GB/T 13085—1991 饲料中亚硝酸盐的测定方法

GB/T 13086—1991 饲料中游离棉酚的测定方法

GB/T 13087—1991 饲料中异硫氰酸酯的测定方法

GB/T 13088—1991 饲料中铬的测定方法

GB/T 13089—1991 饲料中噁唑烷硫酮的测定方法

GB/T 13090—1991 饲料中六六六、滴滴涕的测定

GB/T 13091—1991 饲料中沙门氏菌的测定方法

GB/T 13092—1991 饲料中霉菌检验方法

GB/T 13093—1991 饲料中细菌总数的检验方法

GB/T 17480—1998 饲料中黄曲霉毒素 B1 的测定酶联免疫吸附法

HG 2636—1994 饲料级磷酸氢钙

3 要求

饲料、饲料添加剂的卫生指标及试验方法见附表 21。

附表 21 饲料、饲料添加剂的卫生指标及试验方法

<table>
<tr><th>序号</th><th>卫生指标项目</th><th>产品名称</th><th>指标</th><th>试验方法</th><th>备注</th></tr>
<tr><td rowspan="11">1</td><td rowspan="11">砷(以总砷计)的允许量(每千克产品中)/mg</td><td>石粉</td><td>≤2.0</td><td rowspan="11">GB/T 13079</td><td rowspan="9">不包括国家主管部门批准使用的有机砷制剂中的砷含量</td></tr>
<tr><td>硫酸亚铁、硫酸镁</td><td rowspan="2">≤20</td></tr>
<tr><td>磷酸盐</td></tr>
<tr><td>沸石粉、膨润土、麦饭石</td><td>≤10</td></tr>
<tr><td>硫酸铜、硫酸锰、硫酸锌、碘化钾、碘酸钙、氯化钴</td><td>≤5.0</td></tr>
<tr><td>氧化锌</td><td>≤10.0</td></tr>
<tr><td>鱼粉、肉粉、肉骨粉</td><td>≤10.0</td></tr>
<tr><td>家禽、猪配合饲料</td><td>≤2.0</td></tr>
<tr><td>牛、羊精料补充料</td><td rowspan="3">≤10.0</td></tr>
<tr><td>猪、家禽浓缩饲料</td><td>以在配合饲料中 20% 的添加量计</td></tr>
<tr><td>猪、家禽添加剂预混合饲料</td><td>以在配合饲料中 1% 的添加量计</td></tr>
<tr><td rowspan="8">2</td><td rowspan="8">铅(以 Pb 计)的允许量(每千克产品中)/mg</td><td>生长鸭、产蛋鸭、肉鸭配合饲料</td><td rowspan="2">≤5</td><td rowspan="8">GB/T 13080</td><td rowspan="3"></td></tr>
<tr><td>鸡配合饲料、猪配合饲料</td></tr>
<tr><td>奶牛、肉牛精料补充料</td><td>≤8</td></tr>
<tr><td>产蛋鸡、肉用仔鸡浓缩饲料</td><td rowspan="2">≤13</td><td rowspan="2">以在配合饲料中 20% 的添加量计</td></tr>
<tr><td>仔猪、生长肥育猪浓缩饲料</td></tr>
<tr><td>骨粉、肉骨粉、鱼粉、石粉</td><td>≤10</td><td rowspan="2"></td></tr>
<tr><td>磷酸盐</td><td>≤30</td></tr>
<tr><td>产蛋鸡、肉用仔鸡复合预混合饲料
仔猪、生长肥育猪复合预混合饲料</td><td>≤40</td><td>以在配合饲料中 1% 的添加量计</td></tr>
</table>

续表

序号	卫生指标项目	产品名称	指标	试验方法	备注
3	氟（以F计）的允许量（每千克产品中）/mg	鱼粉	≤500	GB/T 13083	高氟饲料用HG2636—1994中4.4条
		石粉	≤2000		
		磷酸盐	≤1800	HG 2636	
		肉用仔鸡、生长鸡配合饲料	≤250	GB/T 13083	
		产蛋鸡配合饲料	≤350		
		猪配合饲料	≤100		
		骨粉、肉骨粉	≤1800		
		生长鸭、肉鸭配合饲料	≤200		
		产蛋鸭配合饲料	≤250		
		牛（奶牛、肉牛）精料补充料	≤50		
		猪、禽添加剂预混合饲料	≤1000		以在配合饲料中1%的添加量计
		猪、禽浓缩饲料	按添加比例折算后，与相应猪、禽配合饲料规定值相同		
4	霉菌的允许量（每克产品中），霉菌数/10^3个	玉米	<40	GB/T 13092	限量饲用：40～100 禁用：>100
		小麦麸、米糠			限量饲用：40～80 禁用：>80
		豆饼（粕）、棉子饼（粕）、菜子饼（粕）	<50		限量饲用：50～100 禁用：>100
		鱼粉、肉骨粉	<20		限量饲用：20～50 禁用：>50
		鸭配合饲料	<35		
		猪、鸡配合饲料	<45		
		猪、鸡浓缩饲料			
		奶、肉牛精料补充料			

续表

序号	卫生指标项目	产品名称	指标	试验方法	备注
5	黄曲霉毒素 B_1 允许量(每千克产品中)/μg	玉米	≤50	GB/T 17480 或 GB/T 8381	
		花生饼(粕)、棉子饼(粕)、菜子饼(粕)			
		豆粕	≤30		
		仔猪配合饲料及浓缩饲料	≤10		
		生长肥育猪、种猪配合饲料及浓缩饲料	≤20		
		肉用仔鸡前期、雏鸡配合饲料及浓缩饲料	≤10		
		肉用仔鸡后期、生长鸡、产蛋鸡配合饲料及浓缩饲料	≤20		
		肉用仔鸭前期、雏鸭配合饲料及浓缩饲料	≤10		
		肉用仔鸭后期、生长鸭、产蛋鸭配合饲料及浓缩饲料	≤15		
		鹌鹑配合饲料及浓缩饲料	≤20		
		奶牛精料补充料	≤10		
		肉牛精料补充料	≤50		
6	铬(以 Cr 计)的允许量(每千克产品中)/μg	皮革蛋白粉	≤200	GB/T 13088	
		鸡、猪配合饲料	≤10		
7	汞(以 Hg 计)的允许量(每千克产品中)/μg	鱼粉	≤0.5	GB/T 13081	
		石粉	≤0.1		
		鸡配合饲料,猪配合饲料			
8	镉(以 Cd 计)的允许量(每千克产品中)/μg	米糠	≤1.0	GB/T 13082	
		鱼粉	≤2.0		
		石粉	≤0.75		
		鸡配合饲料,猪配合饲料	≤0.5		
9	氰化物(以 HCN 计)的允许量(每千克产品中)/μg	木薯干	≤100	GB/T 13084	
		胡麻饼、粕	≤350		
		鸡配合饲料,猪配合饲料	≤50		

续表

序号	卫生指标项目	产品名称	指标	试验方法	备注
10	亚硝酸盐（以 $NaNO_2$ 计）的允许量（每千克产品中）/μg	鱼粉	≤60	GB/T 13085	
		鸡配合饲料,猪配合饲料	≤15		
11	游离棉酚的允许量（每千克产品中）/μg	棉子饼、粕	≤1200	GB/T 13086	
		肉用仔鸡、生长鸡配合饲料	≤100		
		产蛋鸡配合饲料	≤20		
		生长肥育猪配合饲料	≤60		
12	异硫氰酸酯（以丙烯基异硫氰酸酯计）的允许量（每千克产品中）/μg	菜子饼、粕	≤4000	GB/T 13087	
		鸡配合饲料	≤500		
		生长肥育猪配合饲料			
13	恶唑烷硫酮的允许量（每千克产品中）/μg	肉用仔鸡、生长鸡配合饲料	≤1000	GB/T 13089	
		产蛋鸡配合饲料	≤500		
14	六六六的允许量（每千克产品中）/μg	米糠	≤0.05	GB/T 13090	
		小麦麸			
		大豆饼、粕			
		鱼粉			
		肉用仔鸡、生长鸡配合饲料	≤0.3		
		产蛋鸡配合饲料			
		生长肥育猪配合饲料	≤0.4		
15	滴滴涕的允许量（每千克产品中）/μg	米糠	≤0.02	GB/T 13090	
		小麦麸			
		大豆饼、粕			
		鱼粉			
		鸡配合饲料,猪配合饲料	≤0.2		
16	沙门氏杆菌	饲料	不得检出	GB/T 13091	
17	细菌总数的允许量（每克产品中），细菌总数/10^6 个	鱼粉	<2	GB/T 13093	限量饲用:2～5 禁用:>5

注：1. 所列允许量均为以干物质含量为88%的饲料为基础计算；

2. 浓缩饲料、添加剂预混合饲料添加比例与本标准备注不同时，其卫生指标允许量可进行折算。

主要参考文献

张子仪. 中国饲料学. 北京:中国农业出版社,2000.
程凌. 饲料质量检验、配方设计与营销. 北京:高等教育出版社,2008.
杨海鹏. 饲料显微镜检查图谱. 武汉:武汉出版社,2006.
姚军虎. 动物营养与饲料. 北京:中国农业出版社,2001.
杨久仙. 动物营养与饲料加工. 北京:中国农业出版社,2006.
计成,许万根. 动物营养研究与应用. 北京:中国农业科技出版社,1997.